회로이론의 이해

백 승 철 · 오 진 훈 공저

도서출판 상 학 당

머리말

현대문명의 발달과 더불어 일상생활과 모든 산업분야에 있어서 전기의 필요성을 실감하고 있다. 따라서 회로이론은 전기·전자공학을 전공하는 학생들 이외에 전기의 지식을 배우려는 비전공자들에게도 가장 기초가 되는 주요 과목이다.

이 책에서는 많은 전기이론과 법칙의 개념들을 쉽게 파악하기 위해서 실제 강의내용을 자세하게 전개하고, 이론에 대한 실전문제들을 수록하여 각종 시험에 대비할 수 있도록 하였으며, 상호유도회로와 그 원리를 이용한 4단자망의 관계에 중점을 두었다.

또한 공학의 기초가 되는 복소수, 벡터의 합성방법 및 행렬 등 기초수학을 수록하여 학생들이 쉽게 이해할 수 있도록 기술하였다.

끝으로 부족한 점이 많은 것으로 생각되지만 학생들의 공부에 도움이 되었으면 하는 마음이다. 아울러 많은 어려움을 무릅쓰고 이 책의 출판을 맡아 주신 도서출판 상학당 여러분께 깊은 감사를 드리는 바이다.

저 자 씀

차 례

제1장 **기초개념** 11

1-1 회로의 기초개념 ······ 11
1-2 전 하 ······ 12
1-3 전류와 전압 ······ 12
1-4 전 력 ······ 14
1-5 저 항 ······ 15
1-6 옴의 법칙 ······ 16
1-7 줄의 법칙 ······ 17
1-8 키르히호프의 법칙 ······ 17
1-9 저항의 접속 ······ 20
1-10 회로소자 ······ 24
☞ 연습문제 ······ 32

제2장 **정현파교류** 35

2-1 전류의 종류 ······ 35
2-2 정현파교류의 발생 ······ 36
2-3 주기와 주파수 ······ 38
2-4 위상과 위상차 ······ 40
2-5 평균값과 실효값 ······ 41
2-6 파고율과 파형률 ······ 44
☞ 연습문제 ······ 46

제3장 **벡터와 복소수**	49

3-1 벡터 표시 49
3-2 정현파교류의 벡터 표시 50
3-3 복 소 수 52
3-4 복소수의 벡터 표시 53
3-5 복소수의 연산 55
3-6 복소수의 거듭제곱과 근 58
☞ 연습문제 60

제4장 **교류회로**	63

4-1 저항회로 63
4-2 자기유도회로 64
4-3 정전용량회로 67
4-4 $R \cdot L$ 직렬회로 69
4-5 $R \cdot C$ 직렬회로 73
4-6 $R \cdot L \cdot C$ 직렬회로 76
4-7 $R \cdot L$ 병렬회로 80
4-8 $R \cdot C$ 병렬회로 82
4-9 $R \cdot L \cdot C$ 병렬회로 83
4-10 공진과 반공진회로 85
☞ 연습문제 91

제5장 **교류전력**	95

5-1 교류전력 95
5-2 복소전력 101
5-3 역률개선 102
5-4 최대전력전달 104

☞ 연습문제 ··· 107

제6장 **상호유도회로** 111

6-1 상호 인덕턴스 ··· 111
6-2 결합계수 ··· 113
6-3 코일의 극성 표시 ··· 114
6-4 자기 인덕턴스의 직렬접속 ··· 115
6-5 상호유도회로의 등가회로 ··· 117
6-6 사인파 전원을 가진 유도결합회로 ··· 119
6-7 이상변압기 ··· 122
6-8 완전변압기 ··· 124
6-9 브리지의 평형조건 ··· 125
☞ 연습문제 ··· 128

제7장 **일반 선형 회로망** 133

7-1 용어의 설명 ··· 133
7-2 행렬과 행렬식 ··· 134
7-3 회로방정식을 세우는 방법 ··· 140
7-4 쌍대회로 ··· 147
7-5 중첩의 정리 ··· 149
7-6 테브난의 정리 ··· 152
7-7 노튼의 정리 ··· 153
7-8 밀만의 정리 ··· 155
7-9 가역정리 ··· 156
☞ 연습문제 ··· 160

제8장 **3상 회로** 167

8-1 대칭 3상 교류 ··· 167

8-2 평형 3상 회로 …… 169
8-3 Y결선과 Δ결선의 환산 …… 175
8-4 불평형 3상 회로 …… 178
8-5 3상 전력 …… 180
8-6 3상 V결선 …… 182
☞ 연습문제 …… 186

제9장 **비정현파** 191

9-1 비정현파의 정의 …… 191
9-2 파형의 분석 …… 192
9-3 비정현파의 대칭성 …… 196
9-4 비정현파의 실효값 …… 202
9-5 비정현파의 계산 …… 203
9-6 비정현파의 전력 …… 207
☞ 연습문제 …… 209

제10장 **2단자 회로망** 211

10-1 2단자 회로망의 정의 …… 211
10-2 2단자 회로망의 임피던스 …… 211
10-3 리액턴스 2단자 회로망의 주파수특성 …… 215
10-4 리액턴스 2단자 회로망의 합성 …… 219
10-5 임피던스 함수의 2단자 회로망 구성 …… 226
10-6 역회로와 정저항회로 …… 228
☞ 연습문제 …… 232

제11장 **4단자 회로망** 235

11-1 4단자 회로망의 정의 …… 235
11-2 임피던스 파라미터 …… 235

11-3 어드미턴스 파라미터 ………… 238
11-4 하이브리드 파라미터 ………… 241
11-5 4단자망의 직렬 및 병렬접속 ………… 242
11-6 4단자정수 ………… 245
11-7 4단자정수의 종속접속 ………… 248
11-8 영상 파라미터 ………… 252
11-9 여파기 ………… 259
☞ 연습문제 ………… 267

제12장 **과도현상** 271

12-1 정상상태와 과도상태 ………… 271
12-2 직류회로 ………… 272
12-3 교류회로 ………… 282
☞ 연습문제 ………… 287

제13장 **라플라스 변환** 293

13-1 라플라스 변환의 정의 ………… 293
13-2 주요한 함수의 라플라스 변환 ………… 294
13-3 라플라스 변환의 기본적인 정리 ………… 300
13-4 부분분수에 의한 라플라스 역변환 ………… 306
13-5 라플라스 변환에 의한 해를 구하는 방법 ………… 310
13-6 전달함수 ………… 311
☞ 연습문제 ………… 315

■ 부록 ………… 319
■ 연습문제 해답 ………… 333
■ 참고문헌 ………… 338
■ 찾아보기 ………… 339

제1장

기초개념

1-1 회로의 기초개념

물질에 전기(electricity)를 작용시키면 발열, 화학작용, 정전 및 전자유도 등 여러 가지 현상과 작용이 일정한 자연법칙에 따라 나타난다.

회로이론은 이와 같은 물질의 전기현상과 작용 관계를 전기회로에 대응시켜 이론적으로 규명하기 위한 학문이며, 전기회로의 여러 가지 성질, 전기와 자기 또는 정전기에 관한 현상이나 상호작용 등의 물리적 의미를 정성적으로 이해하게 함은 물론, 정량적 관계를 명확하게 파악할 수 있다.

일반적으로 전기회로의 기능은 전하와 에너지로서 표현하면 유용하며, 전기적 특성은 전압과 전류의 관계를 확인하면 해석하기에 편리하다.

이 장에서는 이러한 자연법칙의 이론을 이용하여 전기회로에 나타나는 일반적인 전기현상과 작용에 관계되는 기본적인 정의와 법칙을 학습한다.

1-2 전 하

물질의 마찰 등에 의하여 물질에 대전된 가장 기본적인 양을 전하(electric charge) 또는 전기량(quantity of electricity)이라 하고, 양자와 양이온으로 이루어진 양전하와 전자와 음이온으로 이루는 음전하가 있으며, 이들 전하 사이에 작용하는 힘을 정전력이라고 한다. 전하 또는 전기량으로서는 더 이상 쪼갤 수 없는 에너지의 최소량이므로 MKS 단위계에서는 전하의 단위를 쿨롱(Coulomb)을 사용하고 [C]로 표시한다. 전자 한 개의 전하는 1.602×10^{-19} [C]이다. 따라서 $\frac{1}{1.602\times10^{-19}} \fallingdotseq 6.25\times10^{18}$개의 전자가 모여 1[C]이 된다.

1-3 전류와 전압

전기회로에서 에너지가 전송되려면 전하의 이동이 있어야 하며 전하의 이동을 전류(electric current)라 한다. 전류의 방향은 [그림 1-1]과 같이 습관상 양자가 이동하는 방향으로 정하며, 전자의 이동방향과는 반대다. 따라서 전류는

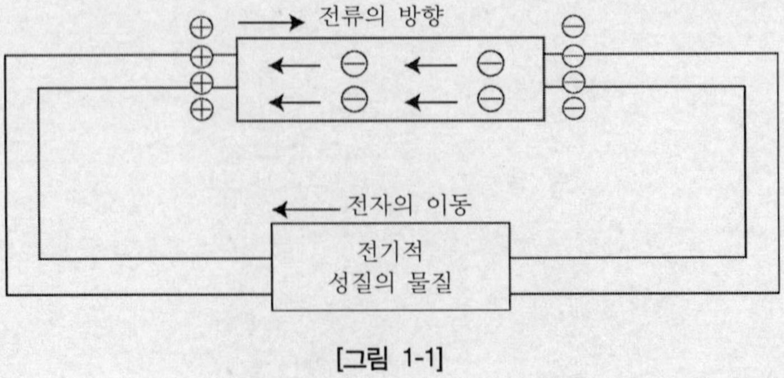

[그림 1-1]

⊕에서 ⊖로, 전자는 ⊖에서 ⊕로 흐른다고 하자.

전류의 크기는 회로의 단면을 단위시간에 통과하는 전하량으로 정의하며, 단위로는 암페어(A : Ampere)를 사용하고 기호는 I로 표시한다. 1[A]는 1[sec] 동안에 1[C]]의 전하가 통과할 때의 전류의 세기를 말한다. 따라서 t [sec] 동안 Q[C]의 전하가 일정한 비율로 이동했다면 이때의 전류 I[A]는 다음과 같다.

$$I = \frac{Q}{t}[\mathrm{A}] \text{ 또는 } Q = I \cdot t[\mathrm{C}] \tag{1-1}$$

그리고 이동하는 전하의 양이 시간에 따라 변화된다면 미소변화에 따른 dt[sec]간의 dq[C]간의 전하량이 이동하였을 때 전류 i[A]는 다음과 같다.

$$i = \frac{dq}{dt}[\mathrm{A}] \text{ 또는 } q = \int i dt[\mathrm{C}] \tag{1-2}$$

회로에 전류가 흐를 때는 반드시 에너지 변환과 전송이 수반된다. 단위정전하가 회로의 두 점 사이를 이동할 때 얻거나 또는 잃는 에너지를 두 점간의 전위차(electric potential difference) 또는 전압(voltage)이라고 하며, MKS 상용단위로 볼트(V : Volt)라 하며 기호는 V이다. 1[V]란 1[C]의 전하가 두 지점 간을 이동할 때 남고 모자라는 에너지가 1[J]일 때의 전위차 또는 전압이다. Q[C]의 전하가 전위차가 일정한 두 지점 간을 이동할 때 남고 모자라는 에너지를 W[J]이라면 두 지점간의 전위차 V[V]는

$$V = \frac{W}{Q}[\mathrm{V}] \text{ 또는 } W = VQ[\mathrm{J}] \tag{1-3}$$

따라서 미소전하 dq[C]이 이동할 때 수반되는 에너지 dw[J]이라면 두 지점간의 전위차

$$v = \frac{dw}{dq} \text{ 또는 } w = \int v dq \tag{1-4}$$

【예제 1-1】 어떤 도체의 단면을 3분간에 360[C]의 전기량이 통과되었다면 전류의 크기는 얼마인가?

〈풀이〉 $I=\frac{Q}{t}=\frac{360}{3\times 60}=\frac{360}{180}=2[\mathrm{A}]$

【예제 1-2】 두 점 사이에서 20[C]의 전하를 옮기는 데 60[J]의 에너지가 필요하다면 두 점 사이의 전압은 얼마인가?

〈풀이〉 $V=\frac{W}{Q}=\frac{60}{20}=3\,[\mathrm{V}]$

1-4 전 력

단위시간에 변환 또는 전송되는 에너지를 전력(power)이라 하며, MKS 단위는 와트(W : Watt)이고, 기호는 P로 표시한다. 1[W]는 1[sec] 동안에 변환 또는 전송되는 에너지가 1[J]일 때의 전력을 말한다. 따라서 전력 P는

$$P=\frac{W}{t}\,[\mathrm{W}] \text{ 또는 } W=P\cdot t\,[\mathrm{J}]([\mathrm{W}\cdot\mathrm{sec}]) \tag{1-5}$$

이 되고, 전기의 기본이 되는 전력, 전압, 전류 및 시간과의 관계는 식 (1-1), (1-3), (1-5)로부터

$$W=P\cdot t=VQ=I^2Rt\,[\mathrm{J}] \tag{1-6}$$

$$\therefore\ P=\frac{W}{t}=\frac{VQ}{t}=\frac{VIt}{t}=VI=I^2\cdot R=\frac{V^2}{R}\,[\mathrm{W}] \tag{1-7}$$

그리고 주거나 받는 에너지가 시간적으로 변하면

$$p=\frac{dw}{dt}=\frac{dw}{dq}\cdot\frac{dq}{dt}=v\cdot i[\mathrm{W}] \tag{1-8}$$

$$w=\int_0^t p\,dt=\int_0^t v\cdot i\,dt[\mathrm{J}]([\mathrm{W}\cdot\mathrm{sec}]) \tag{1-9}$$

이 된다.

【예제 1-3】 3분간에 1800[J]의 일을 했다. 전력 [W]는 얼마인가?

〈풀이〉 $P=\frac{W}{t}=\frac{1800}{3\times 60}=10\ [\mathrm{W}]$

1-5 저 항

전위차, 즉 전압만 있으면 전류가 흐르는 것은 아니다. 전자가 이동할 때는 전자의 이동(전류의 흐름)을 방해하는 성질을 저항(resistance)이라 하며 단위로는 옴(Ohm : Ω)을 사용하며 기호는 R로 표시한다. 전류의 흐름을 촉진하는 성질을 도전이라 하며 단위는 모(mho ℧)를 사용하며 기호는 G로 표시한다. 저항의 표시기호는 [그림 1-2]에 나타낸다.

저항의 크기에 따라서 메가옴[MΩ], 킬로옴[kΩ], 옴[Ω], 밀리옴[mΩ], 마이크로옴[μΩ] 등의 단위로 환산할 수 있으며

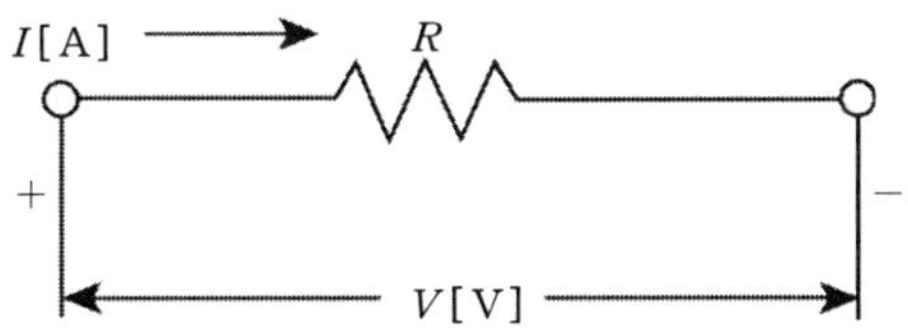

[그림 1-2]

$$\left.\begin{aligned}1[\mathrm{M\Omega}] &= 10^3[\mathrm{k\Omega}] = 10^6[\Omega] \\ 1[\Omega] &= 10^3[\mathrm{m\Omega}] = 10^6[\mu\Omega]\end{aligned}\right\} \qquad (1\text{-}10)$$

이 된다. 1[Ω]이란 1[A]의 전류를 통과시키는 데 1[V]의 전압을 필요로 하는 저항을 의미한다. 또한 저항의 역수 $G=\frac{1}{R}$로 하고, 컨덕턴스라 한다.

1-6 옴의 법칙

옴의 법칙(Ohm's law)은 전압 (V), 전류 (I), 저항 (R)의 상호관계를 독일의 George Simon Ohm(1787~1854)에 의해서 실험적으로 증명된 것으로 도체에 흐르는 전류의 크기는 인가한 전압에 비례하고 전기저항에 반비례한다. 즉

$$I=\frac{V}{R}[\mathrm{A}],\quad V=IR[\mathrm{V}] \qquad (1\text{-}11)$$

이 같은 상호관계를 옴의 법칙이라 하며 전기회로의 기본적 법칙이다.

【예제 1-4】 10[Ω]의 저항에 100[V]의 전압을 가하면 전류 I[A]는 얼마인가?

〈풀이〉 $I=\frac{V}{R}=\frac{100}{10}=10[\mathrm{A}]$

1-7 줄의 법칙

도체에 전류가 흐르면 열이 발생한다는 사실을 실험적으로 영국의 줄(J.P. Joule)이 입증하였다. 그는 도체에 흐르는 전류에 의하여 단위시간에 발생하는 열량은 I^2R에 비례한다고 주장하였는데, 이 법칙을 줄의 법칙(Joule's law)이라 하며, 이때 발생한 열을 줄열이라 한다.

저항 $R[\Omega]$의 도체 속에 전류 $I[A]$가 $t[sec]$ 동안 흐를 때 발생하는 열량 H는

$$H = I^2Rt[J] \fallingdotseq 0.24 I^2Rt[cal] \qquad (1\text{-}12)$$

와 같이 표시된다. 따라서 1[A]의 전류가 1[Ω]의 저항에 1[sec] 동안 흐를 때 발생하는 열량을 1[J]이라 한다.

1-8 키르히호프의 법칙

키르히호프의 법칙(Kirchhoff's law)은 여러 개의 저항이 접속되는 방법에 따라 전류와 전압 관계가 다르게 되므로, 이와 같은 관계를 조금 쉽게 해석하고자 하는 법칙으로 제1법칙(전류법칙)과 제2법칙(전압법칙)으로 나눈다.

1. 전류법칙

도선의 임의의 접합점(마디)에 들어가는 전류와 나오는 전류의 대수합은 0이다. 이 법칙을 키르히호프의 전류법칙(제1법칙, Kirchhoff's Current Law), 즉 KCL이라 한다.

[그림 1-3]에서 접합점(a 점)에 들어가는 전류를 (+)로 하면, 나오는 전류는 (−)로 하여야 하며

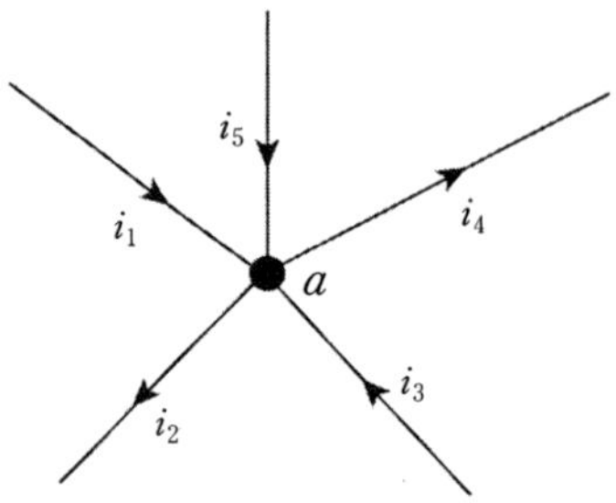

[그림 1-3]

$$i_1 - i_2 + i_3 - i_4 + i_5 = 0 \tag{1-13}$$

로 되며 일반적인 경우에는

$$\sum_{k=1}^{n} i_k = 0 \tag{1-14}$$

이 된다.

2. 전압법칙

임의의 폐회로에서 한 방향으로 일주하면서 취한 전압상승의 총합과 전압강하의 총합은 같다. 이 법칙을 키르히호프의 전압법칙(제2법칙, Kirchhoff's Voltage Law), 즉 KVL이라 한다.

[그림 1-4]에서 시계방향으로 일주할 때 전압상승을 (+), 전압강하를 (−)로 잡으면

$$-V_1 + V_2 - V_3 + V_4 = 0 \tag{1-15}$$

일반적으로

$$\sum_{k=1}^{n} V_k = 0 \qquad (1\text{-}16)$$

이 된다.

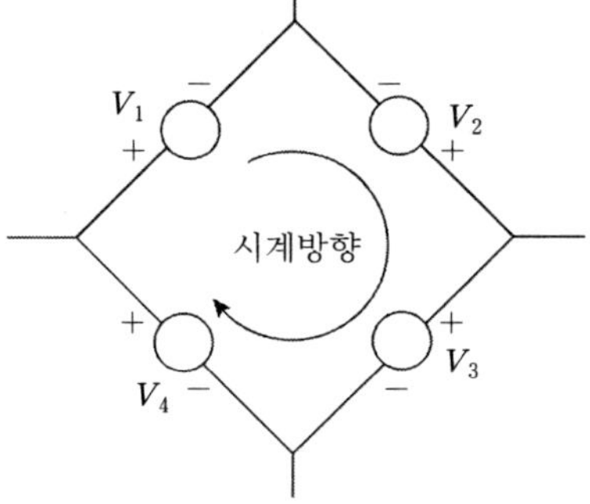

[그림 1-4]

【예제 1-5】 [그림 1-5]와 같이 직류회로에서 전류 I를 구하여라.

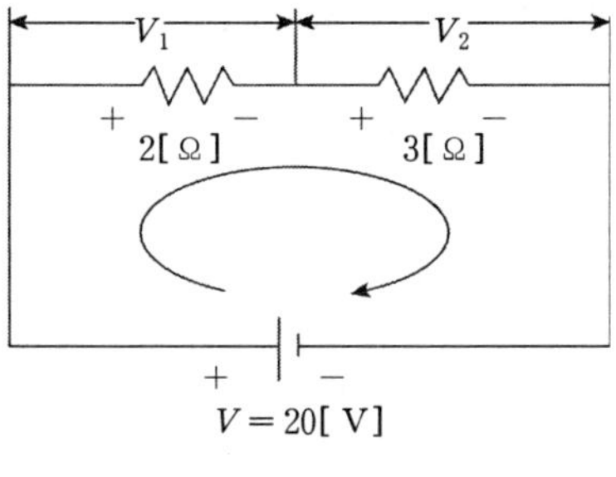

[그림 1-5]

〈풀이〉 시계방향으로 일주하면서 키르히호프의 제2법칙을 적용하면 전압상승을 (+), 전압강하를 (−)로 하면,

$20 - V_1 - V_2 = 0, \quad V_1 + V_2 = 20$

여기서 옴의 법칙을 적용하면 $V_1 = 2I, \quad V_2 = 3I$ 이므로

$2I + 3I = 20 \qquad \therefore \ I = \dfrac{20}{5} = 4\,[\mathrm{A}]$

〈간단한 풀이〉 $I = \dfrac{V}{R} = \dfrac{V}{R_1 + R_2} = \dfrac{20}{2+3} = 4\,[\mathrm{A}]$

1-9 저항의 접속

저항의 접속에는 직렬, 병렬, 직·병렬접속의 3가지가 있지만 크게 나누면 직렬접속, 병렬접속 2가지가 있다.

1. 직렬접속

[그림 1-6]과 같이 n개의 저항 R_1, R_2, R_3, …, R_n을 직렬접속하고, 단자 a, b간에 전압 V[V]를 인가하면 저항의 한 통로를 따라 전류 I가 흐른다. 따라서 직렬접속하는 경우에는 전류 I가 같고, 각각의 저항에 걸리는 전압은 옴의 법칙에 따라 다르다. 이때 각 저항에 걸리는 전압을 V_1, V_2, V_3, …, V_n이라 하면 옴의 법칙에 의해

$$V_1 = IR_1\,[\mathrm{V}],\quad V_2 = IR_2\,[\mathrm{V}]$$
$$V_3 = IR_3\,[\mathrm{V}],\ \cdots,\ V_n = IR_n\,[\mathrm{V}] \tag{1-17}$$

이 된다.

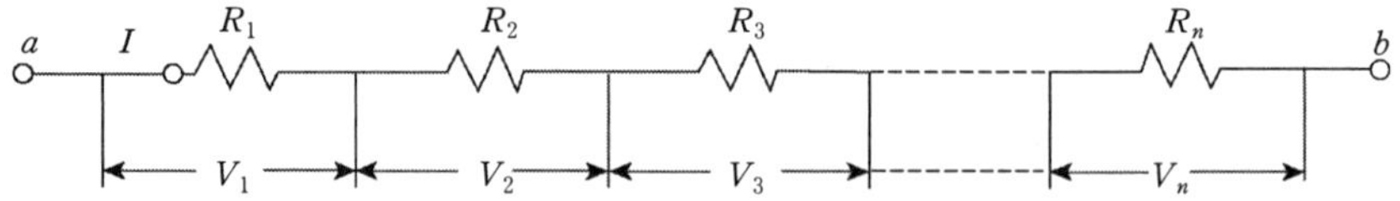

[그림 1-6]

따라서 전전압 V는 키르히호프의 전압법칙에 따라

$$V = V_1 + V_2 + V_3 \cdots + V_n$$
$$= I(R_1 + R_2 + R_3 + \cdots + R_n) \tag{1-18}$$

그러므로 직렬합성저항 R_0는 옴의 법칙에 의해

$$R_0 = \frac{V}{I} = \frac{I(R_1 + R_2 + R_3 + \cdots + R_n)}{I}$$

$$= R_1 + R_2 + R_3 + \cdots + R_n [\Omega] \tag{1-19}$$

이 된다.

【예제 1-6】 [그림 1-7] 회로와 같이 2개의 저항이 직렬접속되었을 경우 각 저항에 걸리는 전압 V_1, V_2를 구하여라.

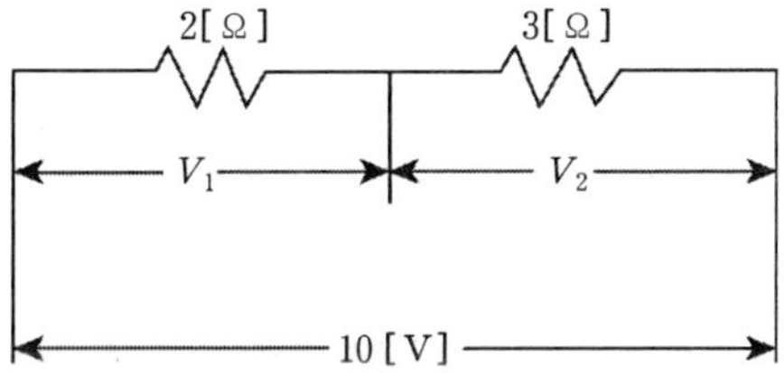

[그림 1-7]

〈풀이〉 $V_1 = IR_1$, $V_2 = IR_2$

따라서 I를 구하면 옴의 법칙에 의해 $I = \frac{V}{R}$이므로 합성저항 R을 구하여 대입한다. 합성저항

$R = R_1 + R_2 = 2 + 3 = 5[\Omega]$

$I = \frac{V}{R} = \frac{10}{5} = 2\,[\mathrm{A}]$

$\therefore\ V_1 = IR_1 = 2 \times 2 = 4\,[\mathrm{V}]$, $V_2 = IR_2 = 2 \times 3 = 6\,[\mathrm{V}]$

〈간단한 풀이〉 2개의 저항이 직렬로 접속되어 있는 경우 각 저항에 걸리는 전압 V_1, V_2를 구하는 방법은 다음과 같다.

$$\begin{cases} V_1 = IR_1 = \frac{V}{R} \cdot R_1 = \frac{R_1}{R_1 + R_2} \cdot V = \frac{2}{2+3} \times 10 = 4\,[\mathrm{V}] \\ V_2 = IR_2 = \frac{V}{R} \cdot R_2 = \frac{R_2}{R_1 + R_2} \cdot V = \frac{3}{2+3} \times 10 = 6\,[\mathrm{V}] \end{cases}$$

$$\therefore\ V_1,\ V_2 = \frac{\text{자기쪽 저항}}{\text{각 저항의 합}} \times \text{전체전압}$$

2. 병렬접속

[그림 1-8]과 같이 n개의 저항 R_1, R_2, R_3, …, R_n을 병렬접속하고, 단자 a, d간에 전압 V[V]를 인가하면 각 저항에 흐르는 전류가 다르고, b, c점에 접속되어 있으므로 각 저항에 인가되는 전압은 같다. 따라서 각 저항에 흐르는 전류를 I_1, I_2, I_3, …, I_n이라 하면 옴의 법칙에 의해

$$I_1 = \frac{V}{R_1},\ I_2 = \frac{V}{R_2},\ I_3 = \frac{V}{R_3},\ \cdots,\ I_n = \frac{V}{R_n} \tag{1-20}$$

가 된다.

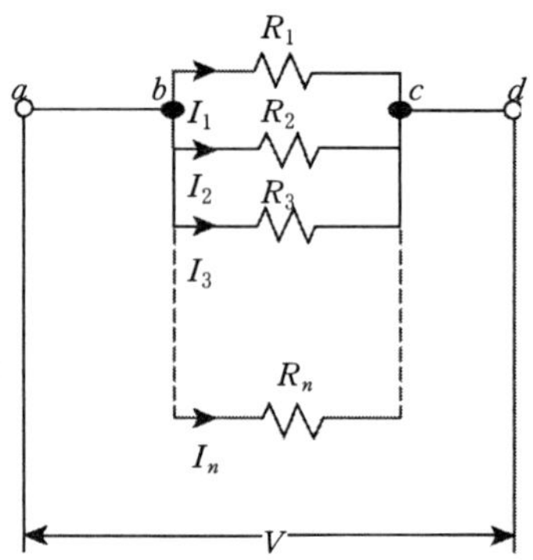

[그림 1-8]

따라서 이 회로의 전전류 I는 키르히호프의 법칙에 따라

$$\begin{aligned} I &= I_1 + I_2 + I_3 + \cdots + I_n \\ &= V\left(\frac{1}{R_1} + \frac{1}{R_2} + \frac{1}{R_3} + \cdots + \frac{1}{R_n}\right)[\text{A}] \end{aligned} \tag{1-21}$$

가 된다. 따라서 병렬합성저항 R_0는

$$R_0 = \frac{V}{I} = \frac{V}{V\left(\frac{1}{R_1} + \frac{1}{R_2} + \frac{1}{R_3} + \cdots + \frac{1}{R_n}\right)}$$

$$= \frac{1}{\frac{1}{R_1} + \frac{1}{R_2} + \frac{1}{R_3} + \cdots + \frac{1}{R_n}} [\Omega] \qquad (1\text{-}22)$$

【예제 1-7】 [그림 1-9] 회로의 전류 I_1, I_2를 구하여라.

〈풀이〉 $I_1 = \frac{V}{R_1}$, $I_2 = \frac{V}{R_2}$

따라서 $V = IR$이므로 합성저항 R_0를 구하여 대입한다.

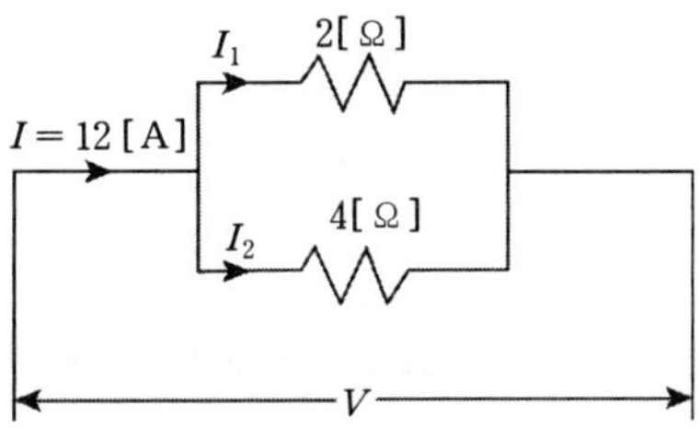

[그림 1-9]

$$R_0 = \frac{1}{\frac{1}{R_1} + \frac{1}{R_2}} = \frac{1}{\frac{1}{2} + \frac{1}{4}} = \frac{8}{6}, \quad V = 12 \times \frac{8}{6} = 16 \text{ [V]}$$

$$\therefore \ I_1 = \frac{V}{R_1} = \frac{16}{2} = 8 \text{ [A]}, \ I_2 = \frac{V}{R_2} = \frac{16}{4} = 4 \text{ [A]}$$

〈간단한 풀이〉 2개의 저항이 병렬접속되었을 경우 합성저항 $R = \frac{R_1 \cdot R_2}{R_1 + R_2}$

가 되며 각 저항에 흐르는 전류 I_1, I_2는

$$\begin{cases} I_1 = \frac{V}{R_1} = \frac{I \cdot R}{R_1} = \frac{R_2}{R_1 + R_2} \cdot I = \frac{4}{2+4} \times 12 = 8 \text{ [A]} \\ I_2 = \frac{V}{R_2} = \frac{I \cdot R}{R_2} = \frac{R_1}{R_1 + R_2} \cdot I = \frac{2}{2+4} \times 12 = 4 \text{ [A]} \end{cases}$$

$$\therefore \ I_1, \ I_2 = \frac{\text{반대쪽 저항}}{\text{각 저항의 합}} \times \text{전체전류}$$

1-10 회로소자

전기회로를 구성하는 회로소자(circuit element)는 수동소자(passive element)와 능동소자(active element)로 나눌 수 있으며 저항, 유도코일, 콘덴서와 같이 외부의 전기적 에너지의 공급을 받지 않으면 회로 내에서 전기적인 효과를 나타내지 못하는 소자들을 수동소자라 하며, 반면에 능동소자는 외부의 전기적 에너지 공급이 없어도 회로 내에서 전기적인 일을 할 수 있는 소자, 즉 전원장치를 들 수 있다.

1. 수동소자

1) 저 항

전기회로에서 두 지점 간을 흐르는 전류는 두 단자간의 전압에 비례한다. 이 비례계수를 저항(resistance)이라고 하며, 기호는 R로 표시하고, MKS 단위로는 옴을 사용한다. 전술한 옴의 법칙에 의하여

$$V = RI[\mathrm{V}],\ I = \frac{V}{R} = GV[\mathrm{A}] \tag{1-23}$$

여기서 $G = \frac{1}{R}$로서 컨덕턴스라고 하며, 단위는 모(mho)이다. [그림 1-10]에 표시기호를 나타낸다. 저항소자 내에는 에너지는 축적되지 않고 줄열로 소모되는 전기적 에너지이다.

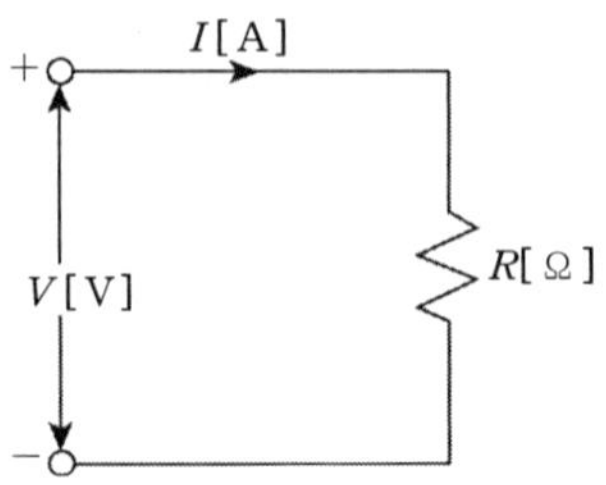

[그림 1-10]

또 도선의 저항은 길이(l)에 비례하고, 단면적(S)에 반비례한다. 이것을 식으로 표시하면

$$R = \rho \frac{l}{S} [\Omega] \tag{1-24}$$

이다. 윗식에서 비례상수 ρ는 도선의 재질에 따라 결정되는 정수로서, 이것을 고유저항 또는 저항률이라 하고, 단위는 [Ω・m]를 사용한다. 또한 저항률 ρ의 역수를 도전율이라 하고, 단위는 [℧/m]를 사용한다. 일반적으로 금속의 저항은 온도에 비례하여 증가한다. 지금 온도상승 전의 저항값(보통 20[℃]의 값)을 R_0라 하고, t[℃]에서의 저항값을 R_t라 할 때 온도가 1[℃] 높아지면 R_0의 α배, t[℃] 높아지면 그의 t배가 되므로 $\alpha t R_0$만큼 커져서 도선의 저항 R_t는

$$R_t = R_0 + \alpha t R_0 = R_0(1 + \alpha t) \tag{1-25}$$

와 같이 되며 α는 온도계수로서 금속도체에서 0보다 크나 탄소전해액, 반도체 등에서는 0보다 적으므로 온도가 높아지면 저항은 감소한다.

2) 인덕턴스

도선에 전류가 흐르면 그 주위에 자장(magnetic field)이 형성되며, 그 자장의 모양을 자력선이라 한다. 전류와 자력선의 방향과의 관계는 오른나사의 법칙이 적용되며, 전류의 방향이 나사가 진행하는 방향이라면 자장은 나사가 돌아가는 방향이다. 어떤 단면을 통과하는 자력선을 한 묶음하여 자속(magnetic flux)이라 하고, ϕ로 표시하며 MKS 단위는 웨버(Weber)이다.

[그림 1-11]과 같이 전류에 의해서 생기는 자속은 반드시 폐회로를 이루며, 전류와 쇄교(link)한다. 자속이 전류와 쇄교하는 수를 자속쇄교수라 하고, 단위는 웨버・턴(Weber・Turn)을 사용한다. 코일의 권선수를 n, 자속을 ϕ라고 할 때의 자속쇄교수 λ는

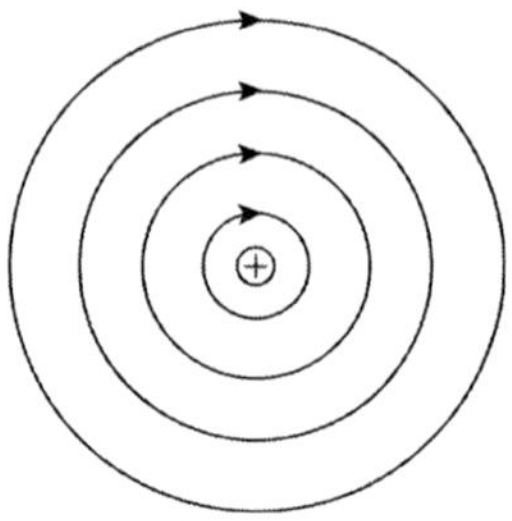

[그림 1-11]

$$\lambda = n\phi \text{ [Weber · Turn]} \qquad (1\text{-}26)$$

로서 코일의 권선수와 자속의 곱으로서 표시한다.

패러데이의 법칙(Faraday's law)에 의하면 자속쇄교수의 시간적 변화율이 기전력이므로

$$v = \frac{d\lambda}{dt} \text{ [V]} \qquad (1\text{-}27)$$

이 기전력을 유기기전력 또는 유기전압이라 한다.

전류에 의하여 자속쇄교수가 직선적으로 변화하는 범위에서는

$$\lambda = Li \text{ [Weber · Turn]} \qquad (1\text{-}28)$$

인데, 여기서 L은 직선부분의 기울기이고, 회로의 자기 인덕턴스 또는 인덕턴스(L : inductance)라고 하며, 단위는 헨리(H : Henry)를 사용한다. 1[H]는 1[A]의 전류에 의하여 생기는 자속쇄교수가 1[Wb · T]일 때의 인덕턴스를 말한다.

식 (1-28)을 식 (1-27)에 대입하면

$$v = L\frac{di}{dt} \text{ [V]} \qquad (1\text{-}29)$$

여기서 L은 코일에서 단자전압이 전류의 시간적 변화율에 비례함을 의미하고, 그 비례정수가 인덕턴스이다.

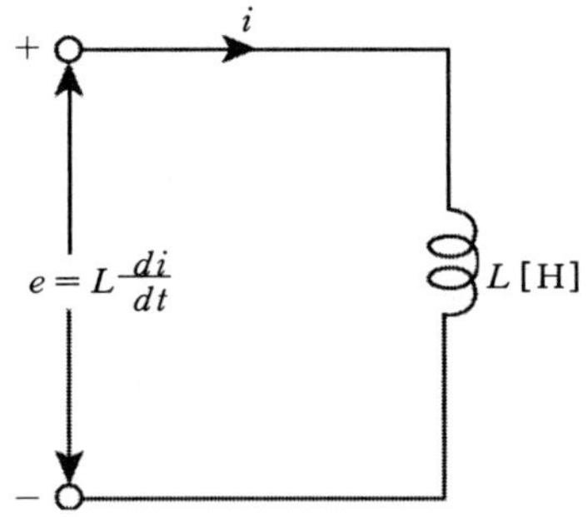

[그림 1-12]

식 (1-29)에 의하면 1[H]는 코일의 전류가 매초 1[A]의 비율로 변화할 때 1[V]의 기전력이 유기되는 경우이다. 그러므로 전류는

$$i=\frac{1}{L}\int v dt[\mathrm{A}] \tag{1-30}$$

이 소자에서 공급된 전기 에너지는 자기 에너지로 바꾸어 축적된다. 그리고 식 (1-29)에서 i가 급격히 변화하면 v가 ∞가 되므로 실질적으로 전류 i를 급격히 변화할 수 없다.

인덕턴스를 흐르는 전류의 방향으로 생기는 전압강하(유기전압)를 v라 하면 식 (1-29)의 부호관계를 만족한다([그림 1-12]).

만일 v, i 중 하나의 방향이 반대로 되면 $v=-L\frac{di}{dt}$ [V]가 된다.

【예제 1-8】 1[H]의 인덕턴스에 [그림 1-13] (a)와 같은 전류를 흘린 경우 유기되는 역기전력의 파형을 그려라.

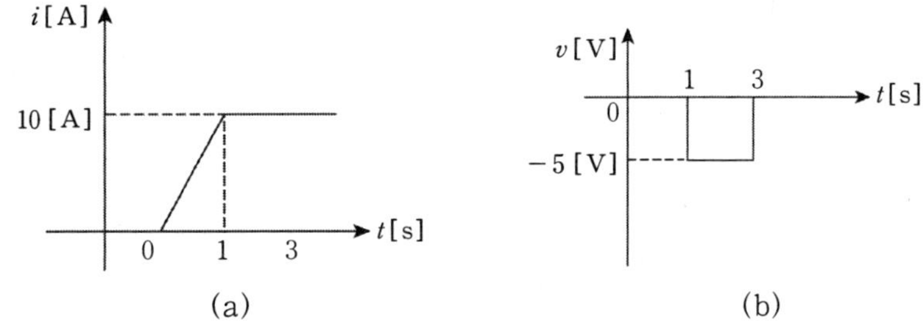

[그림 1-13]

〈풀이〉 $0<t<1$; $\frac{di}{dt}=0 \quad \therefore \; v=-L\frac{di}{dt}=0$

$1<t<3$; $\frac{di}{dt}=\frac{10-0}{3-1}=5 \quad \therefore \; v=-L\frac{di}{dt}=(-1)\times 5=-5\,[\mathrm{V}]$

$t>3$; $\frac{di}{dt}=0 \quad \therefore \; v=-L\frac{di}{dt}=0$

전압파형은 [그림 1-13](b)와 같다.

3) 커패시턴스

절연체를 사이에 두고 서로 대립하고 있는 두 도체간에 전위차가 존재하면, 전위가 높은 도체에 정전하 전위가 낮은 도체에 같은 양의 부전위가 축적된다. 이때 축적되는 전하와 전위차가 비례하는 범위에서는

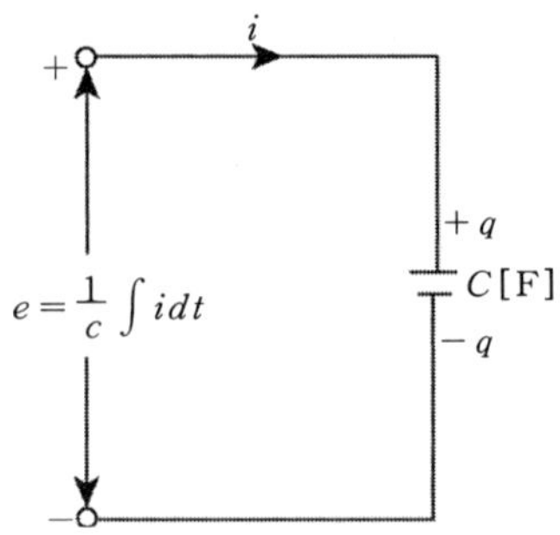

[그림 1-14]

$$q=cv\,[\mathrm{C}] \tag{1-31}$$

이 성립되고, C는 직선부분의 기울기이고, 두 도체간의 커패시턴스(C : Capacitance) 또는 콘덴서라고 한다.

$$v=\frac{1}{C}\int idt\,[\mathrm{V}] \tag{1-32}$$

커패시턴스의 MKS 단위는 패럿(F : Farad)이며, 1[F]은 1[V]의 전위차에 의하여 1[C]의 전하가 축적될 때의 커패시턴스이다. Farad이라는 단위는 너무 크므로 $1[\mathrm{F}]=10^6[\mu\mathrm{F}]=10^9[\mathrm{nF}]=10^{12}[\mathrm{pF}]$으로 표시되며 보통 [μF]을

사용한다. 식 (1-31)로부터

$$i = \frac{dq}{dt} = C\frac{dv}{dt}\,[\mathrm{A}]$$

이 되며, [그림 1-14]에서 전하의 극성을 표시하였다. 그리고 C[F]는 L[H]와 반대로 식 (1-33)에서 v가 급격히 변화하면 i가 ∞가 되므로 실질적으로 v를 급격히 변화할 수 없다. 이 소자에 공급된 전기에너지는 정전에너지로 바꾸어 축적된다.

【예제 1-9】 2[F]의 커패시턴스에 [그림 1-15] (a)와 같은 전압을 인가한 경우 흐르는 전류파형을 그려라(단, 초기값 전압은 없다).

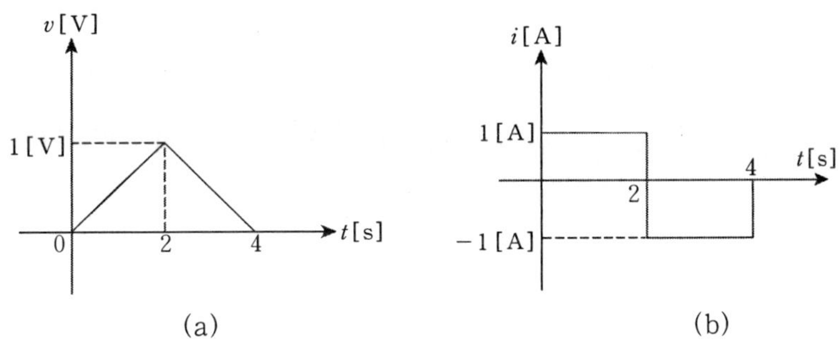

[그림 1-15]

〈풀이〉 커패시턴스 양단에 전압 v를 가할 때 흐르는 전류 $i = c\frac{dv}{dt}$이므로

$0<t<2$; $\frac{dv}{dt} = \frac{1-0}{2-0} = \frac{1}{2}$ $\quad\therefore\; i = c\frac{dv}{dt} = 2\times\frac{1}{2} = 1\,[\mathrm{A}]$

$2<t<4$; $\frac{dv}{dt} = \frac{0-1}{4-2} = -\frac{1}{2}$ $\quad\therefore\; i = c\frac{dv}{dt} = 2\times\left(-\frac{1}{2}\right) = -1\,[\mathrm{A}]$

전류파형은 [그림 1-15] (b)와 같다.

2. 능동소자

능동소자(active element)란 전기적 에너지를 공급하는 장치, 즉 전원장치를 말하며 이것도 양단자에서 관측되는 전압, 전류의 관계에 따라서 정전압원과 정전류원으로 구분된다.

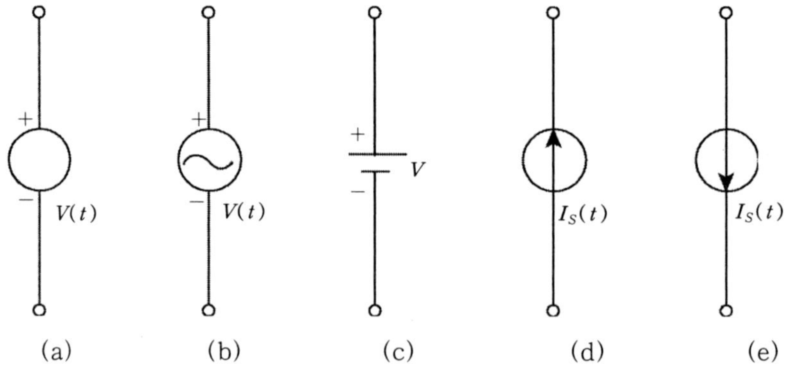

[그림 1-16]

[그림 1-16]은 능동소자의 심벌(기호)에 대한 표시이고 (a)는 정전압원의 일반적인 기호이며, (b)는 특히 발생하는 전압이 정현파인 경우이고, (c)는 불변전압(직류)인 경우이고, (d), (e)는 정전류원의 일반적인 기호를 나타내고 있다.

1) 정전압원

전압전원에서 부하에 관계없이 그 단자에 일정한 전압을 발생하는 전원을 정전압원(constant voltage source)이라 한다. 따라서 정전압원은 내부 임피던스가 0이다. 그러므로 정전압 전원을 단락시키면 전류는 무한대가 된다. 그러나 실제의 전압전원은 내부 임피던스가 있으므로 [그림 1-17] (a)와 같이 정전압 V와 내부 임피던스 Z의 직렬회로로 나타낸다. 그리고 부하전류 I일 때 단자전압 V_0는 다음과 같이 표시된다.

$$V_0 = V - ZI \tag{1-34}$$

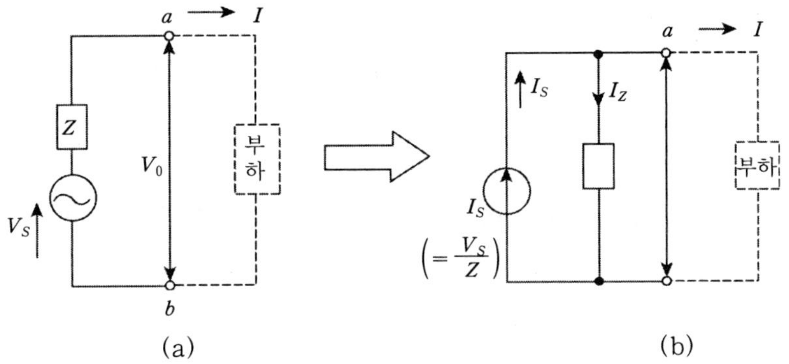

[그림 1-17]

2) 정전류원

부하에 관계없이 일정한 전류를 흘려 주는 전원을 정전류원(constant current source)이라 한다. 따라서 정전류원은 내부 임피던스가 무한대이다. 그러므로 정전류원을 개방하면 그 단자전압은 무한대이다. [그림 1-17] (b)와 같이 ○안에 흐르는 전류의 방향은 화살표를 붙여 표시한다.

연·습·문·제

(1) [그림 1-18]에서 a, b 단자에 200[V]를 가할 때 저항 2[Ω]에 흐르는 전류 I_1[A]는?

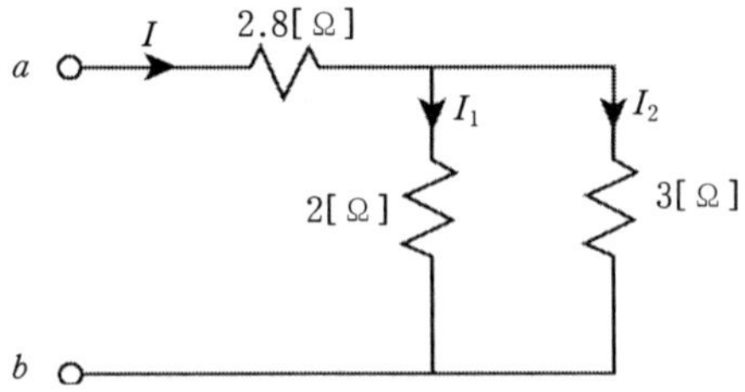

[그림 1-18]

(2) 2[F]의 커패시턴스에서 [그림 1-19]와 같은 삼각파형의 전압을 인가할 때 흐르는 전류파형은(단, 초기값 전압은 없다)?

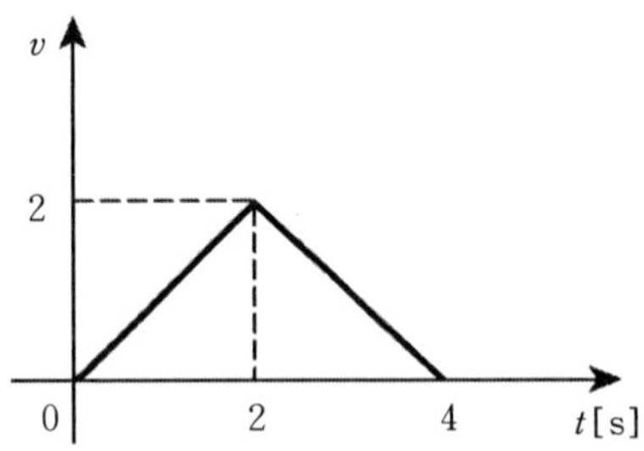

[그림 1-19]

(3) [그림 1-20]과 같은 회로에서 r_1, r_2에 흐르는 전류의 크기가 1:2의 비율이라면 r_1, r_2의 저항은 각각 몇 [Ω]인가?

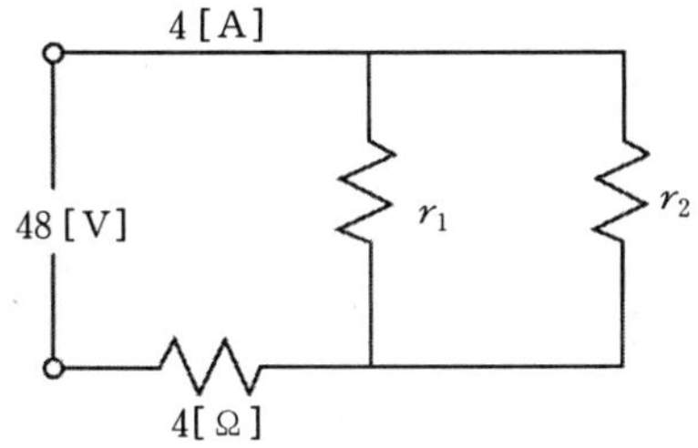

[그림 1-20]

(4) [그림 1-21]과 같은 회로에서 10[Ω]에 흐르는 전류를 최소로 하기 위하여 r_1의 값은 몇 [Ω]으로 하면 되는가?

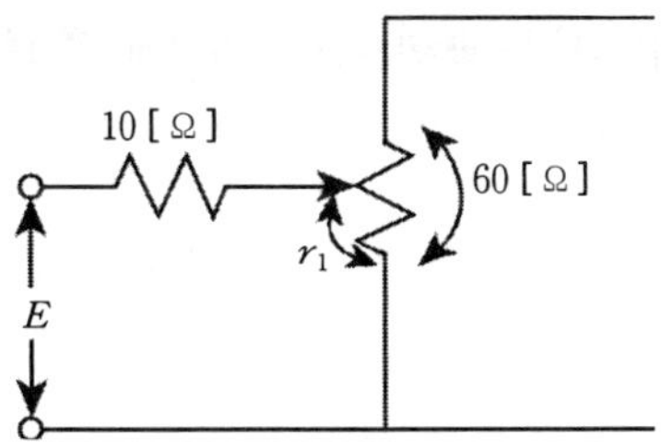

[그림 1-21]

(5) [그림 1-22]의 회로에서 I는 얼마인가? (단, 저항값 단위는 [Ω]이다)

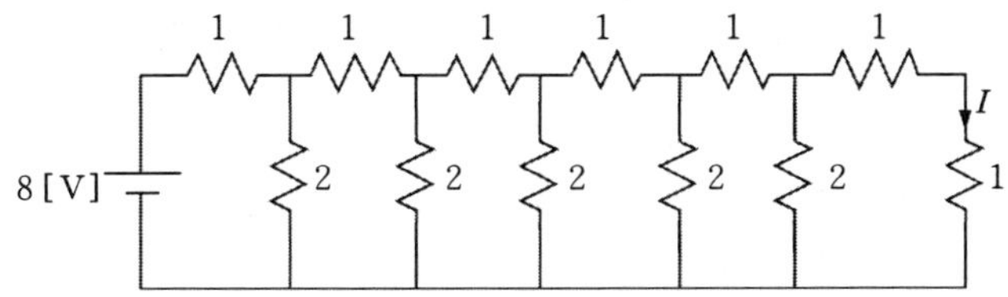

[그림 1-22]

(6) [그림 1-23]과 같은 회로에서 a, b 양단의 전압은 몇 [V]인가?

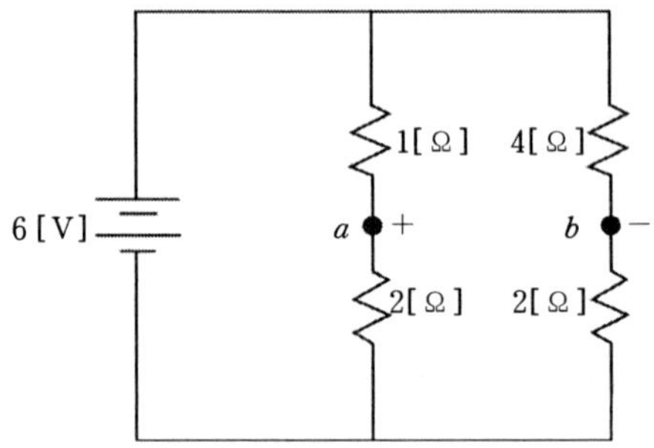

[그림 1-23]

(7) 2개의 저항 R_1, R_2를 직렬로 연결하면 10[Ω], 병렬로 연결하면 2.4[Ω]이 된다. 두 저항의 값은?

(8) [그림 1-24]와 같은 회로에 있어서 단자 a, b 사이에 24[V]의 전압을 가하여 2[A]의 전류를 흘리고 또한 r_1, r_2에 흐르는 전류를 1:2로 하고자 한다. r_1의 값은?

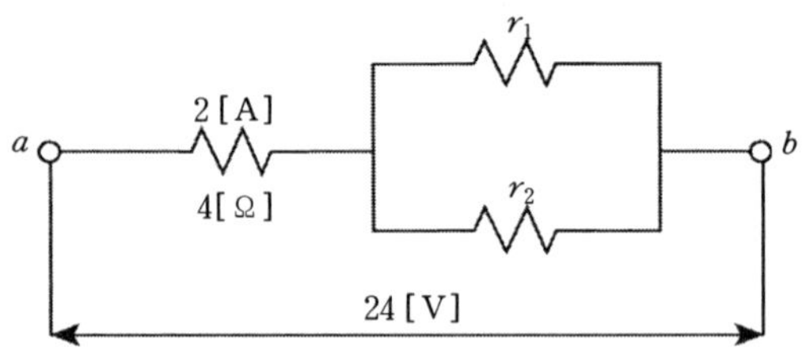

[그림 1-24]

(9) [그림 1-25]와 같은 회로의 합성 인덕턴스는 얼마인가?

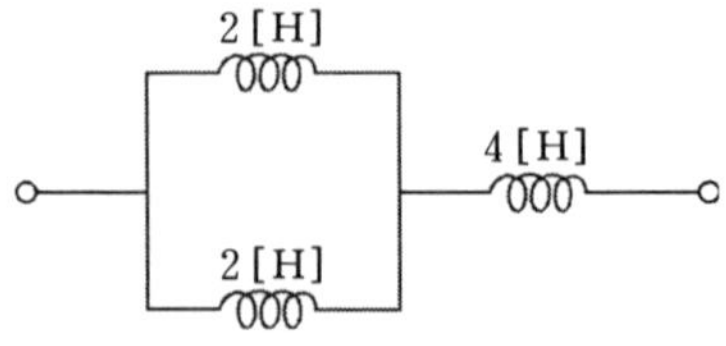

[그림 1-25]

제 2 장

정현파교류

2-1 전류의 종류

전기회로는 전원의 기전력, 전압의 종류, 회로의 분포상태에 따라서 시간적으로 변화하는 여러 종류의 전류가 있다.

[그림 2-1]은 몇 가지 종류의 전류가 시간에 따라 변화하는 모양을 나타낸 것인데, 그림 (a)와 같이 흐르는 방향과 크기가 항상 일정한 전류를 직류(DC : Direct Current)라 하고, 그림 (b), (c)와 같이 시간에 따라 크기와 방향이 규칙적으로 변화하는 전류를 교류전류 또는 교류(AC : Alternating Current)라고 한다. 특히 교류에서 그림 (b)와 같이 파형이 정현파상으로 변화하는 것을 정현파교류(sine wave AC)라 하고, 그림 (c)와 같이 파형이 정현파형이 아닌 것을 변형파교류 또는 비정현파교류(distorted wave AC)라 한다. 그런데 일반적으로 교류라고 하면 정현파교류를 의미한다.

그림 (d)와 같이 직류에 작은 교류가 합성한 것을 맥류(pulsating current)라 하고, 그림 (e)와 같이 시간에 따라 충격적으로 변화하는 전류를 펄스 전류(pulse current)라 한다. 또 그림 (f)의 a나 b곡선과 같이 회로의 개폐나 회로정수의 변화 등으로 어느 일정값이 되기 전에 극히 작은 시간 동안에만 과도적으로 흐르는 전류를 과도전류(transient current)라 한다.

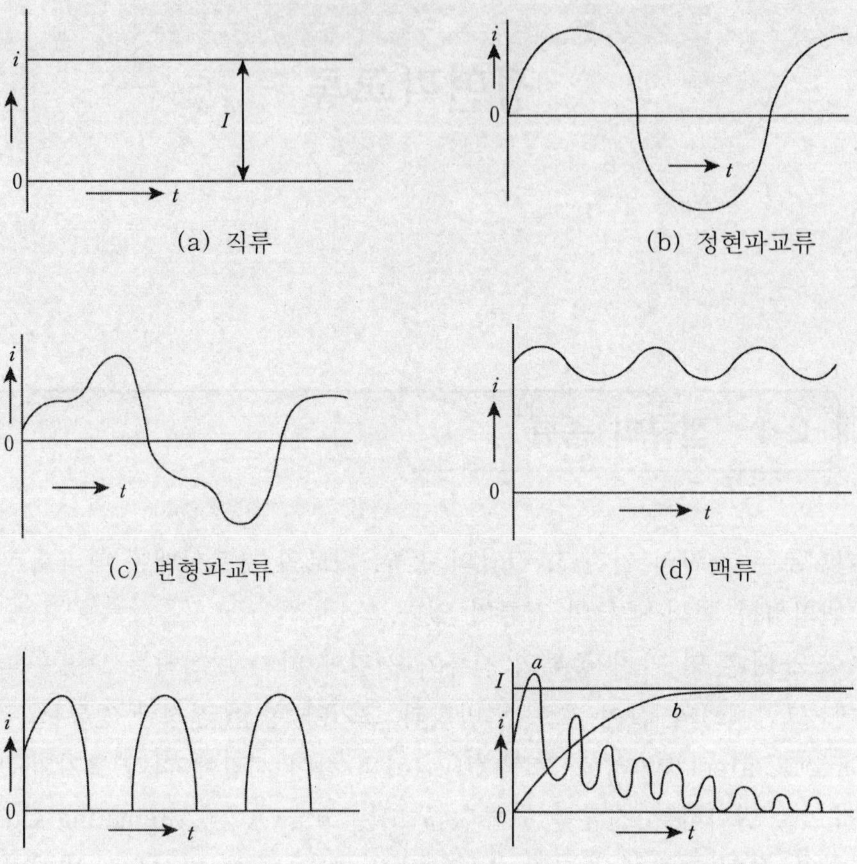

(a) 직류 (b) 정현파교류 (c) 변형파교류 (d) 맥류 (e) 펄스전류 (f) 과도전류

[그림 2-1] 각종 전류의 실례

2-2 정현파교류의 발생

[그림 2-2]와 같이 N · S극간의 자속을 끊는 부분의 길이 l[m], 폭 $2r$인 코일이 자속밀도 B[Wb/m^2]인 평등자계 내에서 일정한 각속도 ω로 회전한다고 하자. 코일의 회전반지름이 r[m]이고, 각속도가 ω[rad/s]이므로 코일

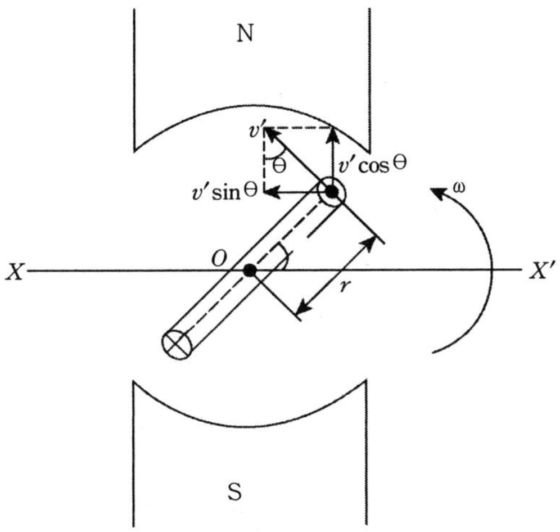

[그림 2-2]

의 주변속도 v'[m/s]는

$$v' = \omega \cdot r\,[\mathrm{m/s}] \tag{2-1}$$

이 된다. 따라서 코일의 한 변에 생기는 기전력의 크기는

$$v = B \cdot l \cdot v' = B \cdot l \cdot \omega \cdot r\,[\mathrm{V}] \tag{2-2}$$

이다. 그런데 식 (2-2)에서 Blv'의 값은 자속밀도, 코일의 길이, 코일의 회전속도로 정해지므로 일정한 값이 된다. 따라서 이것을 V_m이라 하고 자극 사이에 중심선 XOX'로부터 θ만큼 코일의 회전한 순간의 기전력 v는 다음과 같다.

$$v = Blv' \sin\theta = V_m \sin\theta\,[\mathrm{V}] \;\; (\text{단, } V_m = Blv') \tag{2-3}$$

그리고 코일의 회전을 시작하여 t[sec] 동안에 각도 θ만큼 회전했다고 하면 $\theta = \omega \cdot t$[rad]이므로 식 (2-4)와 같이 표시한다.

$$v = V_m \sin\omega t\,[\mathrm{V}] \tag{2-4}$$

여기서 v는 각 순간에서의 전압값이므로 정현파전압의 순시값이라 하고,

V_m은 전압의 최대값으로 표시한다. 따라서 식 (2-4)를 그림으로 나타내면 [그림 2-3]과 같이 t에 대하여 코일이 1회전하는 사이에 반회전마다 기전력의 방향이 반전하므로 처음 반회전간의 방향을 기전력의 정방향으로 결정하면 다음 반회전간의 부방향의 기전력으로 발생한다.

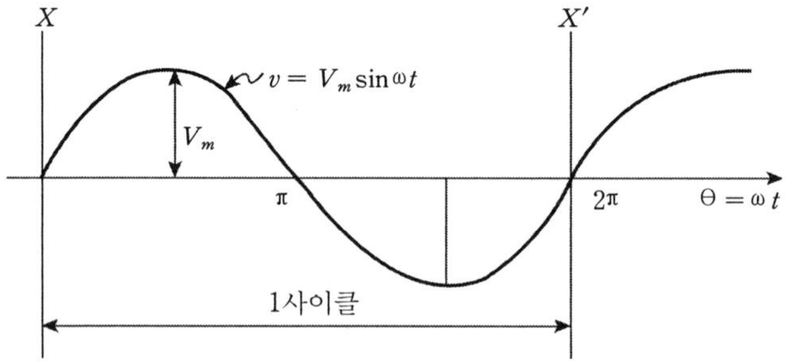

[그림 2-3]

2-3 주기와 주파수

[그림 2-3]에서 기전력이 1번 변화하여 원위치로 돌아오는 데 1주파가 소요된다. 이때 1주파의 각을 2π [rad]이라 하면 어떤 정현파 교류도 식 (2-4)와 같이 간단한 수식으로 표시할 수 있다. 1사이클이라 함은 파형이 정, 부의 변화를 완전히 하여 처음 상태로 돌아갈 때까지의 변화를 말하며 그 단위를 헤르츠(Hz)라 한다. 1초간에 포함되는 사이클의 수를 주파수(frequency)라고 하며 f로 표시하고, 주파수가 1[Hz] 변화하는 데 요하는 시간을 주기(period)라 하며 T로 표시한다. 또한 1주기에 교류가 전파하는 거리 λ를 파장이라 한다. 따라서 주기 T, 파장 λ, 주파수 f, 진공중의 빛의 속도를 $C_0 \fallingdotseq 3 \times 10^8$ [m/s]라 하면 이들 사이의 관계는 다음과 같다.

$$T = \frac{1}{f} = \frac{2\pi}{\omega} \text{ [sec]} \quad (2\text{-}5)$$

$$\lambda = \frac{C_0}{f} = \frac{3 \times 10^8}{f} \text{ [m]} \quad (2\text{-}6)$$

여기서 ω는 1초간의 각의 증가를 나타내며, 이것을 각속도 또는 각주파수라고 하며 그 단위는 [rad/s]이다. 1주기 T초간에 각은 2π [rad]만큼 증가하므로 1초간에는 $2\pi / T$ [rad]만큼 증가한다. 따라서

$$\omega = \frac{2\pi}{T} = 2\pi f \text{ [rad/s]} \quad (2\text{-}7)$$

식 (2-7)을 식 (2-4)에 대입하면

$$\begin{aligned} v &= V_m \sin \omega t = V_m \sin \frac{2\pi}{T} t \\ &= V_m \sin 2\pi f t \text{ [V]} \end{aligned} \quad (2\text{-}8)$$

이 된다. 특히 상용주파수는 60[Hz]이므로 $\omega = 2\pi \times 60 = 377$ [rad/s]이고, $v = V_m \sin 377t$와 같이 표시한다. 이때 v를 순시값(instantenous value)이라 하고, V_m을 최대값(maximum value) 또는 진폭(amplitude)이라고 한다.

【예제 2-1】 $v = 100\sqrt{2} \sin 100\pi t$ [V]인 파형의 주파수와 주기를 구하여라.

〈풀이〉 $100\pi t = \omega t$이므로 $\omega = 100\pi = 2\pi f$

$$\therefore f = \frac{100\pi}{2\pi} = 50 \text{ [Hz]}, \quad T = \frac{1}{f} = \frac{1}{50} = 0.02 \text{ [sec]}$$

2-4 위상과 위상차

정현파전압의 순시값 $v = V_m \sin\omega t$는 시간이 $t=0$일 때의 크기가 0이 되는 식으로 표시된다. 그러나 시작점이 0에서 어떤 위상 Θ의 변위를 갖는 경우를 식 (2-9)로 표시하며

$$\left.\begin{aligned} v &= V_m \sin\omega t \\ v_1 &= V_{m1} \sin(\omega t + \Theta_1) \\ v_2 &= V_{m2} \sin(\omega t - \Theta_2) \end{aligned}\right\} \tag{2-9}$$

각 순시전압의 위상과 파형은 [그림 2-4]와 같다. [그림 2-4]에서 v의 위상을 기준으로 할 때 v_1의 위상은 Θ_1[rad]만큼 앞선다(lead)라 하고, v_2의 위상은 Θ_2[rad]만큼 뒤진다(lag)라고 한다. 최대값과는 상관없이 2개의 정현파교류의 위상이 일치하면 동상이라 하고, 2개의 위상이 어긋나면 위상차 또는 상차가 있다고 한다.

여기에서 위상차는 반드시 동일 주파수의 정현파에 대한 것이다.

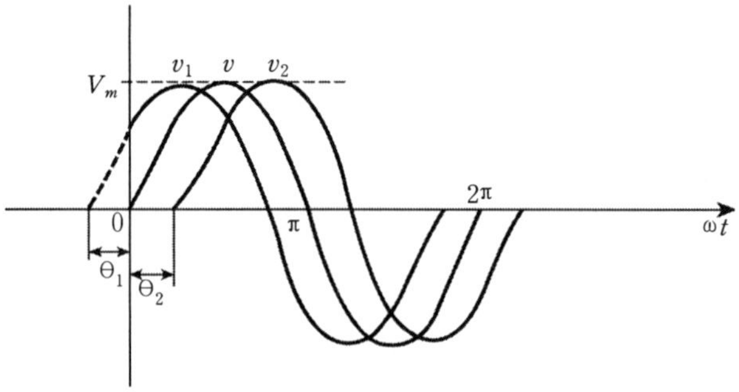

[그림 2-4]

【예제 2-2】 $v_1 = V_m \sin(\omega t + 40^\circ)$, $v_2 = V_m \cos(\omega t - 30^\circ)$인 두 전압의 위상차를 구하여라.

〈풀이〉 위상차를 구하기 위해서는 같은 함수이어야 하므로 v_2를 sine 함수로 바꾸면

$v_2 = V_m \sin(\omega t + 90^\circ - 30^\circ) = V_m \sin(\omega t + 60^\circ)$

따라서 v_1과 v_2의 위상차 θ는 $\theta = \theta_1 - \theta_2 = 40^\circ - 60^\circ = -20^\circ$

2-5 평균값과 실효값

정현파교류의 크기를 서로 비교할 때 순시값의 최대값만으로는 불충분하므로 그 크기를 나타내는 방법으로 평균값과 실효값 등을 사용한다.

1. 평균값

정현파교류는 보통 정(+)파와 부(−)파가 같은 대칭파이므로 1주기에 대하여 평균하면 0이 된다. 따라서 교류의 평균값(average value)은 정(+)의 반주기에 대한 순시값의 평균을 평균값이라 하며 기호는 V_{av} 및 I_{av}를 사용한다.

$$
\begin{aligned}
I_{av} &= \frac{2}{T}\int_0^{\frac{T}{2}} i\,dt = \frac{2}{T}\int_0^{\frac{T}{2}} (I_m \sin\omega t)dt \\
&= \frac{2}{T}\cdot\frac{I_m}{\omega}\Big[-\cos\omega t\Big]_0^{\frac{T}{2}} = \frac{I_m}{\pi}[-\cos\pi + \cos 0^\circ] \\
&= \frac{2}{\pi}\cdot I_m \\
&= 0.637 I_m \qquad (2\text{-}10)
\end{aligned}
$$

의 관계가 있으며 [그림 2-5]와 같다.

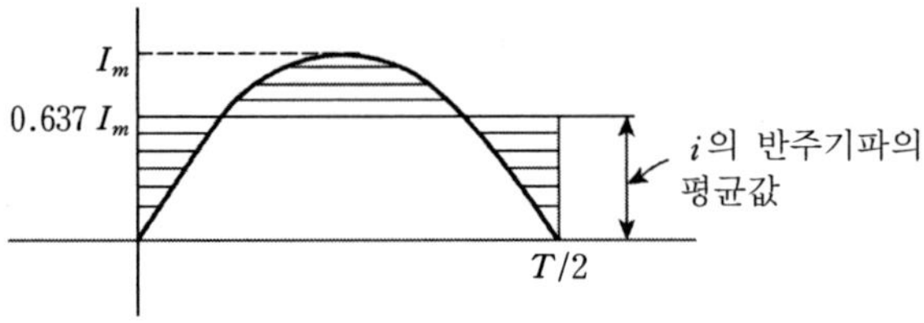

[그림 2-5]

2. 실효값

어떤 저항에 순시값 i인 교류를 흘릴 때 교류의 평균전력이 같은 저항에 직류 I를 흘릴 때 소비전력과 같다면 실제로 i와 I는 같은 효과를 내므로 I의 값을 교류 i의 실효값(effective value or root mean square)이라 한다.

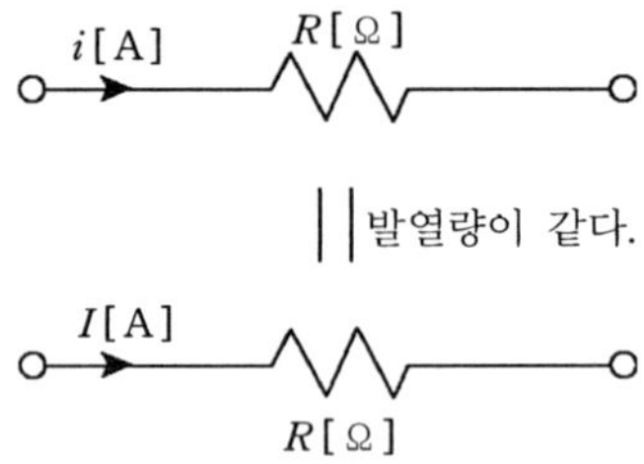

[그림 2-6]

[그림 2-6]과 같이 저항 R에 직류전류 I[A]를 흘렸다면 소비전력은 $P_{DC} = I^2 R$[W]가 된다. 같은 저항 R에 교류전류 i[A]를 흘릴 때 1주기 2π [rad] 동안의 소비전력 P_{AC}는

$$P_{AC} = \frac{1}{T}\int_0^T i^2 R\,dt = \frac{1}{T}\int_0^T i^2 dt \cdot R \qquad (2\text{-}11)$$

이 된다. 따라서 $P_{DC} = P_{AC}$이면

$$I^2 = \frac{1}{T}\int_0^T i^2 dt$$

$$\therefore \quad I = \sqrt{i^2\text{의 평균}} = \text{교류의 실효값} \qquad (2\text{-}12)$$

즉 교류의 실효값은 순시값의 제곱의 제곱근(RMS : Root Mean Square)으로 정의된다. 그러므로 전류가 $i = I_m \sin\omega t\,[\mathrm{A}]$일 때 $\omega t = \Theta$ 라 하면 전류의 실효값 I는 다음과 같다.

$$I = \sqrt{i^2\text{의 평균}} = \sqrt{\frac{1}{2\pi}\int_0^{2\pi} {I_m}^2 \sin^2\omega t\,dt} \qquad (2\text{-}13)$$

여기서 $\omega t = \Theta$ 라 하면

$$\begin{aligned} I &= \sqrt{\frac{1}{2\pi}\int_0^{2\pi} {I_m}^2 \sin^2\Theta\, d\Theta} \\ &= \sqrt{\frac{{I_m}^2}{2\pi}\int_0^{2\pi} \frac{1}{2}(1-\cos 2\Theta)\,d\Theta} \\ &= I_m\sqrt{\frac{1}{4\pi}\left[\Theta - \frac{1}{2}\sin 2\Theta\right]_0^{2\pi}} \\ &= \frac{I_m}{\sqrt{2}} = 0.707 I_m\,[\mathrm{A}] \end{aligned} \qquad (2\text{-}14)$$

일반적으로 교류전압이나 전류는 바로 이 실효값으로 나타내고 있다. [그림 2-7]에는 사인파의 최대값, 실효값, 평균값의 관계를 표시한다.

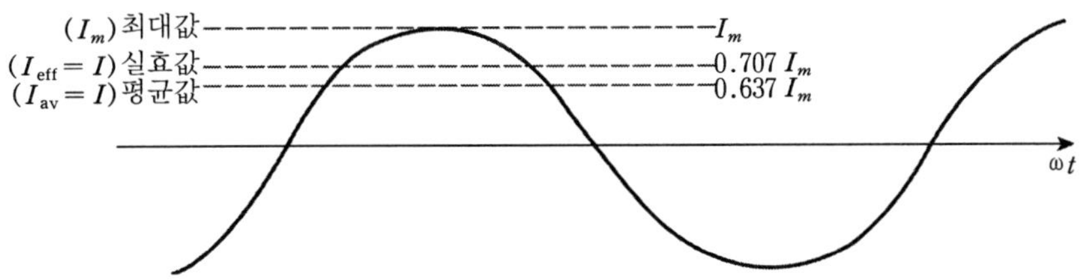

[그림 2-7]

2-6 파고율과 파형률

교류의 크기는 보통 실효값으로 나타내는데 실효값만으로는 파형까지는 알 수 없으므로 파형의 계략을 알기 위한 방법으로 파고율(crest factor)과 파형률(form factor)이라는 계수를 사용한다.

$$\left.\begin{aligned} \text{파고율} &= \frac{\text{최대값}}{\text{실효값}} \\ \text{파형률} &= \frac{\text{실효값}}{\text{평균값}} \end{aligned}\right\} \qquad (2\text{-}15)$$

특히 정현파의 파고율과 파형률을 표시하면

$$\text{파고율} = \frac{V_m}{\frac{V_m}{\sqrt{2}}} = \sqrt{2} = 1.414$$

$$\text{파형률} = \frac{\frac{V_m}{\sqrt{2}}}{\frac{2V_m}{\pi}} = \frac{\pi}{2\sqrt{2}} = 1.111$$

이 되지만 비정현파교류에서는 그 값이 다르다. 각종 파형의 파고율과 파형률을 비교하면 〈표 2-1〉과 같다.

〈표 2-1〉

명칭	파형	파고율	파형률	실효값
구형파	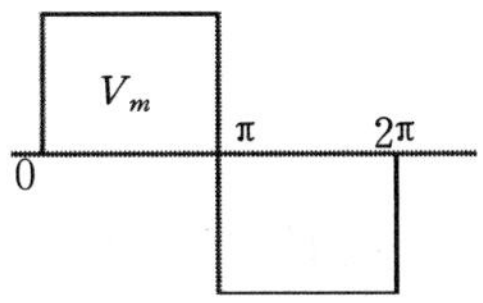	1.0	1.0	V_m
정현파	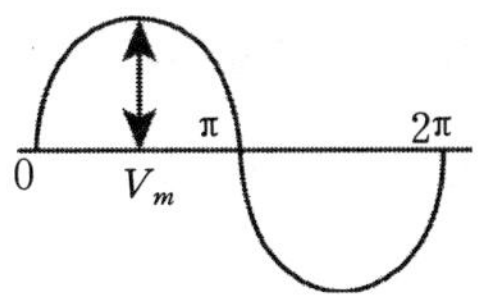	1.414	1.11	$\frac{V_m}{\sqrt{2}} = 0.707V_m$
삼각파	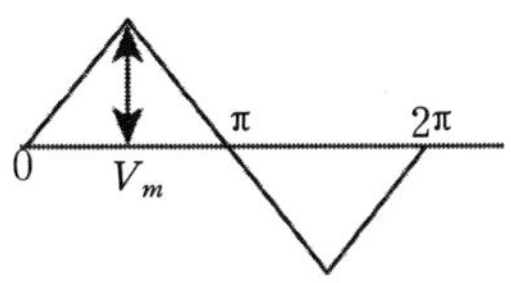	1.732	1.555	$\frac{V_m}{\sqrt{3}} = 0.577V_m$
반파정류	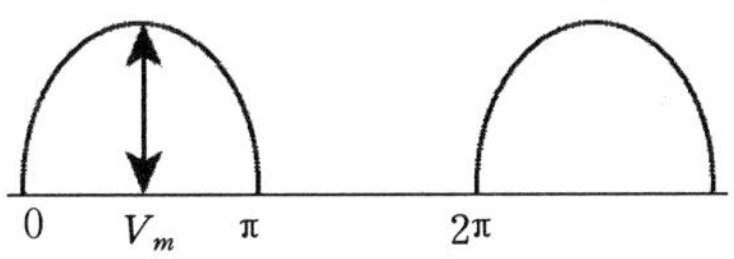	2	1.57	$\frac{V_m}{2} = 0.5V_m$

연·습·문·제

(1) $v = V_m \sin(\omega t + 30^\circ)$와 $i = I_m \cos(\omega t - 100^\circ)$와의 위상은?

(2) [그림 2-8]과 같은 주기 전압파에 있어서 0으로부터 0.02초의 사이에는 $e = 5 \times 10^4 (t - 0.02)^2$으로 표시되고 0.02초에서부터 0.04초까지는 $e = 0$이다. 전압의 평균값은 약 얼마인가?

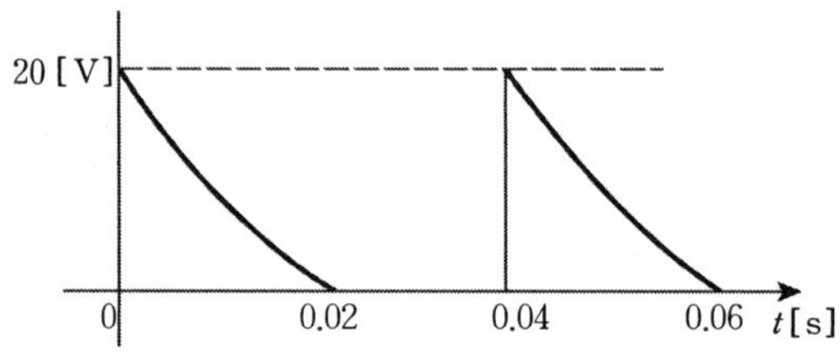

[그림 2-8]

(3) [그림 2-9]와 같은 제형파의 평균값을 구하여라.

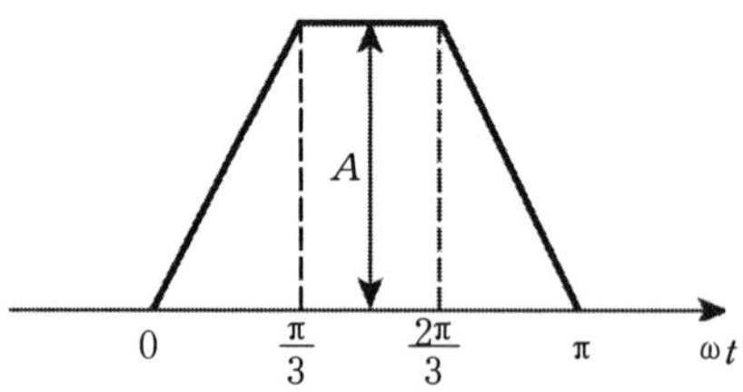

[그림 2-9]

(4) [그림 2-10]과 같이 최대값 V_m의 정현파교류를 다이오드 1개로 반파정류하여 순저항 부하에 가하고, 직류전압계로 전압을 측정할 때 전압계의 지시값은 몇 [V]인가?

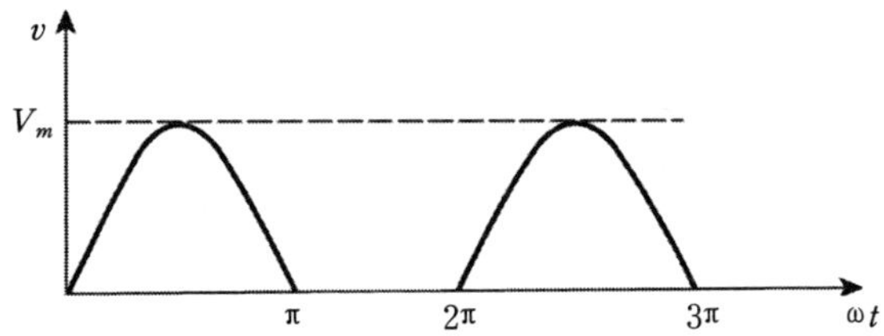

[그림 2-10]

(5) $i = I_m \sin(\omega t - 15^\circ)$ [A]인 정현파에 있어서 ωt가 어느 값일 때 순시값이 실효값과 같게 되는가?

(6) [그림 2-11]과 같은 회로에서 부하 R에 흐르는 직류전류는 몇 [A]인가? (단, $R = 5[\Omega]$, $V = 314 \sin \omega t$[V]이다)

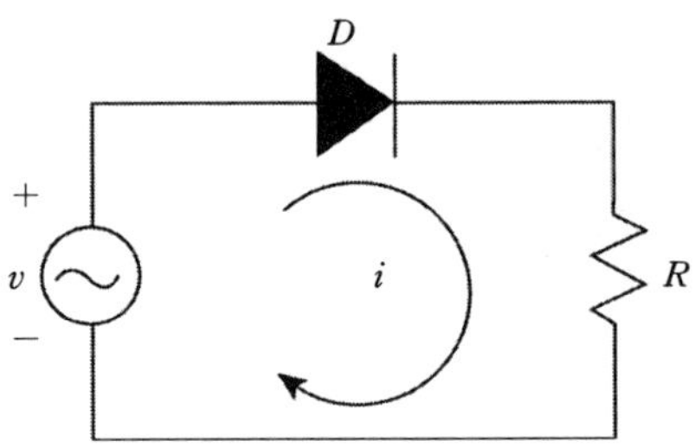

[그림 2-11]

(7) 어떤 교류전압의 실효값이 314[V]일 때 평균값은?

(8) C_1, C_2 직렬회로에 전압 E를 가했을 때 C_1의 단자전압은 얼마인가?

(9) [그림 2-12]와 같은 톱니파의 실효값을 계산하면?

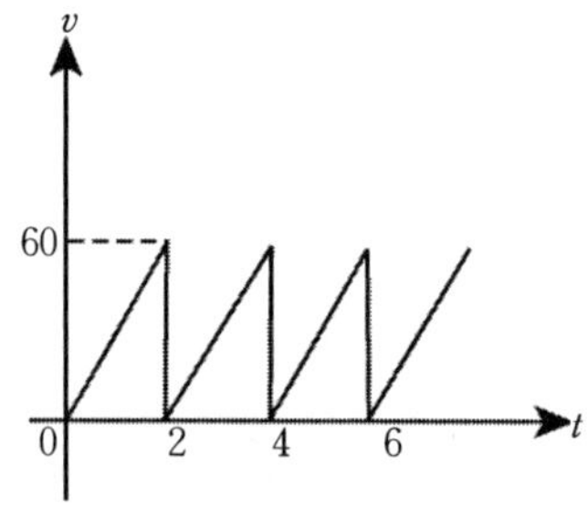

[그림 2-12]

(10) [그림 2-13]과 같이 최대값 V_m의 정현파교류를 다이오드 1개로 반파정류하여 순저항 부하에 가하고 직류전압계로 전압을 측정할 때 전압계의 지시값은 몇 [V]인가?

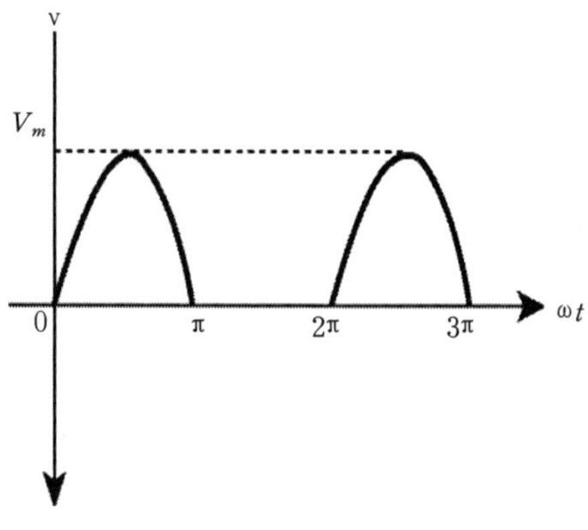

[그림 2-13]

제 3 장

벡터와 복소수

3-1 벡터 표시

벡터량은 크기와 방향을 가지고 있는 양(예를 들면 힘, 속도 등)을 말하며, 그림으로 나타내면 [그림 3-1]과 같이 크기는 선분의 길이로 나타내고 방향은 화살표로 나타낸다. 이를 벡터도라고 한다.

여기에서 $\overline{OX}$를 기준 벡터, $\overline{OP}$를 절대값 또는 크기라고 하고, 기준선과 벡터가 이루는 각 θ를 편각이라 하며, 편각 θ는 반시계 방향을 +방향으로 잡는다. 벡터량의 기호는 A, $\dot{A}$, $\overline{A}$ 등을 사용한다.

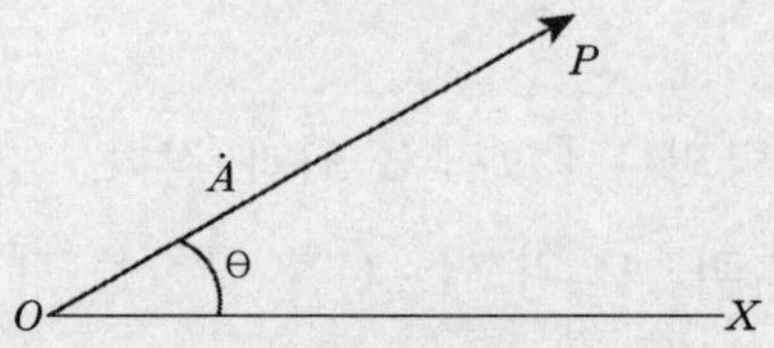

[그림 3-1]

3-2 정현파교류의 벡터 표시

주파수가 같고 위상각이 0°인 $\dot{V}$, 위상각이 $\pi/6$인 $\dot{I}$의 정현파교류의 전압과 전류는 [그림 3-2]와 같은 정지 벡터로 표시할 수 있다. 이때 위상각이 0°이기 때문에 x축 상에 있는 $\dot{V}$와 같은 벡터를 기준 벡터라 한다.

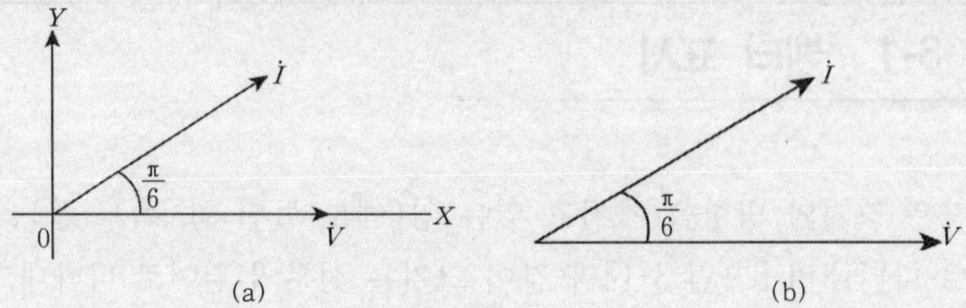

[그림 3-2]

일반적으로 이와 같은 그림을 벡터도(vector diagram)라 하지만 실제로 X, Y 좌표를 생략하고 [그림 3-2] (b)와 같이 표시한다.

1. 벡터의 합

벡터의 합을 구하는 방법은 [그림 3-3]과 같다.

[그림 3-3] (a)는 V_1과 V_2의 합 V를 구하는 데 V_1과 V_2의 벡터로 평행사변형을 그려 그 대각선으로 $V = V_1 + V_2$를 구하는 방법이고, [그림 3-3] (b)는 V_1벡터의 화살표 끝에 V_2벡터의 꼬리를 붙여 $V = V_1 + V_2$를 구하는 방법이다. 따라서 전압

$$\left.\begin{aligned} v_1 &= V_{m1}\sin\Theta_1 = \sqrt{2}\,V_1\sin\Theta_1\,[\mathrm{V}] \\ v_2 &= V_{m2}\sin\Theta_2 = \sqrt{2}\,V_2\sin\Theta_2\,[\mathrm{V}] \end{aligned}\right\} \qquad (3\text{-}1)$$

일 때 전압의 합은 $v=v_1+v_2=\sqrt{2}\,V\sin\Theta\,[\mathrm{V}]$가 된다. 여기에서 V의 크기와 위상 Θ를 구하면

$$\text{실효값}\ \ V=\sqrt{(V_1\cos\Theta_1+V_2\cos\Theta_2)^2+(V_1\sin\Theta_1+V_2\sin\Theta_2)^2}$$

$$=\sqrt{V_1{}^2+V_2{}^2+2V_1V_2\cos(\Theta_1-\Theta_2)}\,[\mathrm{V}] \qquad (3\text{-}2)$$

$$\text{편각}\ \ \Theta=\tan^{-1}\frac{V_1\sin\Theta_1+V_2\sin\Theta_2}{V_1\cos\Theta_1+V_2\cos\Theta_2}\,[\mathrm{rad}] \qquad (3\text{-}3)$$

이 된다.

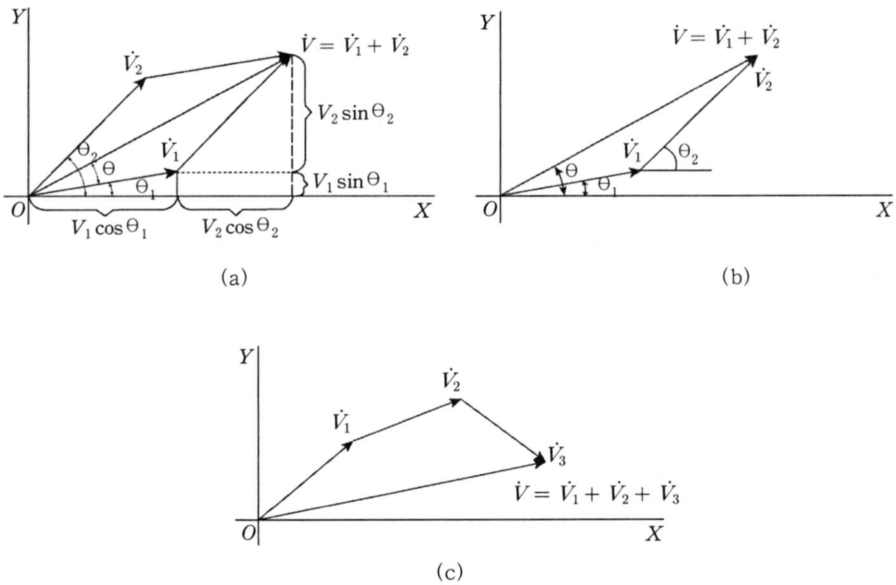

[그림 3-3]

[그림 3-3] (b)의 방법은 여러 개의 벡터를 차례로 더하는 데 사용하는 편리한 방법으로 그림 (c)는 그림 (b)의 방법에 의하여 $\dot{V}=\dot{V}_1+\dot{V}_2+\dot{V}_3$ 의 벡터를 구하는 방법이다.

2. 벡터의 차

벡터의 차를 구하는 방법은 [그림 3-4]와 같이 $\dot{V} = \dot{V}_1 - \dot{V}_2 = \dot{V}_1 + (-\dot{V}_2)$ 이므로 $\dot{V}_2$ 의 위상을 180°만큼 회전하여 $-\dot{V}_2$ 로 하고 $\dot{V}_1$ 과 $-\dot{V}_2$ 의 벡터합을 구하면 된다.

$$\text{실효값} \quad V = \sqrt{(V_1\cos\Theta_1 - V_2\cos\Theta_2)^2 + (V_1\sin\Theta_1 - V_2\sin\Theta_2)^2}$$

$$= \sqrt{V_1{}^2 + V_2{}^2 - 2V_1V_2\cos(\Theta_1 - \Theta_2)}$$

$$\text{편각} \quad \Theta = \tan^{-1}\frac{V_1\sin\Theta_1 - V_2\sin\Theta_2}{V_1\cos\Theta_1 - V_2\cos\Theta_2}\ [\text{rad}]$$

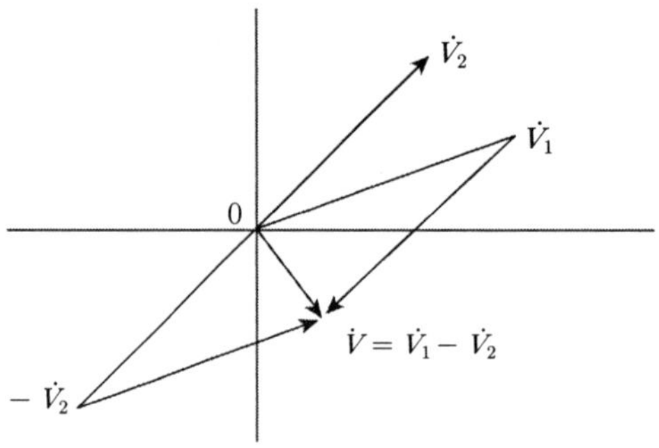

[그림 3-4]

3-3 복 소 수

실수는 기하학적으로 일직선상에서 한 점으로 표시할 수 있으나, 복소수는 2개의 실수를 함께 포함하고 있으므로 일직선상의 한 점으로 표시할 수 없다. 그래서 [그림 3-5]와 같이 1평면상에 직교축 OX, OY를 생각하고 직각좌표가 $(a,\ b)$인 점으로서 복소수 $\dot{A} = a + jb$ 를 대표하기로 한다. 이와 같이 복소수를 평면상의 점으로 대표하여 복소수간의 관계를 간명하게 해설하는 데 쓰이는 평면을 복소평면(complex plane)이라고 하며, 축 OX를 실축(real axis), OY를 허축(imaginary axis)이라고 한다.

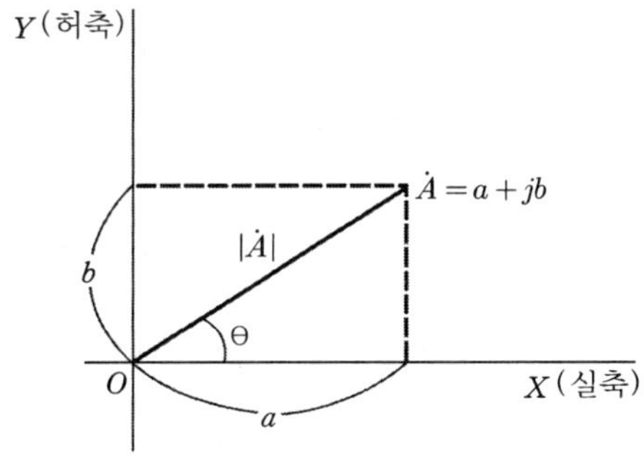

[그림 3-5]

3-4 복소수의 벡터 표시

1. 직각좌표 표시

[그림 3-5]와 같이 직선 좌표축의 원점 O를 기준으로 하는 벡터 A는 OX축의 성분 a를 실수부, OY축의 성분 b를 허수부라 하면, 다음과 같이 복소수로 표시된다.

$$\dot{A} = a + jb \tag{3-4}$$

이와 같이 벡터를 복소수로 표시하는 방법을 벡터 기호법 또는 복소수 기호법이라 한다. 식 (3-4)와 같이 직각좌표축의 성분으로 벡터를 표시하는 것을 직각좌표형식이라 하고, 그 절대값(크기)과 편각은 다음과 같다.

$$\text{절대값 } \dot{A} = |\dot{A}| = \sqrt{a^2+b^2} = \sqrt{(\text{실수부})^2 + (\text{허수부})^2}$$

$$\text{편각} \quad \Theta = \tan^{-1}\frac{b}{a} = \tan^{-1}\frac{\text{허수부}}{\text{실수부}}$$

2. 극좌표 표시

[그림 3-5]에서 벡터 $\dot{A}$ 의 절대값 A, 편각을 Θ라 하면 $a = A\cos\Theta$, $b = A\sin\Theta$ 이므로 벡터 $\dot{A}$ 는 다음과 같이 표시할 수 있다.

$$\dot{A} = |\dot{A}|\cos\Theta + j|\dot{A}|\sin\Theta = |\dot{A}|(\cos\Theta + j\sin\Theta) \qquad (3\text{-}5)$$

또 이것을 절대값과 편각을 이용하여 다음과 같이 표시할 수 있다.

$$\dot{A} = |\dot{A}| \angle \Theta \qquad (3\text{-}6)$$

벡터 $\dot{A}$ 를 이와 같이 표시하는 방법을 극좌표 표시라 한다.

3. 지수함수형식

ε를 자연대수의 밑이라 표시하면, $\cos\Theta$와 $\sin\Theta$에 관한 테일러(Taylor) 급수로부터 오일러의 정리(Euler's formula)가 성립된다. 즉,

$$\cos\Theta = 1 - \frac{\Theta^2}{2!} + \frac{\Theta^4}{4!} - \frac{\Theta^6}{6!} + \cdots$$

$$\sin\Theta = \frac{\Theta}{1!} - \frac{\Theta^3}{3!} + \frac{\Theta^5}{5!} - \frac{\Theta^7}{7!} + \cdots$$

$$\begin{aligned}\varepsilon^{j\Theta} &= 1 + \frac{j\Theta}{1!} + \frac{j^2\Theta^2}{2!} + \frac{j^3\Theta^3}{3!} + \frac{j^4\Theta^4}{4!} + \frac{j^5\Theta^5}{5!} + \frac{j^6\Theta^6}{6!} + \frac{j^7\Theta^7}{7!} + \cdots \\ &= \left(1 - \frac{\Theta^2}{2!} + \frac{\Theta^4}{4!} - \frac{\Theta^6}{6!} + \cdots\right) + j\left(\frac{\Theta}{1!} - \frac{\Theta^3}{3!} + \frac{\Theta^5}{5!} - \frac{\Theta^7}{7!} + \cdots\right) \\ &= \cos\Theta + j\sin\Theta\end{aligned}$$

$\varepsilon^{j\Theta} = \cos\Theta + j\sin\Theta$ 의 관계가 있으므로 이것을 식 (3-5)에 대입하면 다음

과 같이 된다.

$$\dot{A} = |\dot{A}|\, \varepsilon^{j\theta} = |\dot{A}| \angle \theta \qquad (3\text{-}7)$$

이와 같이 표시하는 식을 지수함수형식이라 하고, 이 표시법은 벡터의 곱하기, 나누기에 아주 편리하다.

【예제 3-1】 $4+j3$, $6-j8$을 극좌표형식으로 고쳐라.

〈풀이〉 ① $4+j3=\sqrt{4^2+3^2} \angle \tan^{-1}\frac{3}{4} = 5 \angle 36.9°$

② $6-j8=\sqrt{6^2+8^2} \angle \tan^{-1}\frac{-8}{6} = 10 \angle -53.1°$

3-5 복소수의 연산

1. 복소수의 합과 차

복소수의 합과 차에 대한 계산은 실수부는 실수부끼리, 허수부는 허수부끼리의 합과 차를 구하면 된다. 즉 복소수 $\dot{A}_1 = a_1 + jb_1$, $\dot{A}_2 = a_2 + jb_2$일 때 이들의 합과 차를 구하면 다음과 같다.

$$\begin{aligned} \dot{A}_1 + \dot{A}_2 &= (a_1 + jb_1) + (a_2 + jb_2) = (a_1 + a_2) + j(b_1 + b_2) \\ \dot{A}_1 - \dot{A}_2 &= (a_1 + jb_1) - (a_2 + jb_2) = (a_1 - a_2) + j(b_1 - b_2) \end{aligned} \qquad (3\text{-}8)$$

2. 복소수의 곱하기

허수단위 j는 다음의 관계가 있으므로

$$j=\sqrt{-1},\ j^2=-1,\ j^3=-j,\ j^4=1$$

이들의 관계를 생각하고 대수적으로 계산하면 된다.

$$\dot{A}_1 = a_1+jb_1=|\dot{A}_1|\angle\Theta_1 = |\dot{A}_1|\ \varepsilon^{j\Theta_1}$$

$$(\text{단, } |\dot{A}_1| = \sqrt{a_1{}^2+b_1{}^2},\ \Theta_1 = \tan^{-1}\frac{b_1}{a_1})$$

$$\dot{A}_2 = a_2+jb_2=|\dot{A}_2|\angle\Theta_2 = |\dot{A}_2|\ \varepsilon^{j\Theta_2}$$

$$(\text{단, } |\dot{A}_2| = \sqrt{a_2{}^2+b_2{}^2},\ \Theta_2 = \tan^{-1}\frac{b_2}{a_2})$$

i) 직각좌표형식인 경우

$$\begin{aligned}\dot{A}_1\times\dot{A}_2 &= (a_1+jb_1)\cdot(a_2+jb_2)\\ &= a_1a_2+ja_1b_2+jb_1a_2+j^2b_1b_2\\ &= (a_1a_2-b_1b_2)+j(a_1b_2+b_1a_2)\end{aligned} \tag{3-9}$$

ii) 극좌표형식인 경우

$$\dot{A}_1\times\dot{A}_1 = |\dot{A}_2|\angle\Theta_1 \times |\dot{A}_2|\angle\Theta_2 = |\dot{A}_1|\cdot|\dot{A}_2|\angle\Theta_1+\Theta_2 \tag{3-10}$$

iii) 지수함수형식인 경우

$$\dot{A}_1\times\dot{A}_2 = |\dot{A}_1|\ \varepsilon^{j\Theta_1}\cdot|\dot{A}_2|\ \varepsilon^{j\Theta_2} = |\dot{A}_1||\dot{A}_1|\ \varepsilon^{j(\Theta_1+\Theta_2)} \tag{3-11}$$

이상의 결과로부터 두 복소수의 곱의 절대값은 각 복소수의 절대값의 곱과 같고, 곱의 편각은 각 복소수의 편각의 합과 같다.

【예제 3-2】 다음의 두 벡터 $\dot{A}_1$과 $\dot{A}_2$의 곱 $\dot{A}$를 구하여라.

$$A_1=3+j4,\ A_2=6+j8$$

〈풀이〉 $\dot{A} = \dot{A}_1\times\dot{A}_2 = (3+j4)(6+j8) = -14+j48$

절대값 $|\dot{A}| = \sqrt{(-14)^2+(48)^2} = 50$

편각 $\theta = \tan^{-1}\frac{48}{-14} = 106^\circ$

또는 $\dot{A}_1 = |\dot{A}_1|\angle\theta_1$, $\dot{A}_2 = |\dot{A}_2|\angle\theta_2$로 하면

$|\dot{A}_1| = \sqrt{3^2+4^2} = 5$, $\theta_1 = \tan^{-1}\frac{4}{3} = 53^\circ$

$|\dot{A}_2| = \sqrt{6^2+8^2} = 10$, $\theta_2 = \tan^{-1}\frac{8}{6} = 53^\circ$

$\therefore\ \dot{A} = \dot{A}_1 \times \dot{A}_2 = 5 \times 10\angle 53^\circ + 53^\circ = 50\angle 106^\circ$

3. 복소수의 나누기

두 복소수를 나누어 줄 때는 일반적으로 분모를 유리화하기 위해 분모의 공액복소수를 분모·분자에 곱하여 정리한다. 여기에서 공액복소수란 크기는 같고 위상이 반대인 것으로, 예를 들면 $A = a + jb$인 복소수의 공액복소수는 $\overline{A} = a - jb$가 된다. 따라서 $\dot{A}_1 = a_1 + jb_1$, $\dot{A}_2 = a_2 + jb_2$ 복소수를 나누면

i) 직각좌표형식인 경우

$$\frac{A_1}{A_2} = \frac{a_1+jb_1}{a_2+jb_2} = \frac{(a_1+jb_1)(a_2-jb_2)}{(a_2+jb_2)(a_2-jb_2)}$$

$$= \frac{a_1a_2+b_1b_2}{{a_2}^2+{b_2}^2} + j\frac{a_2b_1-a_1b_2}{{a_2}^2+{b_2}^2} \qquad (3\text{-}12)$$

ii) 극좌표형식인 경우

$$\frac{A_1}{A_2} = \frac{|A_1|\angle\theta_1}{|A_2|\angle\theta_2} = \frac{|A_1|}{|A_2|}\angle\theta_1-\theta_2 \qquad (3\text{-}13)$$

iii) 지수함수형식인 경우

$$\frac{A_1}{A_2} = \frac{|A_1|\varepsilon^{j\theta_1}}{|A_2|\varepsilon^{j\theta_2}} = \frac{|A_1|}{|A_2|}\varepsilon^{j(\theta_1-\theta_2)} \qquad (3\text{-}14)$$

즉 두 복소수의 나눗셈의 크기는 각 복소수의 크기와 나누기와 같고, 편각

Θ는 각 복소수의 편각의 차와 같다.

【예제 3-3】 벡터 $\dot{A}_1 = 6 + j8$, $\dot{A}_2 = 3 + j4$의 나눗셈 $\dfrac{A_1}{A_2}$을 구하여라.

〈풀이〉 $\dfrac{A_1}{A_2} = \dfrac{6 + j8}{3 + j4} = \dfrac{(6 + j8)(3 - j4)}{(3 + j4)(3 - j4)} = \dfrac{50}{25} = 2$

$$\text{또} \quad \frac{A_1}{A_2} = \frac{\sqrt{6^2 + 8^2} \angle \tan^{-1}\frac{8}{6}}{\sqrt{3^2 + 4^2} \angle \tan^{-1}\frac{4}{3}} = \frac{10 \angle 53^\circ}{5 \angle 53^\circ} = 2 \angle 0^\circ$$

3-6 복소수의 거듭제곱과 근

복소수의 n제곱 또는 n제곱근을 계산하는 데에는 극좌표형식을 사용하는 것이 편리하다. 지금 $\dot{A} = A\varepsilon^{j\theta}$의 n제곱과 n제곱근을 각각 구해보면 다음과 같다.

$$\dot{A}^n = |A|^n \cdot \varepsilon^{jn\Theta} = |A^n| \angle n\Theta \tag{3-15}$$

$(\because\ \varepsilon^{jn\Theta} = \cos n\Theta + j \sin n\Theta)$

$$\dot{A}^{1/n} = |A|^{1/n} \cdot \varepsilon^{j\frac{\Theta + 2\pi m}{n}} = |A^{1/n}| \angle \frac{\Theta + 2\pi m}{n} \tag{3-16}$$

(단, $m = 0,\ 1,\ 2,\ \cdots,\ n - 1$)

식 (3-16)에서 $m = 0$에 대한 근을 주근, 나머지 근을 부근이라고 한다.

【예제 3-4】 $\dot{A}=3+j4$일 때 $\sqrt{\dot{A}}$을 구하여라.

〈풀이〉 $\dot{A}=3+j4=\sqrt{3^2+4^2}\ \angle \tan^{-1}\frac{4}{3}=5\angle 53^\circ$

그러므로 주근 $m=0$일 때

$\sqrt{\dot{A}}=\sqrt{5}\ \angle \frac{53^\circ}{2}$

부근 $m=1$일 때

$\sqrt{\dot{A}}=\sqrt{5}\ \angle \frac{53^\circ}{2}+\frac{360^\circ}{2}=\sqrt{5}\ \angle 206^\circ$

연·습·문·제

(1) $v = 100\sqrt{2}\sin\left(\omega t + \frac{\pi}{3}\right)$를 복소수로 표시하여라.

(2) $\dot{A} = j1000$이다. $\dot{A}$의 세제곱근을 구하여라.

(3) $i_1 = 2\sin(\omega t + 30^\circ)$, $i_2 = 1\sin(\omega t + 120^\circ)$이다. $i_1 + i_2$를 구하여라.

(4) $\dot{I}_1 = 5\left(\cos\frac{\pi}{6} + j\sin\frac{\pi}{6}\right)$와 $\dot{I}_2 = 4\left(\cos\frac{\pi}{3} + j\sin\frac{\pi}{3}\right)$로 표시되는 두 벡터의 곱을 구하여라.

(5) [그림 3-6]과 같은 회로에서 $\dot{Z}_1$의 단자전압 $\dot{V}_1 = \sqrt{3} + jY$, Z_2의 단자전압 $\dot{V}_2 = |\dot{V}|\angle 30^\circ$일 때 $\dot{Y}$ 및 $|\dot{V}|$의 값은?

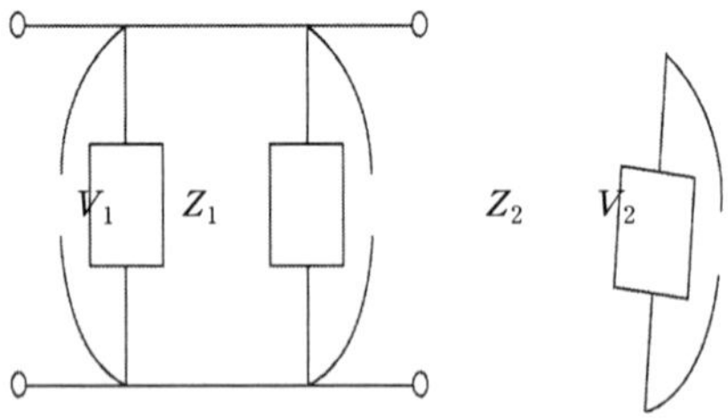

[그림 3-6]

(6) 복소수 $\dot{I}_1 = 10\angle\tan^{-1}\frac{4}{3}$, $\dot{I}_2 = 10\angle\tan^{-1}\frac{3}{4}$일 때 $\dot{I} = \dot{I}_1 + \dot{I}_2$는 얼마인가?

(7) $\dot{I}_1 = 20\angle \tan^{-1}\frac{4}{3}$, $\dot{I}_2 = 10\angle \tan^{-1}\frac{3}{4}$ 일 때 $\dot{I} = \dot{I}_1 - \dot{I}_2$ 는?

(8) $\dot{A}_1 = 20\left(\cos\frac{\pi}{3} + j\sin\frac{\pi}{3}\right)$, $\dot{A}_2 = 5\left(\cos\frac{\pi}{6} + j\sin\frac{\pi}{6}\right)$로 표시되는 두 벡터가 있다. $\dot{A}_3 = \dot{A}_1/\dot{A}_2$ 의 값은 얼마인가?

(9) $v_1 = 20\sqrt{2}\sin\omega t$, $v_2 = 50\sqrt{2}\cos\left(\omega t - \frac{\pi}{6}\right)$일 때 $v_1 + v_2$의 실효값은?

(10) $v_1 = 100\sqrt{2}\sin\omega t$, $v_2 = 200\sqrt{2}\sin\left(\omega t + \frac{\pi}{3}\right)$[V]의 두 교류전압의 합성전압의 실효값은 몇 [V]인가?

(11) $v_1 = V_1\sin\omega t$, $v_2 = V_2\sin(\omega t + 30^\circ)$일 때 $v_1 + v_2$의 실효값은?

제 4 장

교류회로

4-1 저항회로

교류회로 순시값에 대하여 생각할 때에는 직류회로와 똑같이 취급해도 좋다. [그림 4-1] (a)와 같이 저항 R인 회로에 교류전압 $v = V_m \sin\omega t$[V]를 가했을 때 흐르는 전류의 순시값 i는 옴의 법칙에 의하여

$$i = \frac{v}{R} = \frac{V_m}{R}\sin\omega t = I_m \sin\omega t\,[\mathrm{A}] \tag{4-1}$$

와 같고 전류의 최대값은

$$I_m = \frac{V_m}{R}, \quad V_m = RI_m \tag{4-2}$$

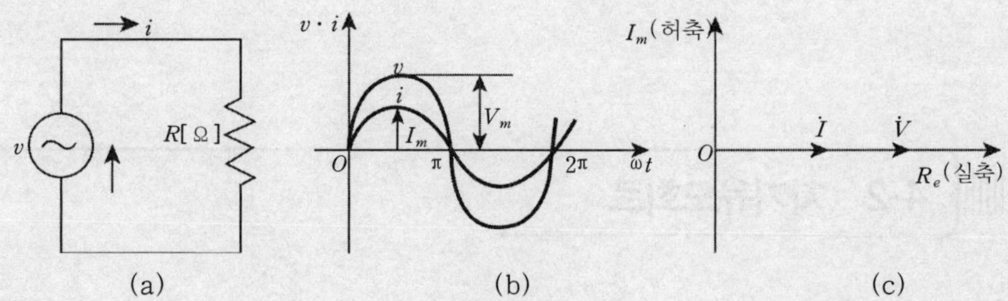

[그림 4-1]

이 된다. 이것을 그림으로 표시하면 [그림 4-1] (b)와 같이 되고 전압 v와 전류 i는 동상(동위상)이 된다.

이 전압과 전류의 실효값을 V 및 I라 하면 $V_m=\sqrt{2}V$, $I_m=\sqrt{2}I$의 관계가 성립하므로

$$\sqrt{2}I=\frac{\sqrt{2}V}{R} \qquad \therefore\ I=\frac{V}{R} \tag{4-3}$$

이 된다. 〈표 4-1〉은 저항회로에서 전압과 전류의 관계를 표시한다.

저항회로의 전압 V와 전류 I는 동상이므로 복소수로 나타내는 기호법으로 표시하면

$$\dot{V}=R\dot{I} \qquad \therefore\ R=\frac{\dot{V}}{\dot{I}} \tag{4-4}$$

가 된다. 따라서 기호법으로 저항을 취급할 때는 실수로 한다.

〈표 4-1〉 전압과 전류의 관계

회로방식	방정식	V/I (또는 V_m/I_m)	위상	벡터도
저항회로	$v=V_m\sin\omega t$ $i=I_m\sin\omega t$	$R[\Omega]$	v와 i는 동상	$\longrightarrow\dot{I}$ $\longrightarrow\dot{V}$

4-2 자기유도회로

[그림 4-2] (a)와 같이 자기 인덕턴스 L[H]만의 회로에 $i=I_m\sin\omega t$[A]인 정현파전류가 흐를 때 L에 자기유도작용에 의하여 기전력이 유기된다. 이

때 생기는 기전력을 역기전력(counter motive force)이라 하고, 역기전력 e_L의 방향을 정하면 이것은 i를 흐르게 하기 위한 공급전압 v와 같으므로

$$v = e_L = L\frac{di}{dt} = L\frac{d}{dt}(I_m \sin\omega t)$$

$$= LI_m \frac{d\sin\omega t}{d\omega t} \cdot \frac{d\omega t}{dt}$$

$$= \omega LI_m \cos\omega t = \omega LI_m \sin\left(\omega t + \frac{\pi}{2}\right)$$

$$= V_m \sin\left(\omega t + \frac{\pi}{2}\right)[\text{V}] \quad (\because\ V_m = \omega LI_m[\text{V}]) \tag{4-5}$$

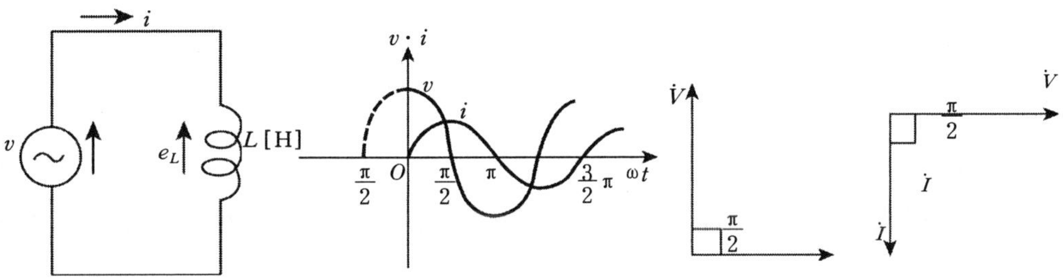

(a) (b) (c)

[그림 4-2]

따라서 전압 v의 위상은 전류 i의 위상보다 $\frac{\pi}{2}$ [rad] 앞선다. 또는 전류의 위상이 전압의 위상보다 $\frac{\pi}{2}$만큼 뒤진다. 또한 전압과 전류의 실효값을 V[V] 및 I[A]라 하면 $V_m = \sqrt{2}V$, $I_m = \sqrt{2}I$ 관계로부터

$$\sqrt{2}V = \omega L\sqrt{2}I, \quad V = \omega LI[\text{V}] \tag{4-6}$$

이 되며 식 (4-2)와 식 (4-5)를 비교하면 ωL이 회로에 흐르는 전류를 제한하는 저항성분임을 알 수 있다. 그러나 보통의 저항과는 달라서 전압·전류 사이에 90°(j)의 위상차가 생기는 효과가 있으므로 이 ωL을 유도성 리액턴스

(inductive reactance)라 하며 X_L로 표시한다.

$$X_L = \omega L = 2\pi f L [\Omega] \tag{4-7}$$

따라서 옴의 법칙에 의해

$$V = X_L I [\mathrm{V}] \text{ 또는 } I = \frac{V}{X_L} [\mathrm{A}] \tag{4-8}$$

이 된다. 그러므로 L[H]를 옴의 법칙을 적용하기 위하여 자기 인덕턴스 L[H]를 유도성 리액턴스 X_L로 고치고 계산한다. 〈표 4-2〉는 자기유도회로에서 전압과 전류의 관계를 표시한다.

벡터 기호법에서 어느 벡터의 위상을 $\pi/2$ [rad]만큼 앞서게 하려면 그 벡터에 연산자 j를 곱하면 되므로

$$\dot{V} = j\omega L \dot{I} \qquad \therefore\ j\omega L = \frac{\dot{V}}{\dot{I}} \tag{4-9}$$

와 같이 표시된다. 그러므로 기호법으로 유도 리액턴스를 표시하려면 유도 리액턴스 (X_L)에 j를 곱하여 $jX_L (= j\omega L)$이라고 하면 된다. 유도회로의 전압과 전류의 관계는 〈표 4-2〉와 같다.

〈표 4-2〉 전압과 전류의 관계

회로방식	방정식	V/I(또는 V_m/I_m)	위상	벡터도
유도회로	$v = V_m \sin\left(\omega t + \frac{\pi}{2}\right)$ $i = I_m \sin \omega t$	$X_L = \omega L [\Omega]$	i는 v보다 $\frac{\pi}{2}$만큼 뒤진다.	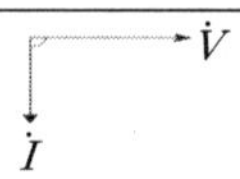

【예제 4-1】 0.1[H]의 코일 양단에 $v = 100\sqrt{2} \sin 100t$ [V]의 교류전압을 가할 때 흐르는 전류를 구하여라.

〈풀이〉 $X_L = \omega L = 100 \times 0.1 = 10 [\Omega]$, 전압의 실효값 $V = 100$이므로

$i = I_m \sin(\omega t - 90^\circ)$이므로 $I_m = \frac{V_m}{X_L} = \frac{100\sqrt{2}}{10} = 10\sqrt{2}$

$\therefore$ 순시값 전류 $i = 10\sqrt{2}\sin(100t - 90^\circ)$ [A]

4-3 정전용량회로

[그림 4-3]과 같이 커패시턴스 C만을 가진 회로에 전류 $i = I_m \sin\omega t$[A]인 정현파전류가 흐를 때 전류의 방향으로의 전압강하를 v라 하면

$$v = \frac{1}{C}\int i dt = \int I_m \sin\omega t dt = -\frac{1}{\omega C} I_m \cos\omega t$$

$$= \frac{1}{\omega C} I_m \sin(\omega t - 90^\circ) = V_m \sin(\omega t - 90^\circ)\ [\mathrm{V}]$$

$$\therefore\ V_m = \frac{I_m}{\omega C}\ [\mathrm{V}] \qquad (4\text{-}10)$$

가 된다. 따라서 전류가 전압의 벡터보다 위상이 $\frac{\pi}{2}$ [rad]만큼 앞선다.

전압과 전류의 실효값을 V[V] 및 I[A]라 하면 $V_m = \sqrt{2}V$, $I_m = \sqrt{2}I$ 관계로부터

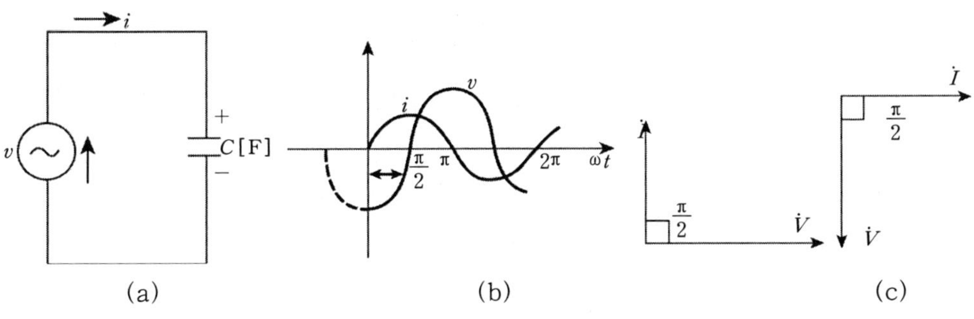

[그림 4-3]

$$\sqrt{2}\,V=\frac{\sqrt{2}\,I}{\omega C} \qquad \therefore\ V=\frac{I}{\omega C} \qquad (4\text{-}11)$$

이 되며, 식 (4-2)와 식 (4-10)을 비교하면 $\frac{1}{\omega C}$은 커패시턴스 회로의 전류를 제한하는 일종의 고유저항임을 알 수 있으며, 유도 리액턴스와 마찬가지로 전류 · 전압 사이에 90°(j)의 상차를 생기게 하는 효과가 있으므로 이 $\frac{1}{\omega C}$을 용량 리액턴스(capacitive reactance)라 하며 보통 X_C[Ω]으로 표시한다.

$$X_C=\frac{1}{\omega C}=\frac{1}{2\pi fC}[\Omega]$$

따라서 옴의 법칙

$$V=X_C I \quad \text{또는} \quad I=\frac{V}{X_C} \qquad (4\text{-}12)$$

이 된다. L[H]와 마찬가지로 C[F]를 용량성 리액턴스인 $X_C=\frac{1}{\omega C}=\frac{1}{2\pi fC}$로 고치고 옴의 법칙을 적용한다. 용량회로의 전압과 전류의 관계는 〈표 4-3〉과 같다. 기호법으로 표시하면 식 (4-19)의 관계로부터 $\dot{I}$는 $\dot{V}$를 ωC배로 하여 $\frac{\pi}{2}$ [rad] 앞서게 하면 되므로

〈표 4-3〉 전압과 전류의 관계

회로방식	방정식	V/I (또는 V_m/I_m)	위상	벡터도
용량회로	$v=V_m \sin\left(\omega t-\frac{\pi}{2}\right)$ $i=I_m \sin\omega t$	$X_C=-\frac{1}{\omega C}$	i는 v보다 $\frac{\pi}{2}$만큼 앞선다.	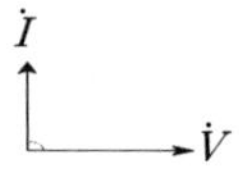

$$\dot{I} = j \times \omega C \dot{V}$$

$$\therefore \ \frac{\dot{V}}{\dot{I}} = \frac{1}{j\omega C} = -j\frac{1}{\omega C}[\Omega] \qquad (4\text{-}13)$$

로 된다.

그러므로 벡터 기호법으로 용량 리액턴스를 표시하려면 용량 리액턴스 (X_C)에 $-j$를 곱하여 $-jX_C\left(=-j\frac{1}{\omega C}\right)$이라고 하면 된다.

【예제 4-2】 1[μF]의 콘덴서 양단의 전압이 $v = 100\sqrt{2}\sin 400t$[V]로 주어졌을 때 콘덴서에 흐르는 전류 i를 구하여라.

〈풀이〉 $X_C = \frac{1}{\omega C} = \frac{1}{400 \times 1 \times 10^{-6}} = 2500[\Omega]$

전압의 실효값 $V = 100$

$I = \frac{V}{X_C} = \frac{100}{2500} = \frac{1}{25} = 0.04$[A]

순시전류 $i = 0.04\sqrt{2}\sin(400t + 90^\circ)$[A]

4-4 $R \cdot L$ 직렬회로

[그림 4-4]와 같이 저항 R과 자기 인덕턴스 L이 직렬로 접속된 회로에 $i = I_m \sin\omega t$인 교류전류가 흐를 때 R, L 양단에 걸리는 전압을 v_R, v_L이라 하면 단자전압 v는 키르히호프의 전압법칙(KVL)에 의해

$$v = v_R + v_L[\text{V}] \qquad (4\text{-}14)$$

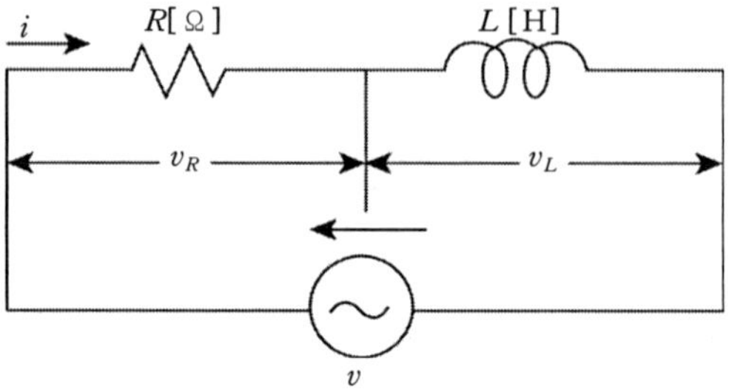

[그림 4-4]

그런데 직렬접속시 각 소자에 흐르는 전류 i가 같으므로

$$\left.\begin{aligned} v_R &= R \cdot i = RI_m \sin\omega t[\mathrm{V}] \\ v_L &= L\frac{di}{dt} = \omega LI_m \cos\omega t[\mathrm{V}] \end{aligned}\right\} \tag{4-15}$$

따라서 식 (4-15)를 식 (4-14)에 대입하면

$$\therefore \quad v = RI_m \sin\omega t + \omega LI_m \cos\omega t[\mathrm{V}] \tag{4-16}$$

이 된다.

3장의 복소수에서 설명한 벡터의 관계로 R, X_L의 값을 표시하면 [그림 4-5] (a)와 같이 나타낸다.

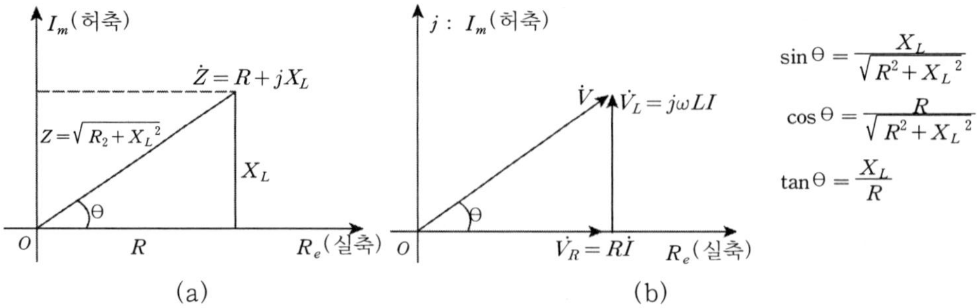

[그림 4-5]

그러므로 식 (4-16)을 정리하면

$$v = RI_m \sin\omega t + X_L I_m \cos\omega t = I_m (R\sin\omega t + X_L \cos\omega t)$$

$$= I_m \sqrt{R^2 + X_L^{\ 2}} \left(\frac{R}{\sqrt{R^2 + X_L^{\ 2}}} \sin\omega t + \frac{X_L}{\sqrt{R^2 + X_L^{\ 2}}} \cos\omega t \right)$$

$$= I_m \cdot \sqrt{R^2 + X_L^{\ 2}} (\sin\omega t \cdot \cos\Theta + \cos\omega t \cdot \sin\Theta)$$

$$= I_m \cdot \sqrt{R^2 + X_L^{\ 2}} \sin(\omega t + \Theta) = V_m \sin(\omega t + \Theta) [\mathrm{V}] \qquad (4\text{-}17)$$

$$(\text{단, } \Theta = \tan^{-1}\frac{X_L}{R}, \quad V_m = \sqrt{R^2 + X_L^{\ 2}} \cdot I_m)$$

이 된다.

그러므로 전압과 전류의 위상차는 [그림 4-5] (a)와 같이 전압이 전류보다 Θ만큼 앞선다. 식 (4-2)와 식 (4-17)을 비교하여 보면 $\sqrt{R^2 + X_L^{\ 2}}$ 성분이 전류를 제한하는 저항성분이 되며, 그것을 임피던스 $\dot{Z}$ [Ω]이라 한다.

$R \cdot L$ 직렬회로에서 전압과 전류의 관계를 기호법으로 구해 보기로 하자. [그림 4-6]과 같이 R[Ω]의 저항과 L[H]의 인덕턴스가 직렬로 접속된 회로에 각주파수 ω[rad/s], V[V]의 정현파교류전압을 인가했을 때 R, L에 흐르는 전류를 $\dot{I}$라 하고, R, L 양단의 전압을 각각 $\dot{V}_R$, $\dot{V}_L$이라고 하면 다음의 관계가 성립한다.

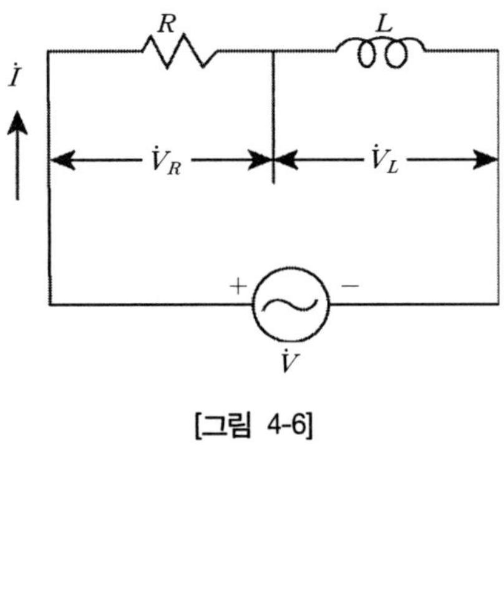

[그림 4-6]

$$\dot{V}_R = R\dot{I}, \quad \dot{V}_L = j\omega L\dot{I} \tag{4-18}$$

그리고 공급전압 $\dot{V}$는 $\dot{V}_R$과 $\dot{V}_L$의 합이므로

$$\dot{V} = \dot{V}_R + \dot{V}_L = RI + j\omega L\dot{I} = (R + j\omega L)\dot{I} \tag{4-19}$$

이 되고

$$\dot{I} = \frac{\dot{V}}{R + j\omega L} = \frac{\dot{V}}{\dot{Z}}[\mathrm{A}] \tag{4-20}$$

$$\dot{Z} = R + j\omega L \tag{4-21}$$

여기서 $\dot{Z}$를 그 회로의 임피던스(impedance)라 하며, 특히 기호법으로 표시된 임피던스를 벡터 임피던스 또는 복소 임피던스라 한다. [그림 4-5] (b)는 이들 관계를 벡터도로 나타낸 것이다.

또한 $\dot{I}$와 $\dot{Z}$의 절대값(크기)을 구하면

$$\dot{I} = \frac{\dot{V}}{R + j\omega L} = \frac{\dot{V}(R - j\omega L)}{(R + j\omega L)(R - j\omega L)} = \frac{\dot{V}}{R^2 + \omega^2 L^2}(R - j\omega L)$$

$$\therefore \ |\dot{I}| = I = \frac{V \cdot \sqrt{R^2 + \omega^2 L^2}}{R^2 + \omega^2 L^2} = \frac{V}{\sqrt{R^2 + \omega^2 L^2}}[\mathrm{A}] \tag{4-22}$$

$$|\dot{Z}| = Z = \sqrt{R^2 + \omega^2 L^2}\,[\Omega] \tag{4-23}$$

이 된다.

【예제 4-3】 $R \cdot L$ 직렬회로에 10[V]의 교류전압을 인가하였을 때 저항에 걸리는 전압이 6[V]였다면 인덕턴스에 유기되는 전압은 몇 [V]인가?

〈풀이〉 $V = 10\,[\mathrm{V}]$, $V_R = 6\,[\mathrm{V}]$이므로

$\dot{V}_R = \dot{I}R$, $\dot{V}_L = j\omega L\dot{I}$

$$V = V_R + V_L = IR + j\omega LI = I(R + j\omega L)$$

$$\therefore \quad V = \sqrt{V_R^{\ 2} + V_L^{\ 2}}$$

따라서 V_L은

$$V_L = \sqrt{V^2 - V_R^{\ 2}} = \sqrt{10^2 - 6^2}$$

$$= \sqrt{100 - 36} = \sqrt{64} = 8\ [\mathrm{V}]$$

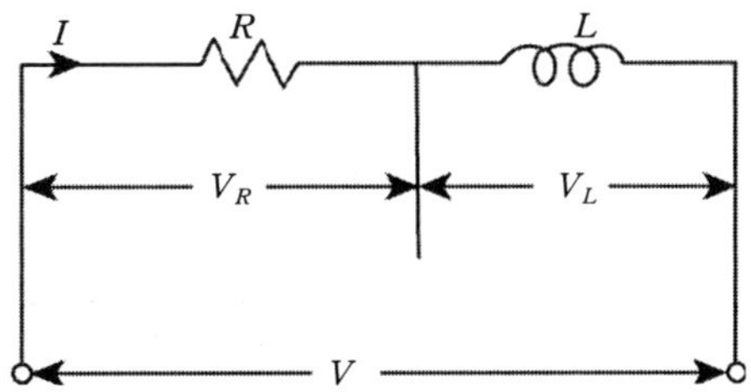

[그림 4-7]

4-5 $R \cdot C$ 직렬회로

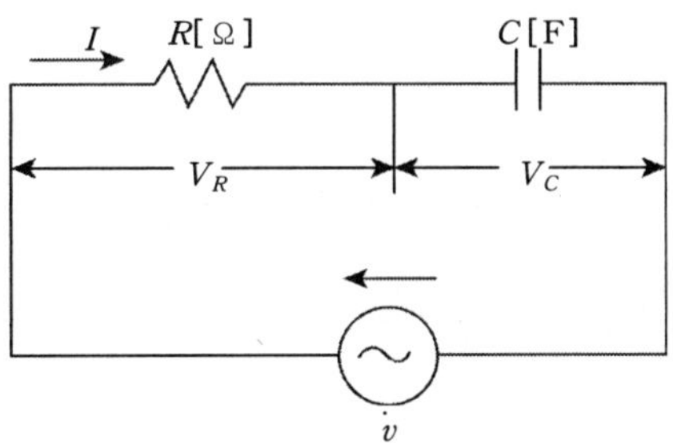

[그림 4-8]

[그림 4-8]과 같이 저항 R과 정전용량 C가 직렬로 연결된 회로에 흐르는 전류 $i = I_m \sin \omega t\,[\mathrm{A}]$일 때 단자전압 v는

$$v = v_R + v_C\,[\mathrm{V}] \tag{4-24}$$

$$\left.\begin{aligned} v_R &= R \cdot i = RI_m \sin\omega t\,[\mathrm{V}] \\ v_C &= \frac{1}{C}\int i\,dt = -\frac{1}{\omega C} \cdot I_m \cos\omega t\,[\mathrm{V}] \end{aligned}\right\} \tag{4-25}$$

$$\therefore\ v = RI_m \sin\omega t - \frac{1}{\omega C} \cdot I_m \cos\omega t\,[\mathrm{V}] \tag{4-26}$$

이 된다.

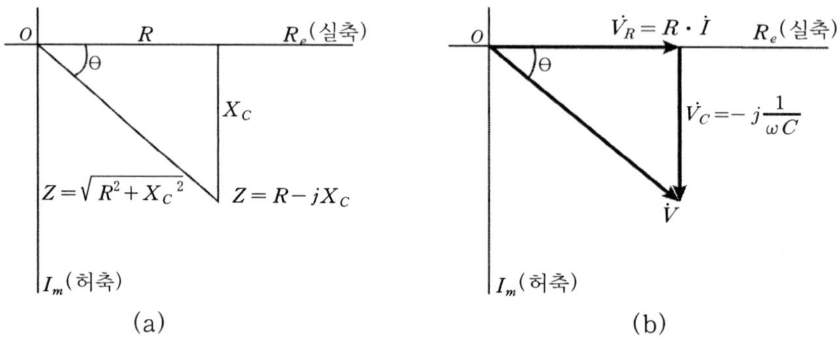

[그림 4-9]

R 및 X_C의 관계를 [그림 4-9] (a)와 같이 표시한다.

그러므로 식 (4-26)을 정리하면

$$\begin{aligned} v &= RI_m \sin\omega t - X_C \cdot I_m \cos\omega t = I_m(R\sin\omega t - X_C\cos\omega t) \\ &= I_m \cdot \sqrt{R^2+X_C{}^2}\left(\frac{R}{\sqrt{R^2+X_C{}^2}}\sin\omega t - \frac{X_C}{\sqrt{R^2+X_C{}^2}}\cos\omega t\right) \\ &= I_m \cdot \sqrt{R^2+X_C{}^2}(\sin\omega t\cos\Theta - \cos\omega t\sin\Theta) \\ &= I_m \cdot \sqrt{R^2+X_C{}^2}\sin(\omega t - \Theta) \\ &= V_m \sin(\omega t - \Theta)\,[\mathrm{V}] \end{aligned} \tag{4-27}$$

(단, $V_m = \sqrt{R^2 + X_C{}^2} \cdot I_m$, $\Theta = \tan^{-1}\dfrac{X_C}{R} = -\tan^{-1}\dfrac{1}{R\omega C}$)

용량성 리액턴스 X_C는 $X_C = \dfrac{1}{\omega C}$ 이므로 (−)의 리액턴스가 되어 위상각 Θ는 (−)의 값을 가진다.

따라서 전압은 전류보다 $\Theta = \tan^{-1}\dfrac{1}{R\omega C}$ 만큼 위상이 뒤진다.

[그림 4-10] 과 같은 $R \cdot C$ 직렬회로에 대하여 기호법으로 표시하면 다음과 같다.

$$\dot{V}_R = R\dot{I},\ \dot{V}_C = -j\frac{1}{\omega C}\dot{I}$$

$$\dot{V} = \dot{V}_R + \dot{V}_C = R\dot{I} - j\frac{1}{\omega C}\dot{I} = \left(R - j\frac{1}{\omega C}\right)\dot{I} = \dot{Z}\dot{I} \tag{4-28}$$

$$\therefore \dot{I} = \frac{\dot{V}}{\dot{Z}} = \frac{\dot{V}}{R - j\dfrac{1}{\omega C}} = \frac{\dot{V}}{R - jX_C}[\mathrm{A}] \tag{4-29}$$

$$\dot{Z} = R - j\frac{1}{\omega C} \tag{4-30}$$

[그림 4-9] (b)는 이들의 관계를 벡터도로 표시한 것이다.

또한 $\dot{I}$의 절대값과 $\dot{Z}$의 위상각은

$$|\dot{I}| = I = \frac{V}{\sqrt{R^2 + \left(\dfrac{1}{\omega C}\right)^2}}\ [\mathrm{A}] \tag{4-31}$$

$$\Theta = \tan^{-1}\frac{V\omega C}{R} = \tan^{-1}\frac{1}{R\omega C}\ [\mathrm{rad}] \tag{4-32}$$

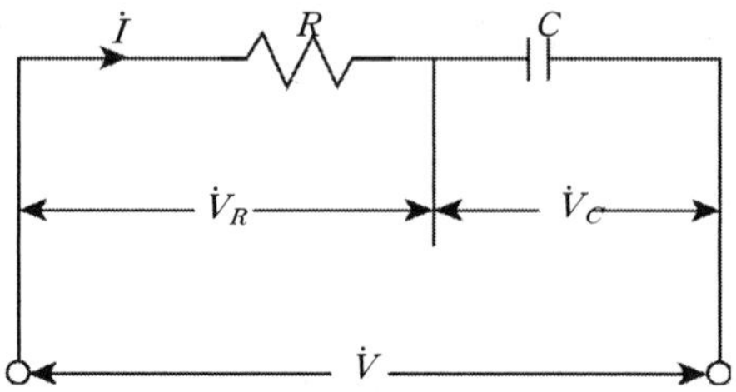

[그림 4-10]

【예제 4-4】 $R \cdot C$ 직렬회로에 $R = 6[\Omega]$, $X_C = 8[\Omega]$, 전압 $V = 100[\mathrm{V}]$일 때 이 회로에 흐르는 전류의 크기 [A]는?

〈풀이〉 콘덴서가 용량성 리액턴스로 주어졌으므로 바로 합성 임피던스 Z를 구한다.

$$Z = R - jX_C = 6 - j8$$

$$|Z| = \sqrt{R^2 + X_C{}^2} = \sqrt{6^2 + 8^2} = 10$$

$$\therefore \quad I = \frac{V}{Z} = \frac{100}{10} = 10\,[\mathrm{A}]$$

4-6 $R \cdot L \cdot C$ 직렬회로

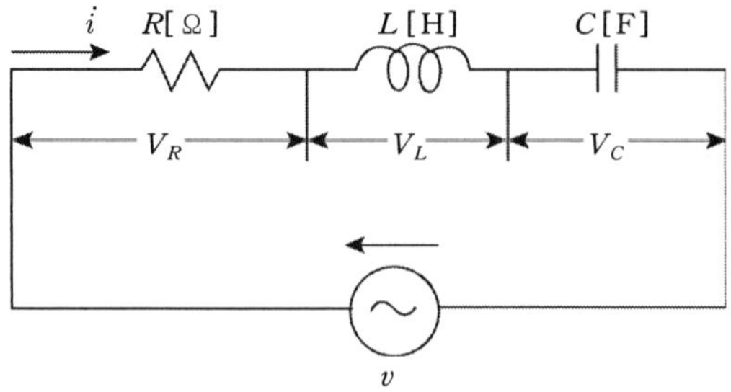

[그림 4-11]

[그림 4-11]과 같이 $R \cdot L \cdot C$ 직렬회로에 전류 $i = I_m \sin\omega t$[A]가 흐를 때 단자전압 v를 구하면

$$\begin{aligned}
v &= v_R + v_L + v_C \\
&= R \cdot i + L\frac{di}{dt} + \frac{1}{C}\int i\,dt \\
&= RI_m \sin\omega t + \omega L I_m \cos\omega t - \frac{1}{\omega C} I_m \cos\omega t \\
&= I_m\left\{R\sin\omega t + \left(\omega L - \frac{1}{\omega C}\right)\cos\omega t\right\} \\
&= I_m\{R\sin\omega t + (X_L - X_C)\cos\omega t\}\,[\mathrm{V}] \\
&= \sqrt{R^2 + (X_L - X_C)^2} \cdot I_m\left(\frac{R}{\sqrt{R^2 + (X_L - X_C)^2}}\sin\omega t\right. \\
&\quad \left. + \frac{(X_L - X_C)}{\sqrt{R^2 + (X_L - X_C)^2}}\cos\omega t\right) \\
&= \sqrt{R^2 + (X_L - X_C)^2} \cdot I_m(\sin\omega t\cos\Theta + \cos\omega t\sin\Theta) \\
&= \sqrt{R^2 + (X_L - X_C)^2} \cdot I_m\sin(\omega t + \Theta) \\
&= V_m \sin(\omega t + \Theta) \qquad (4\text{-}33)
\end{aligned}$$

$$\left(\text{단, } V_m = \sqrt{R^2 + (X_L - X_C)^2} \cdot I_m,\quad \Theta = \tan^{-1}\frac{X_L - X_C}{R}\right)$$

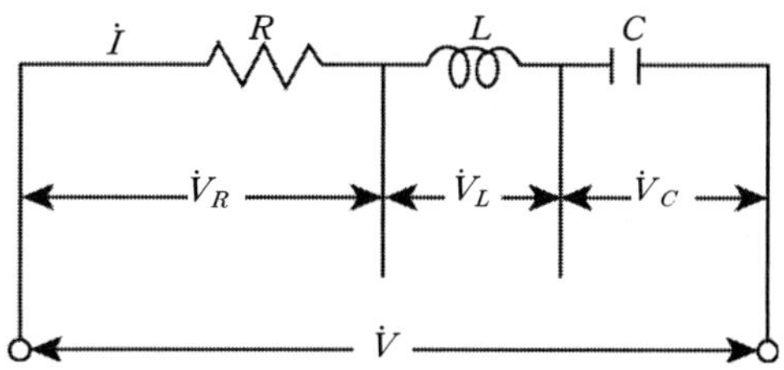

[그림 4-12]

[그림 4-12]와 같은 $R \cdot L \cdot C$ 직렬회로에 대하여 기호법으로 표시하면 다음과 같다.

$$\begin{aligned} \dot{V} &= \dot{V}_R + \dot{V}_L + \dot{V}_C \\ &= R\dot{I} + j\omega L\dot{I} - j\frac{1}{\omega C}\dot{I} \\ &= \left\{R + j\left(\omega L - \frac{1}{\omega C}\right)\right\}\dot{I} \\ &= \dot{Z}\dot{I} \end{aligned} \tag{4-34}$$

따라서 전류 $\dot{I}$와 임피던스 $\dot{Z}$는

$$\dot{I} = \frac{\dot{V}}{R + j\left(\omega L - \frac{1}{\omega C}\right)} = \frac{\dot{V}}{\dot{Z}} \tag{4-35}$$

$$\dot{Z} = R + j\left(\omega L - \frac{1}{\omega C}\right) = R + j(X_L - X_C) = R + jX \tag{4-36}$$

이 되고, $\dot{I}$와 $\dot{Z}$의 절대값은

$$|\dot{I}| = I = \frac{V}{Z} = \frac{V}{\sqrt{R^2 + \left(\omega L - \frac{1}{\omega C}\right)^2}} \text{ [A]} \tag{4-37}$$

$$|\dot{Z}| = Z = \sqrt{R^2 + \left(\omega L - \frac{1}{\omega C}\right)^2} \, [\Omega] \tag{4-38}$$

이 된다. 그리고 임피던스 $\dot{Z}$의 위상각은

$$\Theta = \tan^{-1}\frac{\left(\omega L - \frac{1}{\omega C}\right)}{R} \text{ [rad]} \tag{4-39}$$

이 된다.

여기서 합성 리액턴스 $X = \omega L \frac{1}{\omega C}$의 값에 따라 전류의 크기와 위상각이 변화되며, 다음의 3가지 경우를 생각할 수 있다.

① $\omega L > \frac{1}{\omega C}$인 경우 : $X > 0$, $\Theta > 0$이고, 유도성회로가 되며, 전압은 전류보다 Θ만큼 앞선다.

② $\omega L < \frac{1}{\omega C}$인 경우 : $X < 0$, $\Theta < 0$이고, 용량성회로가 되며, 전압은 전류보다 Θ만큼 뒤진다.

③ $\omega L = \frac{1}{\omega C}$인 경우 : $X = 0$, $\Theta = 0$이고, 전압과 전류는 동상이 된다.

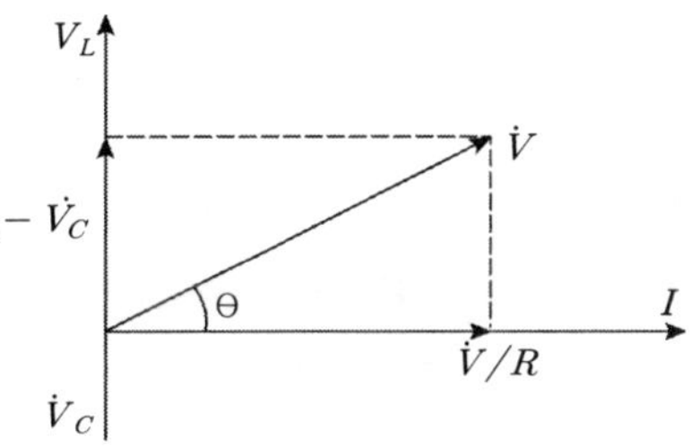

[그림 4-13]

【예제 4-5】 $R \cdot L \cdot C$ 직렬회로에서 $R = 4[\Omega]$, $X_L = 8[\Omega]$, $X_C = 5[\Omega]$, $V = 100[\text{V}]$일 때 이 회로의 임피던스 및 전류의 크기와 위상을 구하여라.

〈풀이〉 $\dot{Z} = R + j(X_L - X_C) = 4 + j(8-5) = 4 + j3[\Omega]$

Z의 크기 $|\dot{Z}|$는

$|\dot{Z}| = \sqrt{4^2 + 3^2} = 5[\Omega]$

전류는 $\dot{I} = \frac{V}{Z} = \frac{100}{5} = 20[\text{A}]$

전압과 전류의 위상각 Θ는 $\Theta = \tan^{-1}\frac{X}{R} = \tan^{-1}\frac{3}{4} = 36°$

4-7 $R \cdot L$ 병렬회로

[그림 4-14]와 같이 $R \cdot L$ 병렬회로에 교류전압 V를 가했을 때 전류 I를 구하면 키르히호프의 제1법칙(KCL)에 의해 전전류 $\dot{I}$는

$$\dot{I} = \dot{I}_R + \dot{I}_L \,[\mathrm{A}] \tag{4-40}$$

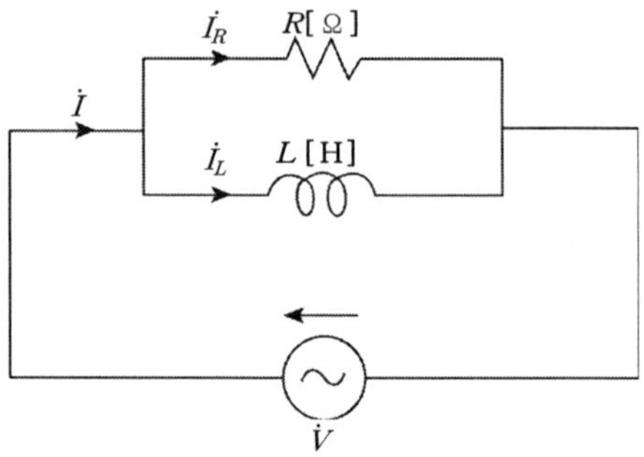

[그림 4-14]

그런데 $\dot{I}_R = \dfrac{\dot{V}}{R}\,[\mathrm{A}]$

$$\dot{I}_L = \frac{V}{X_L} = \frac{V}{j\omega L} = -j\frac{V}{\omega L}\,[\mathrm{A}] \tag{4-41}$$

이므로

$$\dot{I} = \frac{V}{R} - j\frac{V}{\omega L} = \dot{V}\left(\frac{1}{R} - j\frac{1}{\omega L}\right)[\mathrm{A}] \tag{4-42}$$

따라서 전전류 $\dot{I}$의 크기와 편각은

$$\left.\begin{aligned} I &= \sqrt{\left(\frac{1}{R}\right)^2 + \left(\frac{1}{\omega L}\right)^2} \cdot V\,[\mathrm{A}] \\ \Theta &= -\tan^{-1}\frac{R}{\omega L}\,[\mathrm{rad}] \end{aligned}\right\} \tag{4-43}$$

로 된다.

병렬회로는 직렬회로와 비교하여 볼 때 합성저항의 개념이 $\dot{Z}$의 역수개념을 가지고 있기 때문에 어드미턴스 $\dot{Y} = \frac{1}{Z}$ [℧] 로 표시한다.

따라서 합성 어드미턴스 $\dot{Y} = \frac{1}{Z}$ [℧] 이므로

$$\dot{Y} = \frac{1}{Z} = \frac{1}{\dfrac{1}{\dfrac{1}{R} + \dfrac{1}{j\omega L}}} = \frac{1}{R} + \frac{1}{j\omega L}$$

$$= \frac{1}{R} - j\frac{1}{\omega L} \text{ [℧]}$$

$$= G + jB \text{ [℧]} \tag{4-44}$$

여기서 어드미턴스의 실수부를 컨덕턴스 $G = \frac{1}{R}$, 허수부를 서셉턴스 $B = \frac{1}{X}$로 표시한다.

따라서 $R \cdot L$ 병렬회로에서는 직렬과 마찬가지로 L [H]를 X_L로 고치고 합성저항의 개념을 임피던스보다는 그 역수인 어드미턴스를 구하면 다음과 같다.

$$|\dot{Y}| = \sqrt{\left(\frac{1}{R}\right)^2 + \left(\frac{1}{\omega L}\right)^2} \text{ [℧]}$$

$$\Theta = -\tan^{-1}\frac{\dfrac{1}{\omega L}}{\dfrac{1}{R}} = -\tan^{-1}\frac{R}{\omega L} \text{ [rad]}$$

따라서 옴의 법칙을 적용하면 $\dot{I} = \frac{\dot{V}}{\dot{Z}} = \dot{Y}\dot{V}$ [A] 가 된다.

4-8 $R \cdot C$ 병렬회로

[그림 4-15]와 같이 $R \cdot C$ 병렬회로에 교류전압 V를 가할 때 전류 I를 구하면 KCL에 의해 전전류 $\dot{I}$는

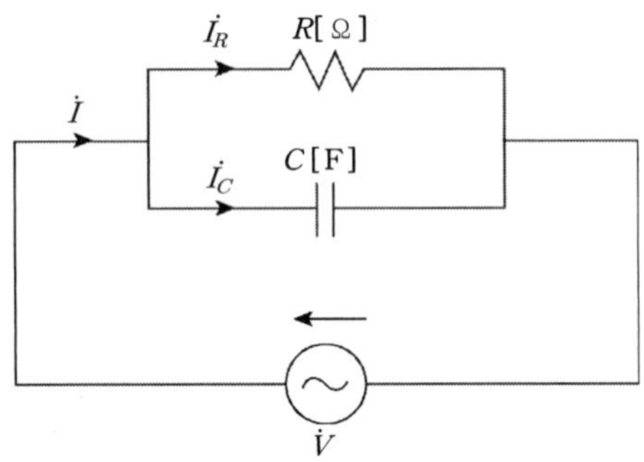

[그림 4-15]

$$\dot{I} = \dot{I}_R + \dot{I}_C \,[\mathrm{A}] \tag{4-45}$$

그런데

$$\left.\begin{aligned} \dot{I}_R &= \frac{\dot{V}}{R}\,[\mathrm{A}] \\ \dot{I}_C &= \frac{\dot{V}}{X_C} = \frac{\dot{V}}{-j\dfrac{1}{\omega C}} = j\omega C\dot{V}\,[\mathrm{A}] \end{aligned}\right\} \tag{4-46}$$

이므로

$$\dot{I} = \frac{\dot{V}}{R} + j\omega C\dot{V} = \dot{V}\left(\frac{1}{R} + j\omega C\right)[\mathrm{A}] \tag{4-47}$$

따라서 전전류 $\dot{I}$의 크기와 편각은

$$\left.\begin{aligned} |\dot{I}| &= \sqrt{\left(\frac{1}{R}\right)^2 + (\omega C)^2} \cdot V\,[\mathrm{A}] \\ \theta &= \tan^{-1}\omega \mathrm{CR}\ [\mathrm{rad}] \end{aligned}\right\} \tag{4-48}$$

로 된다. 이들의 관계를 어드미턴스 Y로 구해보면

$\dot{Y} = G \pm jB$이므로

$$\dot{Y} = G \pm jB = \frac{1}{R} + \frac{1}{-j\frac{1}{\omega C}} = \frac{1}{R} + j\omega C\,[\mho] \tag{4-49}$$

이 되며, 어드미턴스의 크기와 위상각은 다음과 같다.

$$|\dot{Y}| = \sqrt{\left(\frac{1}{R}\right)^2 + (\omega C)^2}\,[\mho],\quad \Theta = \tan^{-1}\frac{R}{X_C} = \tan^{-1}\omega CR\,[\text{rad}] \tag{4-50}$$

따라서 $\dot{V} = \dot{I} \cdot \dot{Z} = \frac{I}{Y}$ 또는 $\dot{I} = \frac{V}{Z} = \dot{Y} \cdot \dot{V}$가 된다.

4-9 $R \cdot L \cdot C$ 병렬회로

[그림 4-16]과 같이 $R \cdot L \cdot C$ 병렬회로에 교류전압 V를 가했을 때 전전류 I를 구하면

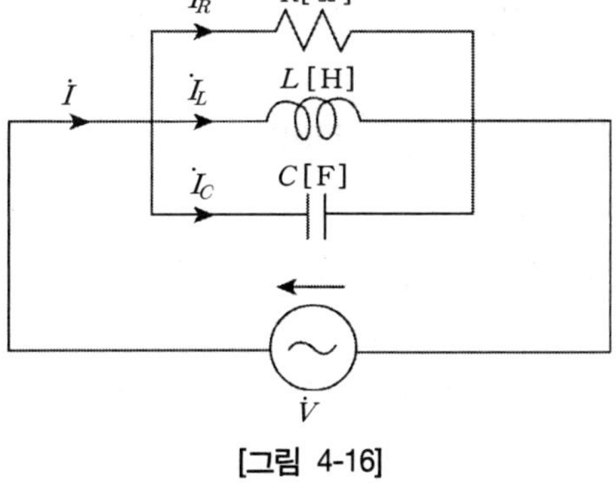

[그림 4-16]

$$\dot{I} = \dot{I}_R + \dot{I}_L + \dot{I}_C \tag{4-51}$$

그런데
$$\left.\begin{aligned} \dot{I}_R &= \frac{\dot{V}}{R}\,[\mathrm{A}] \\ \dot{I}_L &= \frac{\dot{V}}{X_L} = \frac{\dot{V}}{j\omega L} = -j\frac{\dot{V}}{\omega L\,[\mathrm{A}]} \\ \dot{I}_C &= \frac{\dot{V}}{X_C} = \frac{\dot{V}}{-j\dfrac{1}{\omega C}} = j\omega C \cdot V\,[\mathrm{A}] \end{aligned}\right\} \tag{4-52}$$

이므로 전전류 $\dot{I}$ 는

$$\begin{aligned} \dot{I} &= \frac{\dot{V}}{R} - j\frac{\dot{V}}{\omega L} + j\omega C\,\dot{V} = \dot{V}\left(\frac{1}{R} - j\frac{1}{\omega L} + j\omega C\right) \\ &= \dot{V}\left\{\frac{1}{R} + j\left(\omega C - \frac{1}{\omega L}\right)\right\}\,[\mathrm{A}] \end{aligned} \tag{4-53}$$

따라서 전전류 $\dot{I}$ 의 크기와 편각을 구하면

$$|\dot{I}| = \sqrt{\left(\frac{1}{R}\right)^2 + \left(\omega C - \frac{1}{\omega L}\right)^2} \cdot V\,[\mathrm{A}]$$

여기서 $|\dot{Y}| = \sqrt{\left(\frac{1}{R}\right)^2 + \left(\omega C - \frac{1}{\omega L}\right)^2}\,[\mho]$

$$\Theta = \tan^{-1}\frac{\omega C - \dfrac{1}{\omega L}}{\dfrac{1}{R}} = \tan^{-1}\frac{\dfrac{1}{X_C} - \dfrac{1}{X_L}}{\dfrac{1}{R}}\,[\mathrm{rad}]$$

$$= \tan^{-1}R\left(\omega C - \frac{1}{\omega L}\right)[\mathrm{rad}]$$

로 된다. 이들 관계를 어드미턴스 $\dot{Y}$ 로 구하면 $\dot{V} = \dot{I} \cdot \dot{Z} = \frac{I}{Y}$ 또는 $\dot{I} = \frac{V}{Z} = Y \cdot V$가 된다. 식 (4-53)의 전류 $\dot{I}$ 는 다음 3가지 경우를 생각할 수 있다.

① $\frac{1}{\omega L} > \omega C$인 경우 : 유도성 회로로 뒤진 전류가 흐른다.

② $\frac{1}{\omega L} < \omega C$인 경우 : 용량성 회로로 앞선 전류가 흐른다.

③ $\frac{1}{\omega L} = \omega C$인 경우 : 병렬공진상태가 되어 전압과 전류는 동상이 된다.

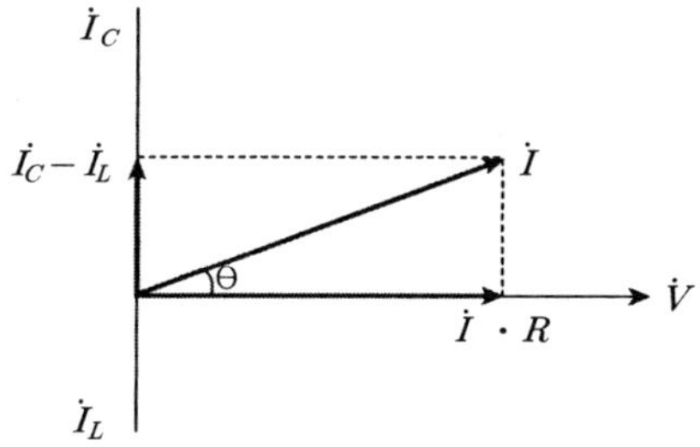

[그림 4-17]

4-10 공진과 반공진회로

1. 이상적인 직렬공진

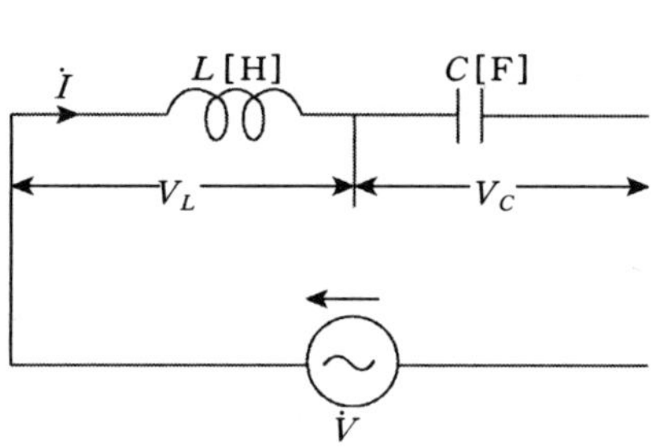

[그림 4-18]

[그림 4-18]과 같은 $L \cdot C$ 직렬회로의 임피던스 $\dot{Z} = j\left(\omega L - \frac{1}{\omega C}\right)$이다.

따라서 $\omega L = \frac{1}{\omega C}$ 이 된다면 임피던스 $Z = 0$, 즉 합성 리액턴스가 0이 되는 전류는 무한대로 된다. 이와 같은 상태를 이상적인 직렬공진(series resonance) 또는 전압공진이라 하고 일반적으로 공진(resonance)이라고도 한다.

2. 직렬공진

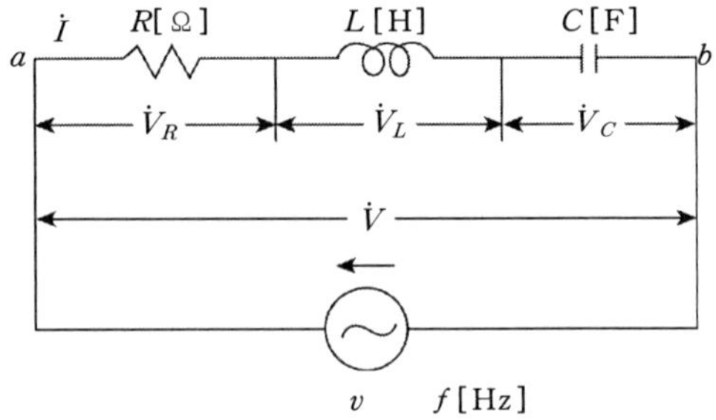

[그림 4-19]

[그림 4-19]와 같이 $R \cdot L \cdot C$ 직렬회로에서 임피던스 Z 및 전압 $\dot{V}$와 전류 $\dot{I}$ 및 위상각 Θ는 다음 식으로 표시된다.

$$\left.\begin{aligned} Z &= \sqrt{R^2 + \left(\omega L - \frac{1}{\omega C}\right)^2}\,[\Omega] \\ I &= \frac{V}{\sqrt{R^2 + \left(\omega L - \frac{1}{\omega C}\right)^2}}\,[A] \\ \Theta &= \tan^{-1}\frac{\omega L - \frac{1}{\omega C}}{R}\,[rad] \end{aligned}\right\} \tag{4-54}$$

그러므로 $\omega L - \frac{1}{\omega C} = 0$, 즉 $\omega L = \frac{1}{\omega C}$ 인 상태가 되면 식 (4-54)는

$$\dot{I} = \dot{I}_r = \frac{\dot{V}}{R}, \quad \Theta = \tan^{-1}\frac{0}{R} = 0$$

로 되어 $\dot{V}$와 $\dot{I}$는 동상이고 전류는 최대가 된다.

그러므로 일반적인 공진조건은

① 리액턴스 성분이 0이 되어 전압과 전류가 동상이 되는 상태
② 임피던스가 최소가 되어 전류가 최대가 되는 상태를 말하며, 모든 회로에 대하여 공진조건은 임피던스의 허수부=0이 되는 조건이다.

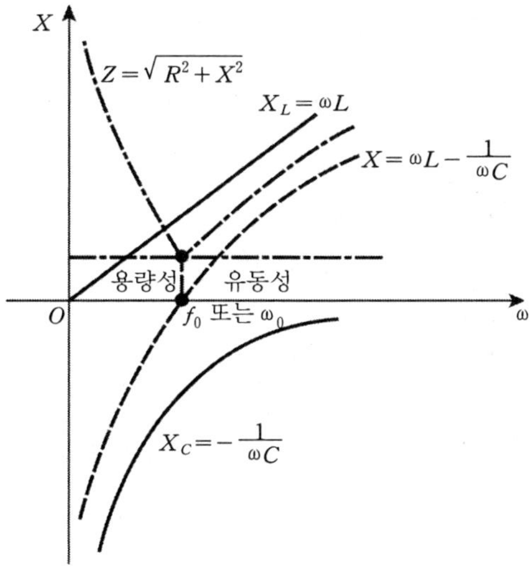

[그림 4-20]

전원주파수 f를 변화시킬 경우 임피던스 Z가 어떻게 변화되는가를 살펴본다. [그림 4-20]에서 알 수 있듯이 저항 R은 주파수에 관계없이 일정하나 유도 리액턴스는 $X_L=\omega L=2\pi fL$ 이므로 주파수 f에 비례해서 변화하면 용량 리액턴스는 $X_C=\frac{1}{\omega C}=\frac{1}{2\pi fC}$ 이므로 주파수 f에 반비례해서 변화한다. 또 합성 리액턴스 X는 다음과 같이 된다.

$$X=X_L-X_C=\omega L-\frac{1}{\omega C}[\Omega] \tag{4-55}$$

따라서 X의 곡선이 횡축을 끊는 점, 즉 $X_L=X_C$가 되는 점 $\omega_0=0$이 존재하며 단자전압과 전류가 동상이 된다. 이러한 상태를 공진상태라고 말한다.

$R\cdot L\cdot C$ 직렬회로의 공진시의 각주파수를 ω_0, 공진주파수를 f_0라 하면

$$\omega_0 L - \frac{1}{\omega_0 C} = 0$$

$$\therefore\ \omega_0 = \frac{1}{\sqrt{LC}} \text{ 또는 } f_0 = \frac{1}{2\pi\sqrt{LC}} \tag{4-56}$$

가 된다. 직렬공진시의 $\dot{V}_L$ 및 $\dot{V}_C$의 공급전압 $\dot{V}$에 대한 비율을 전압확대율이라 하고, 일반적으로 기호는 Q로 표시한다. 그러므로

$$Q_L = \frac{V_L}{V} = \frac{\omega_0 L I_0}{R I_0} = \frac{\omega_0 L}{R}$$

$$Q_C = \frac{V_C}{V} = \frac{\dfrac{I_0}{\omega_0 C}}{R I_0} = \frac{1}{\omega_0 C R} \tag{4-57}$$

이 되고 $\omega_0 L = \dfrac{1}{\omega_0 C}$의 관계로부터 $Q_L = Q_C = Q$로 되어

$$Q = \frac{\omega_0 L}{R} = \frac{1}{\omega_0 C R} \tag{4-58}$$

따라서 전압확대율 Q의 값은 R에 비하여 $\omega_0 L$ 또는 $1/\omega_0 C$이 클수록 커진다.

3. 이상적인 병렬공진

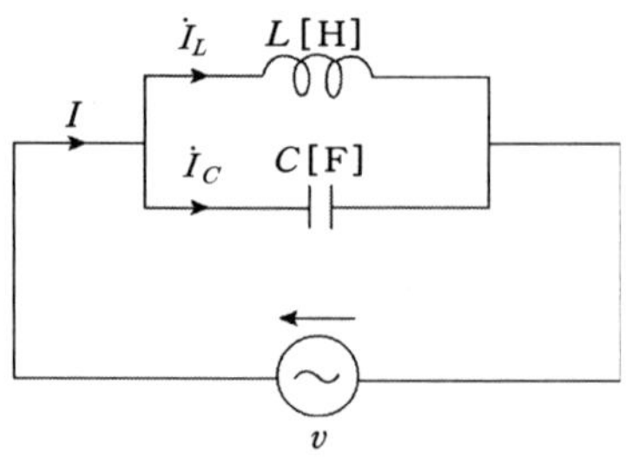

[그림 4-21]

[그림 4-21]과 같이 $L \cdot C$ 병렬회로에 교류전압 $\dot{V}$를 인가했을 때 흐르는 전류 I는

$$\dot{I} = \dot{I}_L + \dot{I}_C = \frac{\dot{V}}{j\omega L} + j\omega C\,\dot{V} = j\left(\omega C - \frac{1}{\omega L}\right) \cdot \dot{V}$$

$$\dot{V} = \dot{Y} \cdot \dot{V}$$

$$\therefore \dot{I} = j\left(\omega C - \frac{1}{\omega L}\right) \cdot \dot{V} \qquad (4\text{-}59)$$

이 된다. 그러므로 $\omega C - \dfrac{1}{\omega L} = 0$, 즉 $\omega C = \dfrac{1}{\omega L}$ 의 관계가 되면 어드미턴스 $Y = 0$이며, 임피던스 $\dot{Z} = \dfrac{1}{Y}$은 무한대가 되어 합성전류 I는 0이 된다.

이와 같이 합성전류 I가 0으로 되는 것은 [그림 4-22]와 같이 I_L과 I_C는 절대값이 같고 위상이 반대이므로 서로 상쇄되어 0이 되기 때문이다.

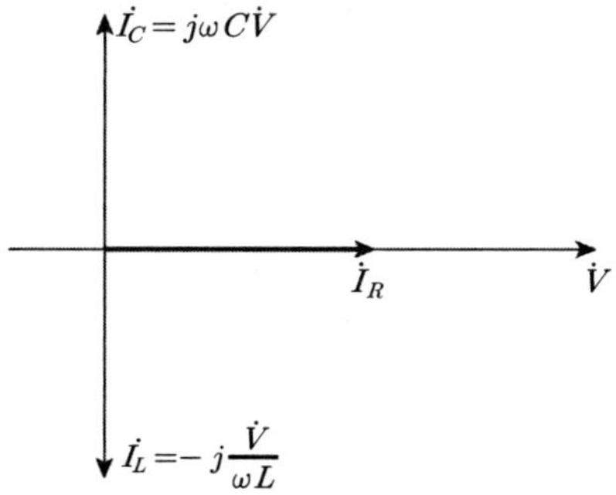

[그림 4-22]

이상과 같이 $L \cdot C$ 병렬회로의 합성 임피던스가 무한대로 되어 전전류가 0으로 되는 현상을 이상적인 병렬공진(parallel resonance) 또는 전류공진이라 한다. 직렬공진을 간단히 공진이라 하는 데 대하여 병렬공진을 반공진(antiresonance)이라 한다.

병렬공진시 공진 각주파수를 ω_0, 공진주파수를 f_0라 하면, 어드미턴스의

허수부=0이 되므로 $\omega_0 C = \dfrac{1}{\omega_0 L}$의 관계로부터

$$\left.\begin{aligned} \omega_0 &= \frac{1}{\sqrt{LC}}\ [\text{rad}] \\ f_0 &= \frac{1}{2\pi\sqrt{LC}}\ [\text{Hz}] \end{aligned}\right\} \qquad (4\text{-}60)$$

으로 되어 직렬공진시와 같은 형으로 된다.

[그림 4-23]에 $L \cdot C$ 병렬회로의 공급전압을 일정하게 하고 주파수를 변화시킬 때 전류의 변화상태를 표시하였다.

【예제 4-6】 저항 $R=5\,[\Omega]$, 인덕턴스 $L=10\,[\text{mH}]$, 정전용량 $C=100\,[\mu\text{F}]$의 직렬회로에서 공진주파수 f_0을 구하여라.

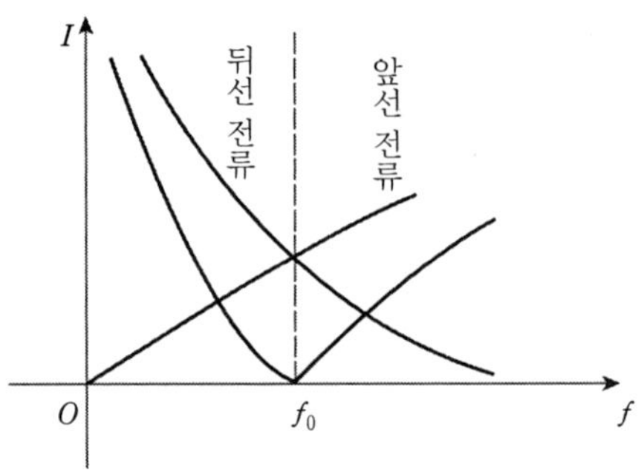

[그림 4-23]

〈풀이〉 $f_0 = \dfrac{1}{2\pi\sqrt{LC}}\ [\text{Hz}]$

$L = 10 \times 10^{-3}\,[\text{H}],\ \ C = 100 \times 10^{-6}\,[\text{F}]$

$\therefore\ f_0 = \dfrac{1}{2\pi\sqrt{10 \times 10^{-3} \times 100 \times 10^{-6}}} \fallingdotseq 159\,[\text{Hz}]$

연·습·문·제

(1) 저항이 $R(t)=R_a+R_b\omega t$일 때 이 저항에 $i(t)=A\omega_1 t$인 전류를 흘리면 R에서의 단자전압의 각주파수는?

(2) 4[H]의 인덕턴스에 $V=8\angle -50°$[V]의 전압을 가하였을 때 흐르는 전류의 순시값[A]은? (단, ω는 100[rad/s])

(3) $i(t)=I_0 e^{st}$[A]로 주어지는 전류가 L에 흐르는 경우 임피던스는?

(4) 저항 20[Ω], 인덕턴스 56[mH]의 직렬회로에 60[Hz], 실효값 141.4[V]의 전압을 가할 때 이 회로전류의 순시값은?

(5) $R\cdot L$의 직렬회로에 $v=100\sin(120\pi t)$[V]의 전원을 연결하여 $i=2\sin(120\pi t-45°)$[A]의 전류가 흐르도록 하려면 저항 R[Ω]의 값은?

(6) [그림 4-24]의 회로에서 $V=1\angle 0°$[V], $I=1\angle 45°$[A]일 때 C는 몇 [F]인가? (단, ω는 각주파수이다.)

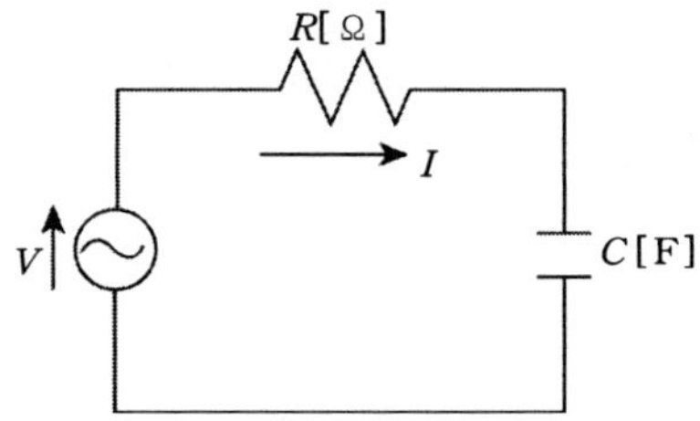

[그림 4-24]

(7) [그림 4-25]의 회로에서 전원에 흘러들어오는 전류 $\dot{I}$[A]는 얼마인가?

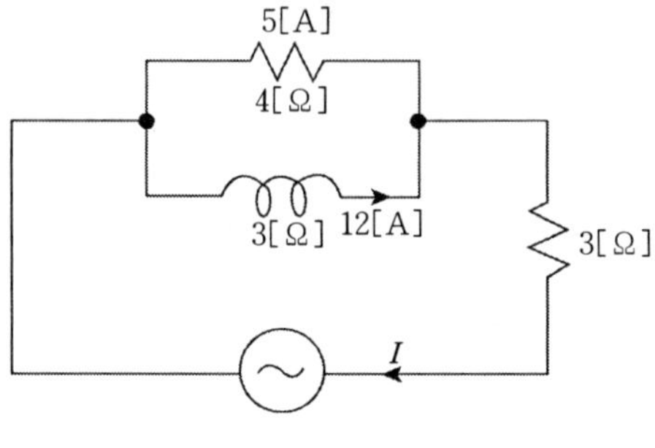

[그림 4-25]

(8) [그림 4-26]과 같은 회로에 있어서 전류 I[A]는 얼마인가?

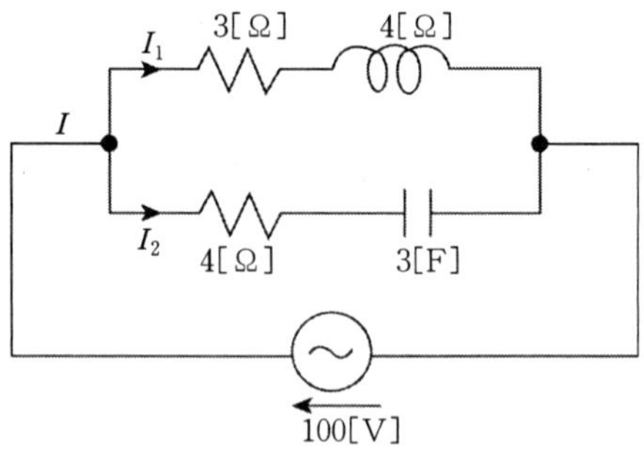

[그림 4-26]

(9) [그림 4-27]과 같은 임피던스 병렬회로에서 각 지로에 흐르는 전류의 크기가 같고, 또 90°의 위상차가 생기게 하는 조건을 구하여라.

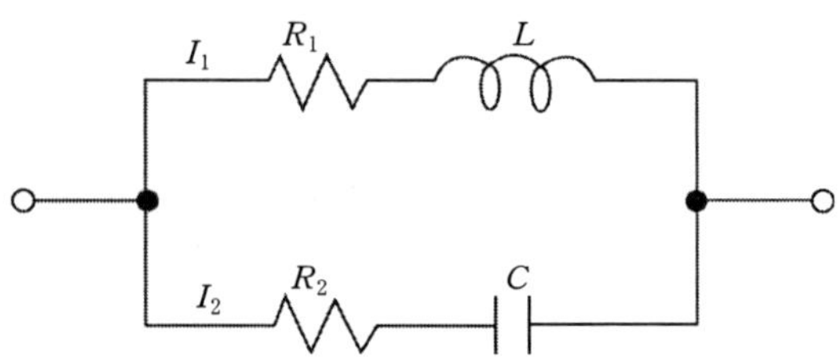

[그림 4-27]

(10) [그림 4-28]과 같은 병렬공진회로에서 주파수를 f라 할 때 전압 V가 전류 I보다 앞서는 조건을 구하여라.

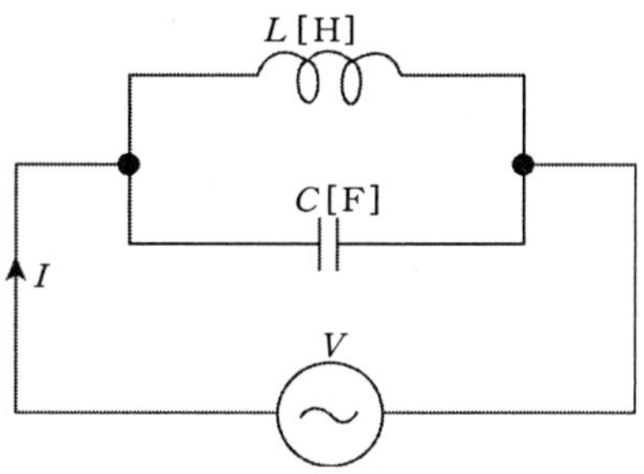

[그림 4-28]

(11) [그림 4-29]에서 C를 가감할 때 회로에 흐르는 전류를 최대로 하기 위한 C의 값을 구하여라. (단, v, r, R, L은 불변이다)

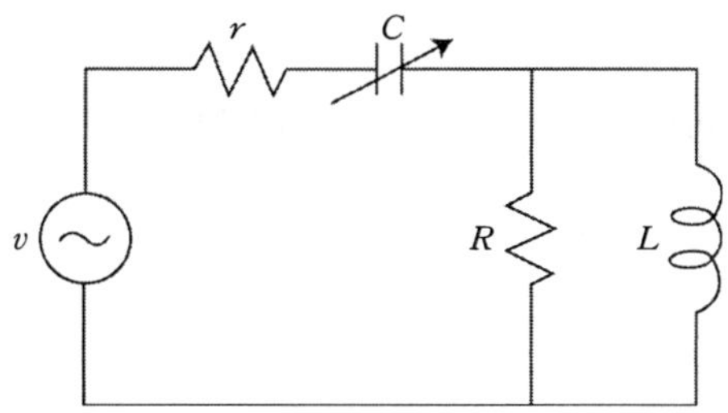

[그림 4-29]

(12) [그림 4-30]과 같은 회로에서 공진시 어드미턴스 및 공진주파수는? (단, ω_0는 병렬공진 각주파수이다)

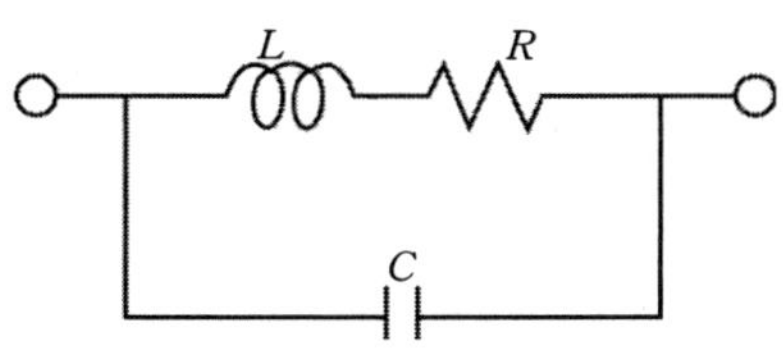

[그림 4-30]

제 5 장

교류전력

5-1 교류전력

정상상태의 교류회로에서 정현파전압 v와 전류 i의 곱으로 표시되는 순시전력($p = v \cdot i$), 순시전력 p의 1주기 동안의 평균값을 평균전력(average power)이라 한다.

1. 저항부하의 전력

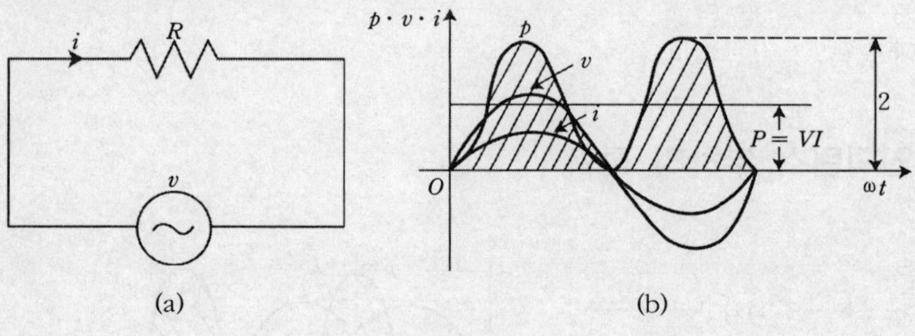

[그림 5-1]

[그림 5-1] (a)와 같이 저항 $R[\Omega]$만의 회로에 $v = V_m \sin\omega t[\mathrm{V}]$가 흐를 때 흐르는 전류 i는 v와 동상이므로 $i = I_m \sin\omega t[\mathrm{A}]$가 되고, v, i에 의해 생기는 순시전력 p는

$$p = v \cdot i = \sqrt{2}V\sin\omega t \cdot \sqrt{2}I\sin\omega t = 2VI\sin^2\omega t$$
$$= 2VI\frac{(1-\cos 2\omega t)}{2} = VI(1-\cos 2\omega t)$$
$$= VI - VI\cos 2\omega t[\mathrm{W}] \quad (5\text{-}1)$$

따라서 순시전력은 [그림 5-1] (b)와 같이 되며 이 순시전력 p를 평균한 값, 즉 평균전력을 시간에 관계없이 일정한 전력 VI[W]와 전원의 각주파수의 2배의 각주파수 (2ω)로 정현적으로 변화하는 전력 $VI\cos 2\omega t$[W]와의 차라는 것을 알 수 있다. 평균전력 P[W]는 식 (5-1)을 평균하면 되므로

$$P = (VI\text{의 평균}) - (VI\cos 2\omega t\text{의 평균}) \quad (5\text{-}2)$$

이 된다. 즉 평균전력은

$$P = \frac{1}{T}\int_0^T p dt = \frac{1}{T}\int_0^T (VI - VI\cos 2\omega t)d(\omega t)$$
$$= \frac{1}{2\pi}\int_0^{2\pi} VI(1-\cos 2\omega t)d(\omega t) = VI[\mathrm{W}] \quad (5\text{-}3)$$

이 된다.

2. 인덕턴스 부하의 전력

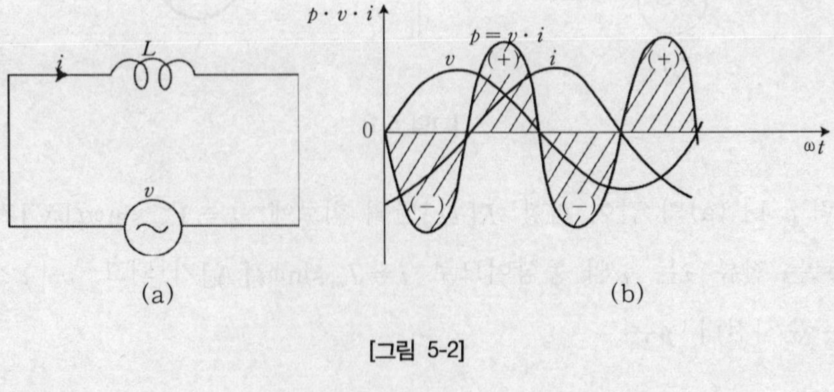

[그림 5-2]

[그림 5-2] (a)와 같이 인덕턴스 L(H)만의 회로에 교류전압 $v = V_m \sin\omega t$ [V]를 가할 때 회로에 흐르는 전류 i는 $\frac{\pi}{2}$ [rad]만큼 뒤지게 된다. $i = I_m \sin\left(\omega t - \frac{\pi}{2}\right)$[A]로 표시되므로 순시전력 p는

$$p = v \cdot i = \sqrt{2}\, V \sin\omega t \cdot \sqrt{2} I \sin\left(\omega t - \frac{\pi}{2}\right)$$
$$= -2\, VI \sin\omega t \cos\omega t$$
$$= -\, VI \sin 2\omega t \,[\mathrm{W}] \qquad (5\text{-}4)$$

이 된다. 따라서 식 (5-4)를 1주기 동안 평균한 평균전력 P는 다음과 같다.

$$P = \frac{1}{T}\int_0^T p dt = \frac{1}{2\pi}\int_0^{2\pi} (-\, VI \sin 2\omega t) d(\omega t) = 0 \qquad (5\text{-}5)$$

즉 [그림 5-2]에서 알 수 있듯이 전력 P의 곡선이 ⊕ 반주기일 때 L은 전원으로부터 전력을 흡수하여 에너지를 저장한다. 다음에 ⊖ 반주기 동안에 이것을 방출하여 전원으로 되돌려 보내므로 평균하면 소비전력은 0으로 된다. 따라서 L만의 회로에서는 전력을 소비하지 않는다.

3. 정전용량 부하의 전력

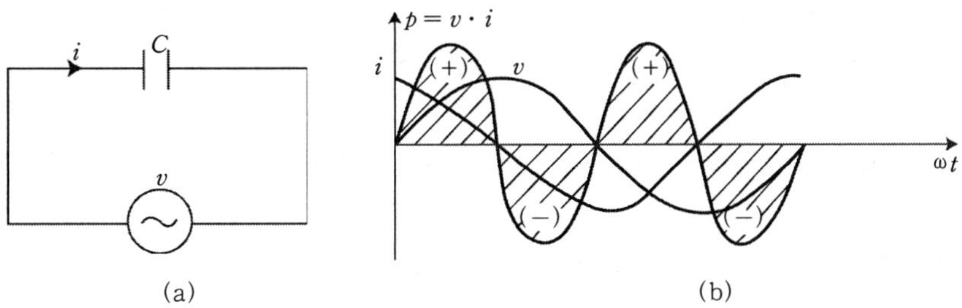

[그림 5-3]

[그림 5-3] (a)와 같이 정전용량 C만의 회로에 교류전압 $v = V_m \sin\omega t$[V]를

가할 때 회로에 흐르는 전류 i는 $\frac{\pi}{2}$ [rad]만큼 앞서므로 $i=I_m \sin\left(\omega t+\frac{\pi}{2}\right)$[A]로 표시되므로 순시전력 p는

$$\begin{aligned} p &= v \cdot i = \sqrt{2}\, V \sin\omega t \cdot \sqrt{2} I \sin\left(\omega t+\frac{\pi}{2}\right) \\ &= 2\, VI \sin\omega t \cdot \cos\omega t \\ &= VI \sin 2\omega t\,[\mathrm{W}] \end{aligned} \tag{5-6}$$

이 된다.

따라서 식 (5-6)을 1주기 동안 평균하면 P는

$$P=\frac{1}{T}\int_0^T p dt=\frac{1}{2\pi}\int_0^{2\pi} VI \sin 2\omega t d(\omega t)=0 \tag{5-7}$$

즉 정전용량 부하만일 경우에도 전력소비는 없음을 알 수 있다.

4. 일반회로의 전력

회로소자가 순저항만이 아닌 경우에는 $v=\sqrt{2}\, V \sin\omega t$[V]의 교류전압을 가했을 경우 회로에 흐르는 전류 i는 일반적으로 $i=\sqrt{2} I \sin(\omega t-\Theta)$[A]가 되며 Θ의 부호는 용량성이냐, 유도성이냐에 따라 결정된다. 이 경우 순시전력 p는

$$\begin{aligned} p &= v \cdot i = \sqrt{2} \sin\omega t \cdot \sqrt{2} I \sin(\omega t-\Theta) \\ &= 2 VI \sin\omega t \cdot \sin(\omega t-\Theta)\,[\mathrm{W}] \end{aligned}$$

여기서 $2\sin\Theta_1 \cdot \sin\Theta_2 = \cos(\Theta_1-\Theta_2)-\cos(\Theta_1+\Theta_2)$의 관계식을 이용하면

$$p= VI \cos\Theta - VI \cos(2\omega t-\Theta)\,[\mathrm{W}] \tag{5-8}$$

로 표시된다. 식 (5-8)에서 제1항은 시간에 관계없이 일정한 값을 가지며, 제2항은 전압이나 전류의 2배의 각주파수로 변화하는 항으로 이루어진다.

이때의 평균전력 P는

$$P = \frac{1}{T}\int_0^{2\pi} p dt$$

$$= \frac{1}{2\pi}\int_0^{2\pi}\{VI\cos\Theta - VI\cos(2\omega t - \Theta)\}d(\omega t)$$

$$= VI\cos\Theta\,[\mathrm{W}] \tag{5-9}$$

로 표시된다.

즉 교류회로에서의 전력은 직류회로와 달리 전압과 전류의 실효값에 $\cos\Theta$ 값을 곱해야 한다.

이때의 $\cos\Theta$ 값을 역률(power factor)이라 하며 약자로 $p \cdot f$로 표기한다.

$$p \cdot f = \cos\Theta = \frac{R}{Z} = \frac{G}{Y} = \frac{P}{VI} \tag{5-10}$$

여기서 Θ는 전압과 전류의 상차이며 임피던스의 각 또는 어드미턴스의 각이므로 $-90^\circ \leqq \Theta \leqq 90^\circ$가 되어 $0 \leqq p \cdot f \leqq 1$의 범위를 가진다.

$\Theta = \pm 90^\circ$(순수 리액턴스)이면 $p \cdot f = \cos\Theta = 0$, $\Theta = 0^\circ$(순수저항회로)이면 $p \cdot f = \cos\Theta = 1$이 된다.

5. 유효전력, 무효전력 및 피상전력

교류전력은 보통 다음 세 가지로 구분되어 표현한다.

$$\left.\begin{array}{l} \text{유효전력(평균전력)}: P = VI\cos\Theta = I^2R = \dfrac{V^2}{R}\,[\mathrm{W}] \\ \text{무효전력}: P_r = VI\sin\Theta = I^2X = \dfrac{V^2}{X}\,[\mathrm{Var}] \\ \text{피상전력}: P_a = VI = \sqrt{P^2 + {P_r}^2}\,[\mathrm{VA}] \end{array}\right\} \tag{5-11}$$

식 (5-11)의 관계를 일반회로의 위상각 Θ와 전력 삼각형의 Θ로 표기하면 [그림 5-4]와 같다.

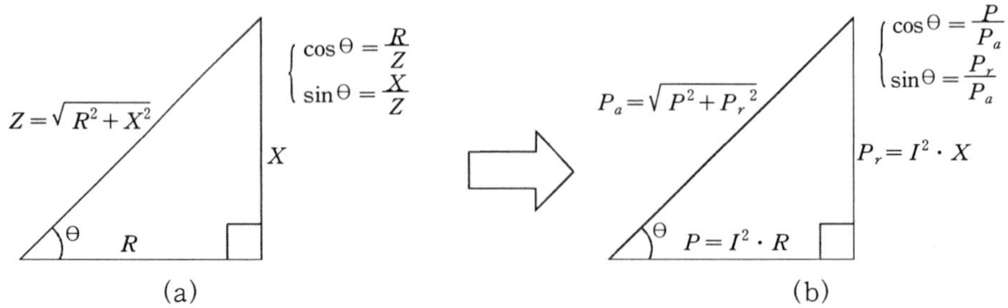

[그림 5-4]

[그림 5-4]에서 위상각 Θ는 용량성이냐, 유도성이냐를 의미한다.

【예제 5-1】 [그림 5-5]와 같은 회로에서 100[V]의 교류전압을 가했을 때 전력을 구하고 역률 $\cos\Theta$를 구하여라.

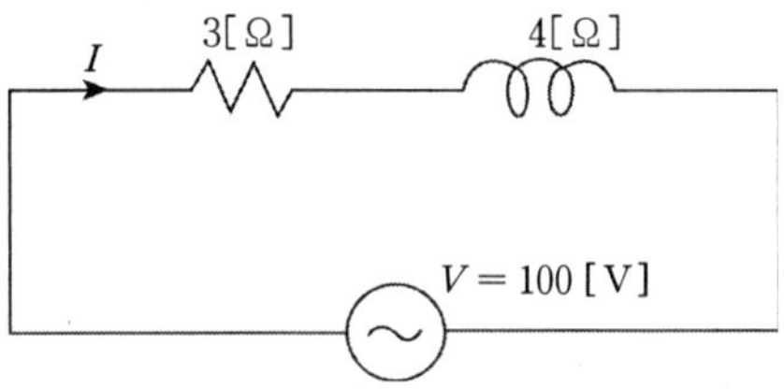

[그림 5-5]

〈풀이〉 $Z = 3 + j4[\Omega]$, $|Z| = \sqrt{3^2 + 4^2} = 5$

$\therefore \cos\Theta = \frac{R}{Z} = \frac{3}{5} = 0.6$

$I = \frac{V}{Z} = \frac{100}{5} = 20[A]$

유효전력 $P = VI\cos\Theta = I^2 \cdot R = 20^2 \times 3 = 1200\,[\mathrm{W}]$

유효전력 $P_r = VI\sin\Theta = I^2 \cdot X = 20^2 \times 4 = 1600\,[\mathrm{Var}]$

피상전력 $P_a = \sqrt{P^2 + P_r^{\,2}} = \sqrt{1200^2 + 1600^2} = 2000\,[\mathrm{VA}]$

5-2 복소전력

2단자 회로망에서의 전력계산을 간편하게 하기 위하여 복소전력(complex power)이라는 전력표시방법을 도입하여 유효전력과 무효전력을 각각 실수부와 허수부로 취하여 P_a로 표시한다.

$$P_a = P + jP_r = VI\cos\Theta + jVI\sin\Theta = VI\angle\Theta$$
$$= I^2R + jI^2X = I^2Z = GV^2 - jBV^2 = \overline{Y}I^2\,[\mathrm{VA}]$$
$$Z \cdot I^2 = Z \cdot I \cdot \overline{I} = V\overline{I}$$

로 나타낼 수 있으므로

$$\text{즉}\quad \left.\begin{array}{l} P_a = V\bar{I}\,[\mathrm{VA}] \\ P = R_e(P_a) = R_e\left(\dot{V}\bar{\dot{I}}\right) : \text{실수부} \\ P_r = I_m(P_a) = I_m\left(\dot{V}\bar{\dot{I}}\right) : \text{허수부} \end{array}\right\} \tag{5-12}$$

위 식은 2단자 회로망의 단자전압 $\dot{V}$와 전류 $\dot{I}$를 알 경우에 유효전력이나 무효전력을 구하는 데 유용한 식이 되며, 복소전력 P_a의 크기는 피상전력 $V\overline{I}$와 같음을 알 수 있다.

예로서 전압 $V = V_1 + jV_2$이고, 전류 $I = I_1 + jI_2$라면 $\dot{I}$는 I의 공액복소수로 $\overline{I} = I_1 - jI_2$가 된다. 따라서 복소전력 P_a는

$$P_a = V\overline{I} = (V_1 + jV_2)(I_1 - jI_2)$$
$$= (V_1I_1 + V_2I_2) + j(V_2I_1 - V_1I_2)$$
$$= P + jP_r\,[\mathrm{VA}] \tag{5-13}$$

이 되므로 여기서 실수부가 유효전력 P, 허수부가 무효전력 P_r임을 알 수 있다.

【예제 5-2】 $V=5+j3\,[\mathrm{V}]$의 전압을 어떤 회로에 가했더니 $I=3+j4\,[\mathrm{A}]$의 전류가 흘렀다. 이 회로의 복소전력은 어떻게 되는가?

〈풀이〉 그의 공액수 $\bar{I}=3-j4$을 취하면

$$P_a=V\bar{I}=(5+j3)(3-j4)$$
$$=15-j20+j9+12=27-j11\,[\mathrm{VA}]$$

유효전력 $P=27\,[\mathrm{W}]$

무효전력 $P_r=11\,[\mathrm{Var}]$

피상전력 $P_a=\sqrt{P^2+{P_r}^2}=\sqrt{27^2+11^2}\fallingdotseq 29.2\,[\mathrm{VA}]$

5-3 역률개선

일반적으로 전기적 부하는 대부분이 유도성 부하이므로 전류가 전압보다 위상이 뒤지는 지상역률(lagging $p \cdot f$)이다. 이와 같은 현상을 보통 역률이 낮다고 한다. $I=P/V\cos\Theta$의 관계식으로부터 어떤 부하에 소정의 전력을 공급해야 할 때 동일 전압강하에서 큰 전류를 흘려야 한다. 전류가 크면 발전기, 송전선, 변압기 등을 포함한 송전계통에서의 열손실이 생기므로 기기의 용량이 큰 것이 요구되고, 전압강하가 증가하여 전압변동률이 커진다. 그러므로 유도성 부하에 의하여 지상전류가 흐르는 부하에 병렬로 콘덴서를 접속하여 콘덴서에 의해 발생하는 지상전류가 흐르도록 하여, 서로 상쇄되어 부하전류의 위상이 전압위상과 거의 일치하도록 하여 역률을 1에 가깝게 한다. 이와 같은 것을 역률개선이라 하고 실제에 있어서 역률개선은 0.9 이상을 목표로 하고 있다.

역률개선용 콘덴서의 용량은 다음 식으로 구하여진다.

$$Q_C=P(\tan\Theta_1-\tan\Theta_2)=P\left(\frac{\sin\Theta_1}{\cos\Theta_1}-\frac{\sin\Theta_2}{\cos\Theta_2}\right)$$

$$= P\left(\sqrt{\frac{1}{\cos^2\Theta_1}-1}-\sqrt{\frac{1}{\cos^2\Theta_2}-1}\right)[\text{kVA}] \qquad (5\text{-}14)$$

단, Q_C : 콘덴서 용량[kVA]

P : 부하의 유효전력

$\cos\Theta_1$: 개선 전의 역률

$\cos\Theta_2$: 개선 후의 역률

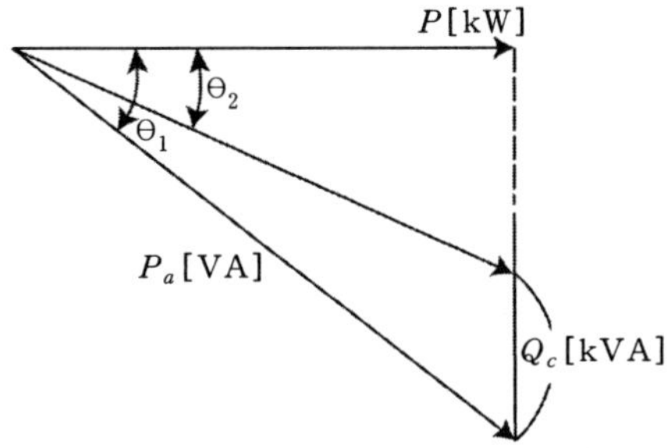

[그림 5-6]

【예제 5-3】 100[kVA]의 변압기가 역률 $\cos\Theta = 0.7$(늦음)로 전부하 운전하고 있다. 여기서 콘덴서를 설치하여 변압기의 역률 $\cos\Theta = 0.9$(늦음)로 개선하고자 하는 경우의 콘덴서의 용량 Q_C[kVA]을 구하여라.

〈풀이〉 $Q_C = P\left(\sqrt{\frac{1}{\cos^2\Theta_1}-1} - \sqrt{\frac{1}{\cos^2\Theta_2}-1}\right)$

$= 100 \times 0.7 \times \left(\sqrt{\frac{1}{0.7^2}-1} - \sqrt{\frac{1}{0.9^2}-1}\right)$

$= 70 \times (1.02 - 0.48)$

$= 37.8$ [kVA]

5-4 최대전력전달

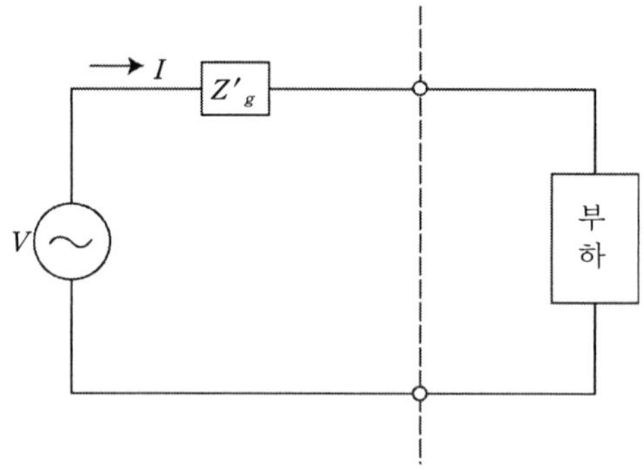

[그림 5-7]

전기회로에 있어서 어떤 특정한 회로요소에 대하여 최대전력을 전송하기 위한 조건을 결정할 필요가 있다.

지금 전원의 내부 임피던스가 순저항이고 부하로 순저항일 때 부하에 최대전력을 전송하기 위한 조건을 구하여 본다.

1. $Z_g = R_g$, $Z_L = R_L$일 경우

$$P_L = |I|^2 R_L = \left(\frac{|V|}{R_g + R_L}\right)^2 \cdot R_L = \frac{|V|^2 \cdot R_L}{(R_g + R_L)^2} \text{ [W]} \qquad (5\text{-}15)$$

로 표시되는데 R_g를 일정하다고 하고 R_L을 변화시켜서 최대출력을 얻기 위한 조건은 윗식을 R_L로 미분하여 그 결과를 0으로 놓아서 구하면 되므로

$$\frac{dP_L}{dR_L} = \frac{(R_g + R_L)^2 - 2R_L(R_g + R_L)}{(R_g + R_L)^4} \cdot |V|^2 = 0$$

$$\therefore \; R_L = R_g \qquad (5\text{-}16)$$

즉 부하저항이 내부저항과 같을 때 최대출력을 얻는다. 또 이때의 최대출력은 다음과 같다.

$$P_L = \frac{|V|^2}{4R_g}\ [\mathrm{W}] \tag{5-17}$$

2. $Z_g = R_g + jX_g$, $Z_L = R_L + jX_L$일 경우

$$P_L = |I|^2 \cdot R_L = \frac{|V|^2 \cdot R_L}{(R_g + R_L)^2 + (X_g + X_L)^2}\ [\mathrm{W}]$$

지금 우선 R_L은 고정시키고 X_L을 변화시켜서 P_L을 최대로 하려면 $X_L = -X_g$가 성립해야 하며, 이때는

$$P_L = \frac{|V|^2 \cdot R_L}{(R_g + R_L)^2}\ [\mathrm{W}] \tag{5-18}$$

이다. 여기서 다시 R_L을 변화시켜서 P_L을 최대로 하는 조건을 구하면 $R_L = R_g$를 얻는다. 따라서 최대출력을 전송하기 위한 Z_L은

$$Z_L = R_g - jX_g = \overline{Z}_g$$

이다. 즉 부하 임피던스가 전원의 임피던스와 공액일 때이며, 이때의 최대출력은 다음과 같다.

$$P_L = \frac{|V|^2}{4R_g}\ [\mathrm{W}] \tag{5-19}$$

【예제 5-4】 [그림 5-8]과 같은 교류회로에서 저항 R을 변화시킬 때 저항에서 소비되는 최대전력을 구하여라.

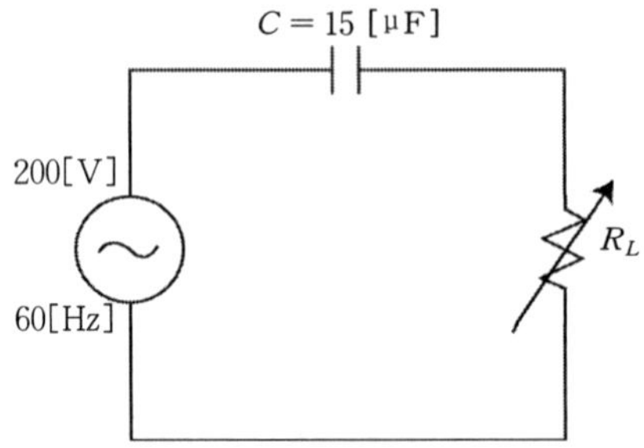

[그림 5-8]

〈풀이〉 입력저항 $R_g = -jX_g = j\frac{1}{\omega C} = j\frac{1}{2\pi \times 60 \times 15 \times 10^{-5}}[\Omega]$

$= -j\,177[\Omega]$

P_{max}가 되기 위한 조건은 $R_g = R_L$이 되므로 $R_L = 177[\Omega]$이다.
그러므로

$$P_{max} = I^2 R_L = \left(\frac{V}{R_L - jX_g}\right)^2 \cdot R_L = \left(\frac{V}{\sqrt{R_L{}^2 + X_g{}^2}}\right)^2 \cdot R_L$$

$$= \left(\frac{200}{\sqrt{177^2 + 177^2}}\right)^2 \cdot 177 = 113\,[\mathrm{W}]$$

연 · 습 · 문 · 제

(1) 어떤 회로에 전압 v와 전류 i가 각각 $v=100\sqrt{2}\sin\left(377t+\frac{\pi}{3}\right)$[V], $i=\sqrt{8}\sin\left(377t+\frac{\pi}{6}\right)$[A]일 때 소비전력은?

(2) $R=40$[Ω], $L=80$ [mH]의 코일이 있다. 이 코일에 100[V], 60[Hz]의 전압을 가할 때에 소비되는 전력은?

(3) [그림 5-9]와 같은 회로에서 전압계 3개로 단상전력을 측정하고자 할 때의 유효전력은?

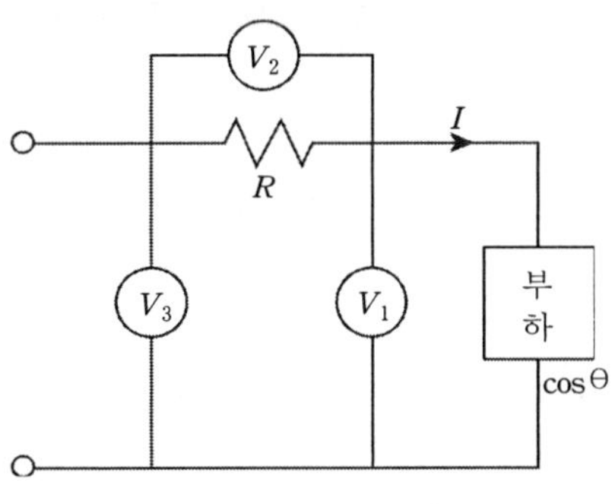

[그림 5-9]

(4) [그림 5-10]과 같이 주파수 f[Hz], 단상교류전압 V[V]의 전원에 저항 R[Ω] 및 인덕턴스 L[H]의 코일을 접속한 회로가 있다. L을 가감해서 R의 전력손실을 $L=0$일 때의 $\frac{1}{2}$로 하면, L의 크기는 얼마인가?

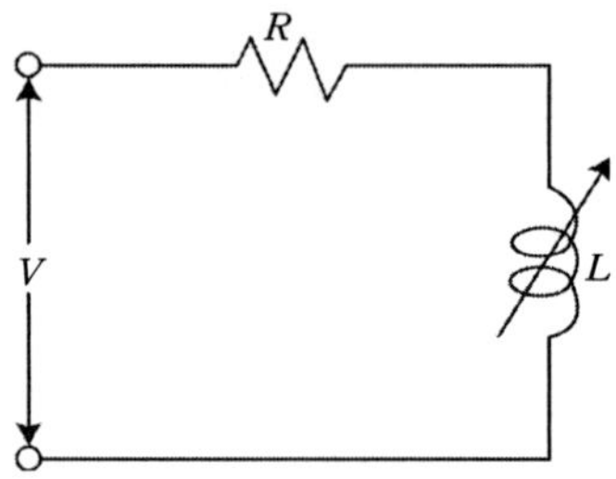

[그림 5-10]

(5) 전압 200[V], 전류 30[A]로서 4.8[kW]의 전력을 소비하는 회로의 리액턴스는?

(6) 어떤 회로에 $V=100+j20$ [V]의 전압을 가했을 때 $I=8+j6$ [A]인 전류가 흘렀다. 이 회로의 소비전력은?

(7) [그림 5-11]과 같은 회로에서 부하 R_L에서 소비되는 최대전력은?

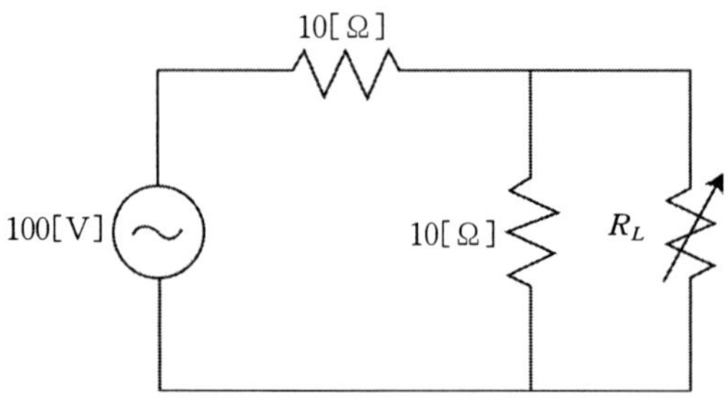

[그림 5-11]

(8) 내부 임피던스 $Z_g=0.3+j2$[Ω]인 발전기에 임피던스 $Z_L=1.7+j3$[Ω]인 선로를 연결하여 부하에 전력을 공급한다. 부하 임피던스 Z_0[Ω]이 어떤 값을 취할 때 부하에 최대전력이 전송되는가?

(9) 60[Hz], 120[V] 정격의 단상유도전동기가 있다. 이 전동기의 출력은 3[HP]이고, 효율은 90[%]이며 역률은 80[%]이다. 역률을 100[%]로 개선하기 위한 병렬 콘덴서의 용량은 약 몇 [VA]인가?

(10) $4-j3$ [A]인 전류와 $80+j60$ [V]인 전압과의 전력[W]은?

(11) 100[V] 전압에서 500[W]를 소비하는 전열기에 90[V]의 전압이 가해졌을 때는 몇 [W]의 전력이 소비되는가?

제 6 장

상호유도회로

6-1 상호 인덕턴스

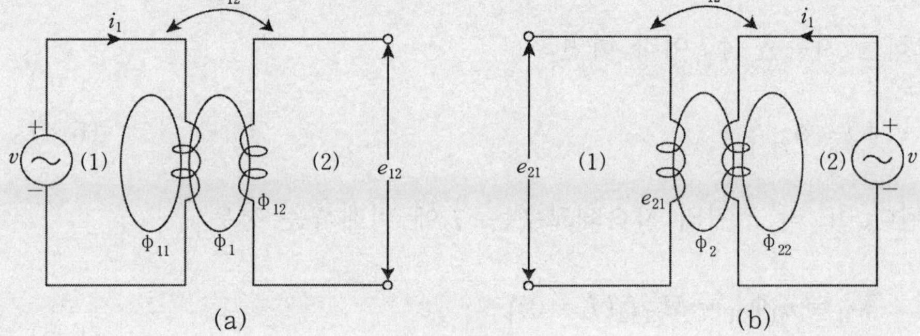

[그림 6-1]

[그림 6-1] (a)에서 1차측의 전류 i_1이 흘러서 ϕ_1의 자속이 발생하여 코일 1만을 쇄교하는 자속을 ϕ_{11}, 코일 1과 코일 2를 동시에 쇄교하는 자속을 ϕ_{12}라 하면

$$\phi_1 = \phi_{11} + \phi_{12} \tag{6-1}$$

이다. 그리고 i_1에 의해 생기는 코일 1, 2의 자속쇄교수를 각각 λ_1, λ_{12}라 하면

$$\lambda_1 = n_1\phi_1 = L_1 i_1 (i_2 = 0)$$

$$\lambda_{12} = n_2\phi_{12} = M_{12}i_1(i_2=0) \tag{6-2}$$

로 표시된다. 그러므로

$$L_1 = \frac{n_1\phi_1}{i_1}, \quad M_{12} = \frac{n_2\phi_{12}}{i_1} \tag{6-3}$$

의 관계가 성립한다.

여기서 L_1을 코일 1의 자기 인덕턴스(self inductance)라 하고, M_{12}를 코일 1과 2 사이의 상호 인덕턴스(mutual inductance)라 한다. n_1, n_2는 코일 권수이다. 같은 방법으로 [그림 6-1] (b)에서 2차측의 전류 i_2가 흘러서 ϕ_2의 자속이 발생하여 코일 2만 쇄교하는 자속을 ϕ_{22}, 코일 1과 코일 2를 동시에 쇄교하는 자속을 ϕ_{21}이라 하면

$$\phi_2 = \phi_{21} + \phi_{22} \tag{6-4}$$

가 된다. 또 각 코일의 자속쇄교수는 i_2에 비례하는 경우

$$\left.\begin{aligned} \lambda_{21} &= n_1\phi_{21} = M_{21}i_2(i_1=0) \\ \lambda_2 &= n_2\phi_2 = L_2i_2(i_1=0) \end{aligned}\right\} \tag{6-5}$$

으로 표시된다. 그러므로

$$L_2 = \frac{n_2\phi_2}{i_2}, \quad M_{21} = \frac{n_1\phi_{21}}{i_2} \tag{6-6}$$

의 관계가 성립한다.

여기서 L_2는 코일 2의 자기 인덕턴스, M_{21}은 코일 1과 2 사이의 상호 인덕턴스이다. 따라서 상호 인덕턴스 M_{12}와 M_{21}은 철심의 투자율이 일정한 경우

$$M_{12} = M_{21} = M \tag{6-7}$$

으로 되며 단위는 자기 인덕턴스와 같이 헨리[H]를 사용한다. 그러므로 [그림 6-1] (a)과 같이 2차측에 유기되는 전압 e_{12}는

$$e_{12} = \pm M\frac{di_1}{dt}\ [\mathrm{V}] \tag{6-8}$$

이 되고, [그림 6-1] (b)와 같이 1차측에 유기되는 전압 e_{21}은

$$e_{21} = \pm M\frac{di_2}{dt}\ [\mathrm{V}] \tag{6-9}$$

가 된다. 여기서 상호 인덕턴스의 극성은 두 코일에서 생기는 자속이 합쳐지는 방향이면 (+), 반대 방향이면 (−)이다.

6-2 결합계수

유도결합을 하고 있는 두 코일에서 Φ_1에 대한 Φ_{12}의 비율을 k_{12}라 하고, Φ_2에 대한 Φ_{21}의 비율을 k_{21}이라 하면

$$k_{12} = \frac{\Phi_{12}}{\Phi_1},\quad k_{21} = \frac{\Phi_{21}}{\Phi_2} \tag{6-10}$$

으로 되어 식 (6-3)과 식 (6-6)으로부터 상호 인덕턴스는

$$M_{12} = \frac{n_2\Phi_{12}}{i_1} = \frac{n_2 k_{12}\Phi_1}{i_1} = \frac{n_2}{n_1}\cdot k_{12}\frac{n_1\Phi_1}{i_1} = \frac{n_2}{n_1}\cdot k_{12}L_1$$

$$M_{21} = \frac{n_1\Phi_{21}}{i_2} = \frac{n_1 k_{21}\Phi_2}{i_1} = \frac{n_1}{n_2}\cdot k_{21}\frac{n_2\Phi_2}{i_2} = \frac{n_1}{n_2}\cdot k_{21}L_2$$

(6-11)

$$\therefore \quad M_{12}M_{21} = M^2 = k_{12}k_{21}L_1L_2 = k^2L_1L_2$$

여기서 k는 $k = k_{12} = k_{21}$이므로

$$k = \frac{M}{\sqrt{L_1L_2}} \tag{6-12}$$

으로 되며, 이것을 결합계수(coupling coefficient)라 한다.

결합계수 k는 $0 \le k \le 1$의 범위의 값이다. $k=0$은 유도결합이 없는 경우이고 $k=1$은 이상적인 경우로 완전결합(perfect coupling)의 경우이다.

6-3 코일의 극성 표시

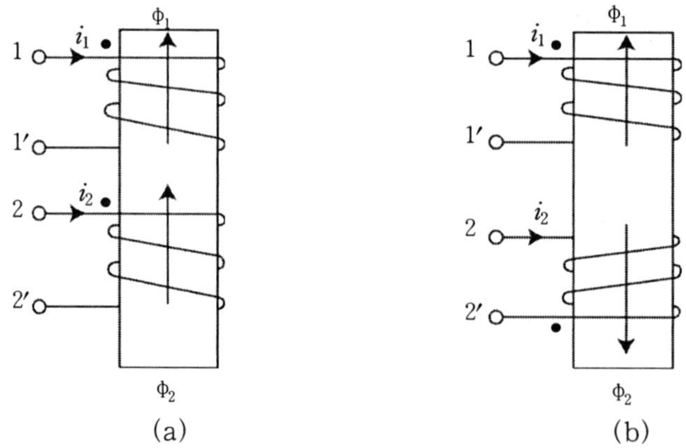

[그림 6-2]

유도결합된 두 코일의 상대적 권선방향을 표시하기 위하여 각 코일의 한 쪽 단자에 [그림 6-2]와 같이 점을 찍는다. 이것을 코일의 극성표시라 한다. 점(dot)을 찍는 단자로부터 각 코일에 유입하는 전류에 의해서 생기는 자속이 서로 같은 방향이 되도록 점을 찍는다.

따라서 두 코일의 전류를 다 점이 찍힌 단자에서 코일쪽으로 유입하는 것을 정(+)으로 잡았다면 M의 부호는 (+)가 되고, 한 쪽 전류는 점이 찍힌 단자에 유입하고 다른 쪽 전류는 점이 찍힌 단자로부터 유출하는 것을 정(+)으로 하였다면 M의 부호는 (-)가 된다.

6-4 자기 인덕턴스의 직렬접속

2개의 코일을 [그림 6-3] (a), (b)와 같이 2가지로 나누어 생각해 보자. [그림 6-3]에서 합성 인덕턴스를 구하면 그림 (a)에서

$$\left.\begin{aligned} v_1 &= L_1\frac{di}{dt} + M\frac{di}{dt}\ [\mathrm{V}] \\ v_2 &= M\frac{di}{dt} + L_2\frac{di}{dt}\ [\mathrm{V}] \end{aligned}\right\} \tag{6-13}$$

합성 전압 v는

$$v = v_1 + v_2 = (L_1 + L_2 + 2M)\frac{di}{dt} = L\frac{di}{dt}\ [\mathrm{V}] \tag{6-14}$$

따라서 합성 인덕턴스 L은

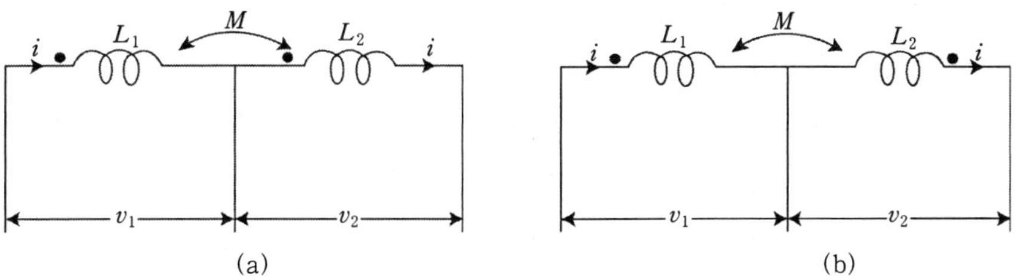

[그림 6-3]

$$L = L_1 + L_2 + 2M\,[\mathrm{H}] \tag{6-15}$$

또한 그림 (b)에서는

$$\left.\begin{aligned} v_1 &= L_1\frac{di}{dt} - M\frac{di}{dt} \\ v_2 &= -M\frac{di}{dt} + L_2\frac{di}{dt} \end{aligned}\right\} \tag{6-16}$$

합성 전압 v는

$$v = v_1 + v_2 = (L_1 + L_2 - 2M)\frac{di}{dt} = L\frac{di}{dt}\,[\mathrm{V}] \tag{6-17}$$

따라서 합성 인덕턴스는

$$L = L_1 + L_2 - 2M\,[\mathrm{H}] \tag{6-18}$$

식 (6-15), (6-18)을 종합하면 두 코일을 직렬로 접속할 때 합성 인덕턴스는 $L = L_1 + L_2 \pm 2M$이 됨을 알 수 있다.

【예제 6-1】 2개의 코일 a, b가 있다. 두 코일을 직렬로 접속했더니 합성 인덕턴스가 20[mH]가 되고, 극성을 반대로 했더니 합성 인덕턴스가 12[mH]가 된다. a 코일의 인덕턴스가 10[mH]라 하면 코일 b의 자기 인덕턴스 L_b, 상호 인덕턴스 M, 결합계수 k를 구하여라.

〈풀이〉 $L_1 = L_a + L_b + 2M = 20$ …… ①

$L_2 = L_a + L_b - 2M = 12$ …… ②

식 ①+식 ② 하면 $L_1 + L_2 = 2(L_a + L_b) = 32$가 된다. 따라서

$L_b = 16 - L_a = 16 - 10 = 6$ [mH]

$L_a + L_b + 2M = 20$에서 $M = 20 - (L_a + L_b)/2 = 2$ [mH]

$$k = \frac{M}{\sqrt{L_a \cdot L_b}} = \frac{2}{\sqrt{10 \times 6}} \fallingdotseq 0.26$$

6-5 상호유도회로의 등가회로

유도결합이 있는 회로의 해석은 변압기 부분을 T형 등가회로로 바꾸어서 생각하는 것이 편리하다.

[그림 6-4] (a), (b)에서 V_1, V_2를 해석하기 위해 T형 등가회로로 바꾸면 [그림 6-5]와 같다.

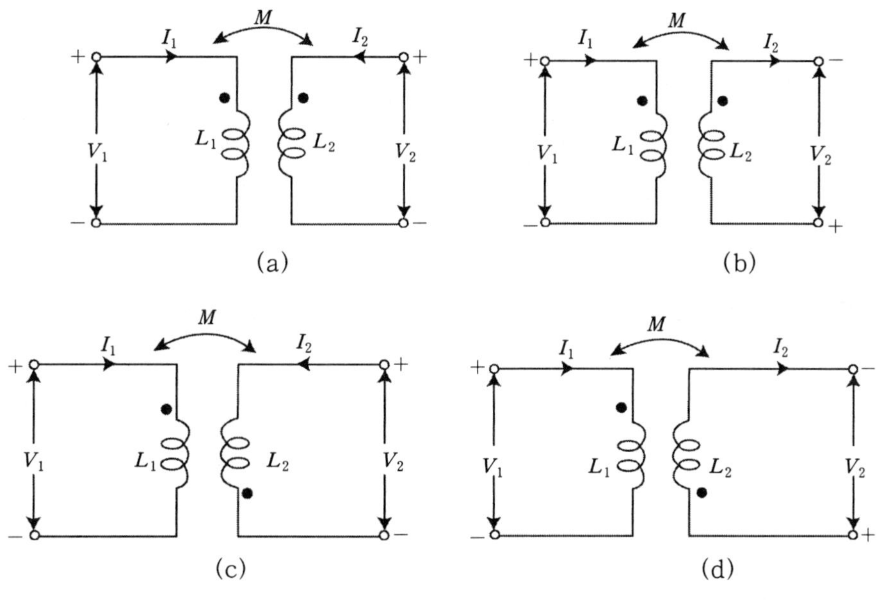

[그림 6-4]

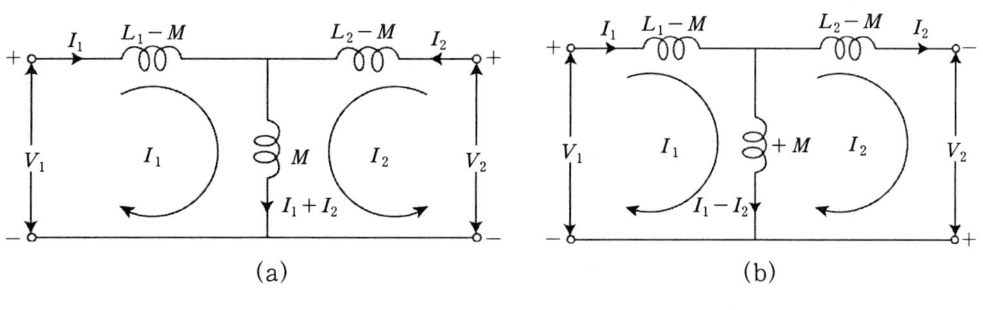

[그림 6-5]

[그림 6-5]에서 키르히호프 제2법칙을 적용하면

(a) 회로

$$\left.\begin{aligned} V_1 &= j\omega(L_1 - M)\dot{I}_1 + j\omega M(\dot{I}_1 + \dot{I}_2) = j\omega L_1 \dot{I}_1 + j\omega M\dot{I}_2 \\ V_2 &= j\omega(L_2 - M)I_2 + j\omega M(I_1 + I_2) = j\omega M I_1 + j\omega L_2 I_2 \end{aligned}\right\} \qquad (6\text{-}19)$$

(b) 회로

$$\left.\begin{aligned} V_1 &= j\omega(L_1 - M)I_1 + j\omega M(I_1 - I_2) = j\omega L_1 I_1 - j\omega M I_2 \\ V_2 &= j\omega(L_2 - M)I_2 + j\omega M(I_1 - I_2) = - j\omega M I_1 + j\omega I_2 L_2 \end{aligned}\right\} \qquad (6\text{-}20)$$

[그림 6-4] (a), (b), (c), (d)의 V_1, V_2를 구하는 데 있어서 식 (6-19)와 식 (6-20)의 결과로 상호 인덕턴스의 부호를 구하는 방법은 전류의 방향과 코일의 점(dot)상태를 같이 생각하므로 최종적인 M이 결정된다.

따라서 [그림 6-4] (a) 회로는 두 전류 I_1과 I_2가 합해지므로 (+)가 되고, 점도 같은 선상에 찍혀 있으므로 (+)가 되어 최종적인 상호 인덕턴스는 (+)가 된다.

[그림 6-4] (b) 회로는 두 전류 I_1과 I_2는 반대방향이므로 차의 전류는 (−)가 되고 점은 같은 선상에 찍혀 있으므로 (+)가 되어 최종적인 상호 인덕턴스는 (−)가 된다.

그러므로 [그림 6-4] (c)에서는 전류가 (+)가 되며 점이 서로 다른 선상에 있으므로 (−)가 되어 상호 인덕턴스는 (−)가 된다.

[그림 6-4] (d)는 전류가 (−)가 되며 점도 (−)가 되어 전류와 점이 각각 (−)가 되어 상호 인덕턴스는 (+)가 된다.

따라서 [그림 6-4] (a), (b), (c), (d)의 V_1, V_2를 해석하면

(a) 회로 $$\left.\begin{aligned} V_1 &= j\omega L_1 I_1 + j\omega M I_2 \\ V_2 &= j\omega M I_1 + j\omega L_2 I_2 \end{aligned}\right\} \Rightarrow \left.\begin{aligned} I_1,\ I_2 &: (+) \\ \cdot &: (+) \end{aligned}\right\} \Rightarrow +M \quad (6\text{-}21)$$

$$\text{(b) 회로}\quad \left.\begin{aligned} V_1 &= j\omega L_1 I_1 - j\omega M I_2 \\ V_2 &= -j\omega M I_1 + j\omega L_2 I_2 \end{aligned}\right\} \Rightarrow \left.\begin{aligned} I_1,\ I_2 &: (-) \\ \cdot\quad &: (+) \end{aligned}\right\} \Rightarrow -M \tag{6-22}$$

$$\text{(c) 회로}\quad \left.\begin{aligned} V_1 &= j\omega L_1 I_1 - j\omega M I_2 \\ V_2 &= -j\omega M I_1 + j\omega L_2 I_2 \end{aligned}\right\} \Rightarrow \left.\begin{aligned} I_1,\ I_2 &: (+) \\ \cdot\quad &: (-) \end{aligned}\right\} \Rightarrow -M \tag{6-23}$$

$$\text{(d) 회로}\quad \left.\begin{aligned} V_1 &= j\omega L_1 I_1 + j\omega M I_2 \\ V_2 &= j\omega M I_1 + j\omega L_2 I_2 \end{aligned}\right\} \Rightarrow \left.\begin{aligned} I_1,\ I_2 &: (-) \\ \cdot\quad &: (-) \end{aligned}\right\} \Rightarrow +M \tag{6-24}$$

이 된다. 그리고 식 (6-21)을 임피던스로 표시하면

$$\left.\begin{aligned} V_1 &= Z_{11} I_1 + Z_{12} I_2 \\ V_2 &= Z_{21} I_1 + Z_{22} I_2 \end{aligned}\right\} \tag{6-25}$$

으로 표시되며 $Z_{12} = Z_{21}$이 된다. 여기서

$$Z_{11} = j\omega L_1,\quad Z_{12} = Z_{21} - j\omega M,\quad Z_{22} = j\omega L_2$$

이다.

6-6 사인파 전원을 가진 유도결합회로

[그림 6-6]에서와 같이 자체 인덕턴스 L_1, L_2의 두 코일이 상호 인덕턴스 M으로 결합되어 있고, 1차측 전원으로 사인파 전원을 인가하는 유도결합회로에 대하여 고찰한다.

[그림 6-6]의 회로에서 전류의 방향은 (−)이고 등가 상호 인덕턴스 M은 (+)이므로 회로방정식에 필요한 최종적인 상호 인덕턴스 M은 (−)로 결정

된다. 따라서 전압방정식을 적용하여 방정식을 세우면 다음과 같다.

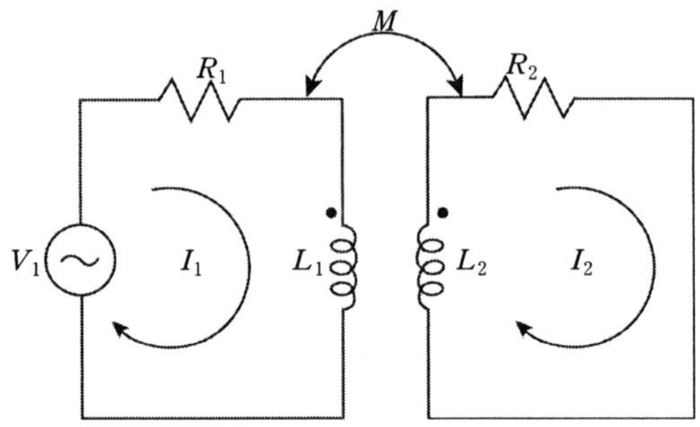

[그림 6-6]

$$\left.\begin{aligned} V_1 &= R_1I_1 + j\omega L_1I_1 - j\omega MI_2 = (R_1 + j\omega L_1)I_1 - j\omega MI_2 \\ O &= R_2I_2 + j\omega L_2I_2 - j\omega MI_1 = -j\omega MI_1 + (R_2 + j\omega L_2)I_2 \end{aligned}\right\} \quad (6\text{-}26)$$

가 되며 $Z_{11} = R_1 + j\omega L_1$, $Z_{21} = Z_{12} = -j\omega M$, $Z_{22} = R_2 + j\omega L_2$라고 하면서 식 (6-26)은

$$\left.\begin{aligned} Z_{11}I_1 + Z_{12}I_2 &= V_1 \\ Z_{21}I_1 + Z_{22}I_2 &= 0 \end{aligned}\right\} \quad (6\text{-}27)$$

이며, 따라서 전류 I_1, I_2는

$$I_1 = \frac{Z_{22}V_1}{Z_{11}Z_{22} - Z_{12}^2} \quad (6\text{-}28)$$

$$I_2 = \frac{-Z_{12}V_1}{Z_{11}Z_{22} - Z_{12}^2} \quad (6\text{-}29)$$

의 관계가 된다. 따라서 1차 회로에서 본 임피던스, 즉 구동점 임피던스(driving point impedence)를 Z_{ab}라 하면 다음과 같이 된다.

$$Z_{ab} = \frac{V_1}{I_1} = \frac{Z_{11}Z_{22} - Z_{12}^2}{Z_{22}} = Z_{11} - \frac{Z_{12}^2}{Z_{22}} \quad (6\text{-}30)$$

또한 $Z_{12}=-j\omega M$이므로

$$Z_{ab}=Z_{11}+\frac{(\omega M)^2}{Z_{22}} \tag{6-31}$$

이 된다.

또한 1차 전류에 대한 2차 전류의 비, 즉 전류비는 식 (6-28)로부터

$$\frac{I_2}{I_1}=-\frac{Z_{12}}{Z_{22}} \tag{6-32}$$

이 된다. 그리고 2차 회로의 임피던스 Z_L과 R_2를 $Z_L=R_2$라 놓고 Z_L 양단의 전압 V_L을 구하면

$$V_L=Z_L I_2 \tag{6-33}$$

이므로 전원전압에 대한 부하전압의 비, 즉 전압비는 식 (6-29)와 식 (6-33)으로부터

$$\frac{V_L}{V_1}=\frac{-Z_{12}Z_L}{Z_{11}Z_{22}-Z_{12}{}^2} \tag{6-34}$$

이 된다.

식 (6-30)에서 구동점 임피던스는 1차 회로가 단독적으로 존재할 때의 자체 임피던스 Z_{11}과 2차 회로의 결합으로 생기는 $(\omega M)^2/Z_{22}$에 해당하는 임피던스와의 합으로 만들어진다.

이때의 임피던스 $(\omega M)^2/Z_{22}$를 결합 임피던스(coupled impedence) 또는 반사 임피던스(reflected impedence)라 한다.

6-7 이상변압기

다음의 3가지 조건을 만족하는 가상적인 변압기를 이상변압기라고 한다.

(1) 두 코일간의 결합계수가 1일 것(완전결합일 것)

(2) 코일에 관계되는 손실이 0일 것(코일 권선의 저항이 0이고, 자기회로에서의 히스테리시스손이나 와류손이 0일 것)

(3) 각 코일의 인덕턴스가 무한대일 것(코일에 직렬로 연결된 다른 회로소자의 임피던스는 무시할 수 있을 것)

이와 같은 조건을 만족하는 변압기를 물리적으로 실현할 수 없음은 분명하나 잘 설계된 철심변압기는 이상변압기에 가깝다.

조건 (1)로부터 이상변압기에서는 누설자속이 없으므로

$$M=\frac{n_2\Phi_1}{i_1}=\frac{n_1\Phi_2}{i_2} \tag{6-35}$$

$$L_1=\frac{n_1\Phi_1}{i_1},\ \ L_2=\frac{n_2\Phi_2}{i_2} \tag{6-36}$$

식 (6-34)와 (6-35)로부터 이상변압기의 권수비(ratio of turns) n은 다음과 같이 여러 가지로 표시된다.

$$n=\frac{n_1}{n_2}=\frac{L_1}{M}=\frac{M}{L_2}=\sqrt{\frac{L_1}{L_2}} \tag{6-37}$$

[그림 6-7]의 회로에서 최종적인 상호 인덕턴스가 (−)로 결정되고, 이때 전압 방정식을 세우면

$$\left.\begin{aligned} V_1&=j\omega L_1I_1-j\omega MI_2\\ 0&=-j\omega MI_1+(Z_L+j\omega L_2)I_2\end{aligned}\right\} \tag{6-38}$$

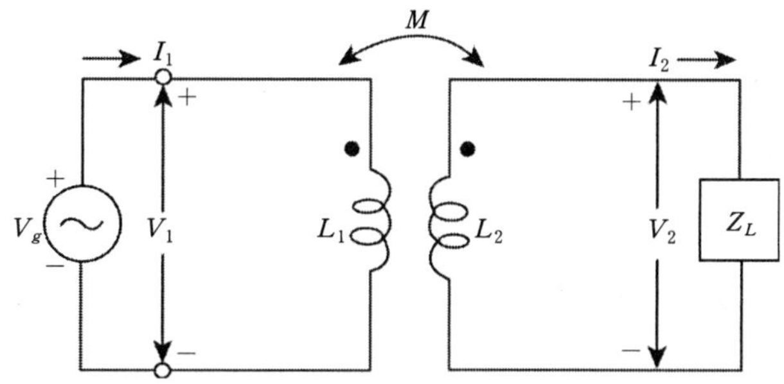

[그림 6-7]

따라서 전류비 $\frac{V_2}{V_1}$ 는 식 (6-34)로부터

$$\frac{V_2}{V_1} = \frac{-Z_{12}Z_L}{Z_1Z_{22}-Z_{12}{}^2} = \frac{-(-j\omega M)Z_L}{j\omega L_1(Z_L+j\omega L_2)-(-j\omega M)^2}$$

$$= \frac{j\omega MZ_L}{(j\omega)^2(L_1L_2-M^2)+j\omega L_1Z_L} \tag{6-39}$$

이상 변압기의 조건 (1)로부터 $M=\sqrt{L_1L_2}$이므로 식 (6-39)의 분모의 제1항은 0이 되고 식 (6-37)로부터

$$\frac{V_2}{V_1} = \frac{1}{n} = \frac{n_2}{n_1} \tag{6-40}$$

다음에 전류비 $\frac{I_2}{I_1}$ 는 식 (6-32)로부터

$$\frac{I_2}{I_1} = -\frac{Z_{12}}{Z_{22}} = \frac{-(-j\omega M)}{Z_L+j\omega L_2} = \frac{j\omega M}{Z_L+j\omega L_2} \tag{6-41}$$

이상 변압기의 조건 (3)으로부터 $j\omega L_2 \gg Z_L$이므로 식 (6-41)의 분모의 제1항을 무시하고 식 (6-37)로부터

$$\frac{I_2}{I_1} = n = \frac{n_1}{n_2} \tag{6-42}$$

식 (6-42)를 식 (6-40)으로 나누면

$$\frac{V_1}{V_2} \cdot \frac{I_2}{I_1} = n^2 \tag{6-43}$$

1차 단자에서 본 임피던스를 Z_{ab}라 하고 부하 임피던스를 Z_L이라 하면

$$Z_{ab} = \frac{V_1}{I_1}, \qquad Z_L = \frac{V_2}{I_2} \tag{6-44}$$

이를 식 (6-43)에 대입하면

$$Z_{ab} = n^2 Z_L = \left(\frac{n_1}{n_2}\right)^2 Z_L \tag{6-45}$$

6-8 완전변압기

다음의 조건을 만족하는 가상적인 변압기를 완전변압기(perfect transformer)라고 한다.

(1) 두 코일의 결합계수가 1일 것
(2) 코일에 관계되는 손실이 없을 것

즉 완전변압기는 결합계수 $k=1$이고, 손실이 없으나 각 코일의 인덕턴스가 무한대라는 조건은 제외된다.

그러므로 완전변압기에서는 식 (6-37)과 (6-43)은 성립되지만 식 (6-44)와

(6-45)는 성립되지 않는다.

따라서 완전변압기에서는

$$\frac{V_2}{V_1}=\frac{1}{n}=\frac{n_2}{n_1},\ \ \frac{I_2}{I_1}\neq n=\frac{n_1}{n_2},\ \ Z_{ab}\neq n^2 Z_L \tag{6-46}$$

이다.

6-9 브리지의 평형조건

[그림 6-8]과 같은 브리지의 평형조건을 구해보자. 브리지가 평형이 되면 c, d점은 등전위가 되므로 I_1과 I_2 전류가 그림과 같이 흐른다.

따라서

$$I_1=\frac{V}{Z_1+Z_2}\,[\text{A}],\ \ I_2=\frac{V}{Z_3+Z_4}\,[\text{A}] \tag{6-47}$$

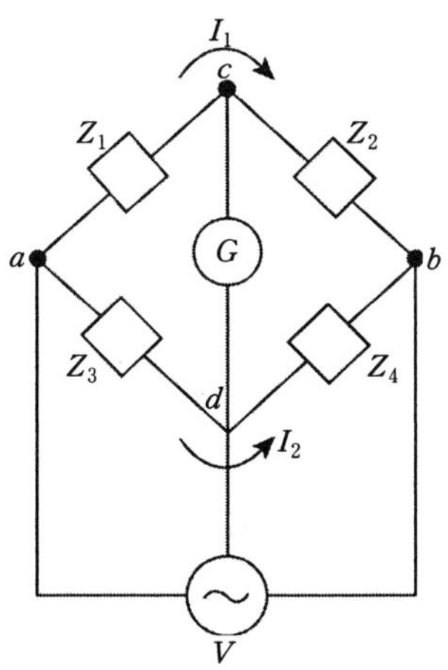

[그림 6-8]

또 c, d점이 등전위라면 $V_{ac}=V_{ad}$, $V_{cb}=V_{db}$이므로

$$Z_1 I_1 = Z_3 I_2 \tag{6-48}$$

$$Z_2 I_1 = Z_4 I_2 \tag{6-49}$$

따라서 식 (6-48)을 식 (6-49)로 나누면

$$\frac{Z_1}{Z_2} = \frac{Z_3}{Z_4} \quad \text{또는} \quad Z_1 Z_4 = Z_2 Z_3 \tag{6-50}$$

식 (6-50)을 브리지의 평형조건이라 한다.

【예제 6-2】 [그림 6-9]와 같은 브리지 회로의 평형조건을 구하여라.

〈풀이〉 $Z_1 = R_1$, $Z_2 = R_2 + j\omega L$

$Z_3 = R_3 + \dfrac{1}{j\omega C}$, $Z_4 = R_4$

이므로 브리지 평형조건 $Z_1 Z_4 = Z_2 Z_3$에 대입하면

$$R_1 R_4 = (R_2 + j\omega L)\left(R_3 + \frac{1}{j\omega C}\right)$$
$$= \left(R_2 R_3 + \frac{L}{C}\right) + j\left(\omega L R_3 - \frac{R_2}{\omega C}\right)$$

위식이 되려면 실수부=실수부, 허수부=허수부로 놓으면

$$R_1 R_4 = R_2 R_3 + \frac{L}{C}, \quad \omega L R_3 - \frac{R_2}{\omega C} = 0$$

또는

$$R_1 R_4 - R_2 R_3 = \frac{L}{C}, \quad \frac{R_3}{R_2} = \frac{1}{\omega^2 LC}$$

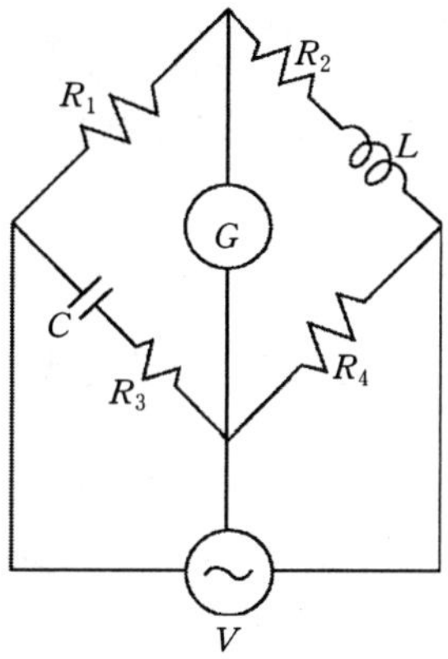

[그림 6-9]

연·습·문·제

(1) [그림 6-10]의 등가 인덕턴스는 몇 [H]인가?

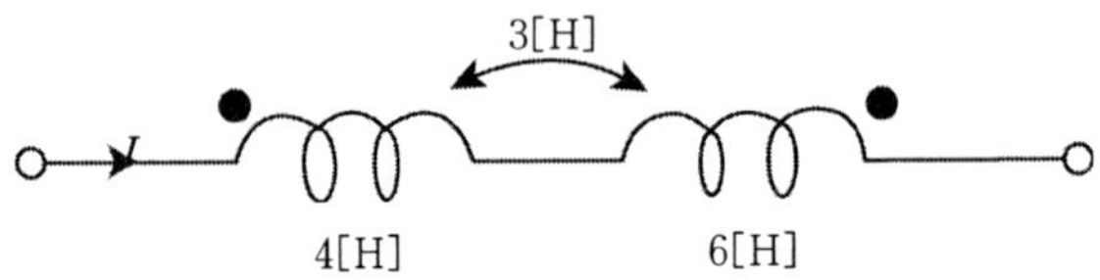

[그림 6-10]

(2) [그림 6-11]과 같은 인덕턴스의 전체 인덕턴스의 값은 얼마인가?

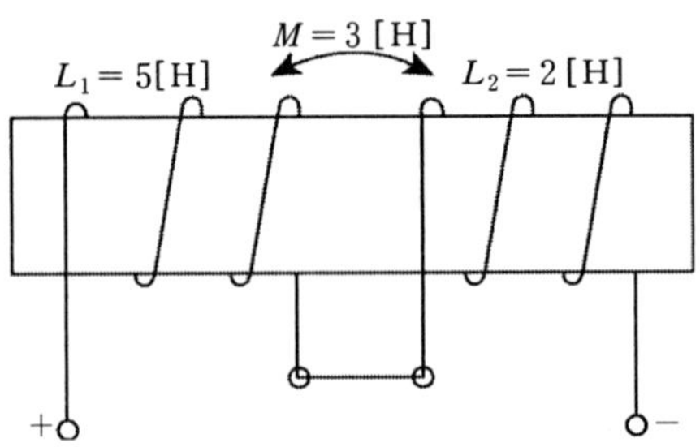

[그림 6-11]

(3) [그림 6-12]의 회로에서 합성 인덕턴스는?

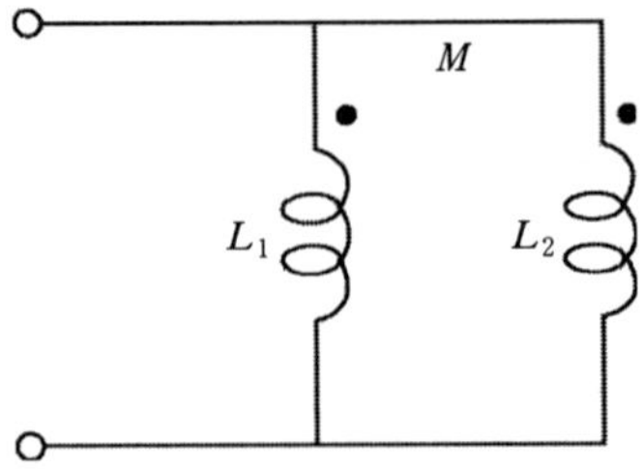

[그림 6-12]

(4) [그림 6-13]과 같이 고주파 브리지를 가지고 상호 인덕턴스를 측정하고자 한다. 그림 (a)와 같이 접속하면 합성 자기 인덕턴스는 30[mH]이고, (b)와 같이 접속하면 14[mH]이다. 상호 인덕턴스 [mH]는?

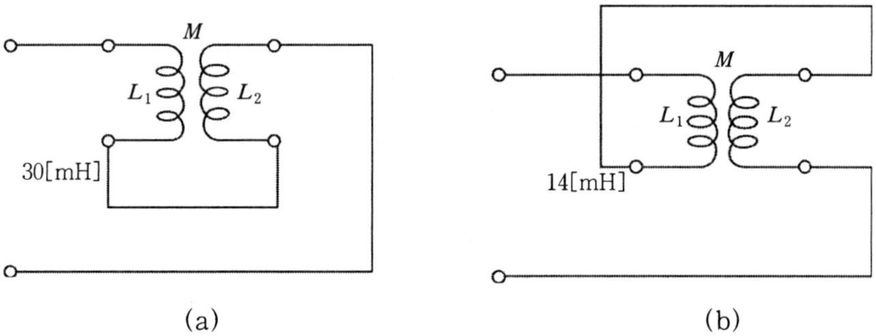

[그림 6-13]

(5) [그림 6-14]에서 $\omega L_1 = 2[\Omega]$, $\omega L_2 = 3[\Omega]$, $\omega M = 1[\Omega]$,

$\frac{1}{\omega C} = 5[\Omega]$일 때 C에 흐르는 전류 I, I_1, I_2[A]는?

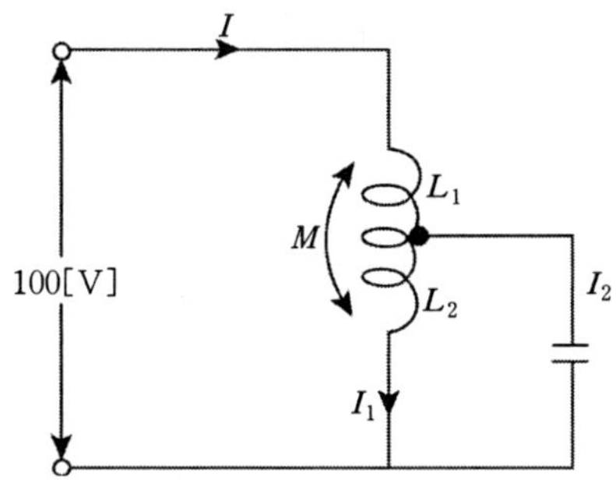

[그림 6-14]

(6) [그림 6-15]와 같은 회로에서 $i_1 = I_m \cos \omega t$일 때 개방된 2차 단자에 나타나는 유기기전력 v_2는 얼마인가?

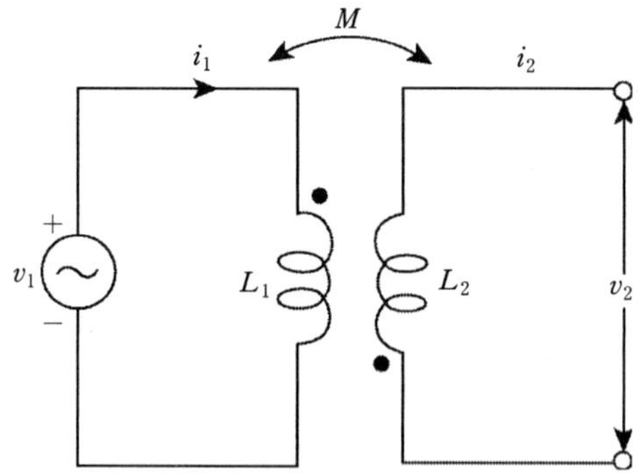

[그림 6-15]

(7) [그림 6-16]과 같은 이상변압기의 권선비가 $n_1 : n_2 = 1 : 3$일 때 a, b 단자에서 본 임피던스는?

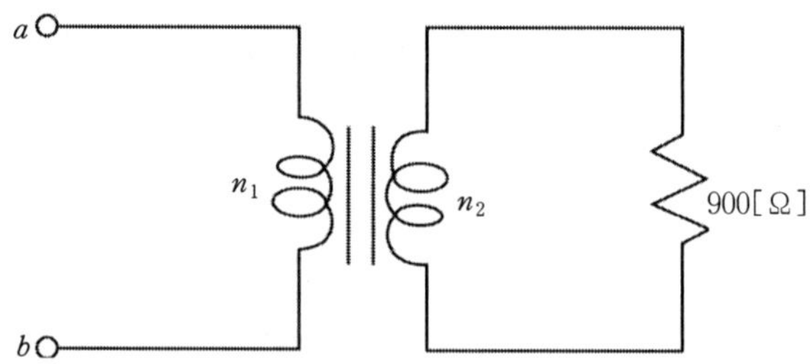

[그림 6-16]

(8) [그림 6-17]과 같은 교류 브리지의 평형조건은?

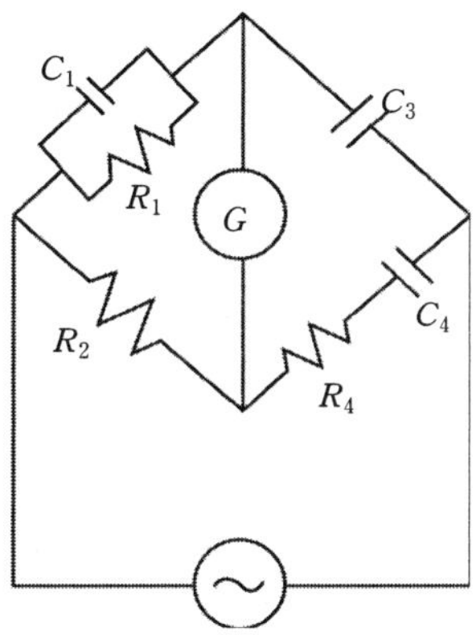

[그림 6-17]

(9) 자기 인덕턴스 L_1, L_2가 각각 4[mH], 9[mH]인 두 코일이 이상결합되었다면 상호 인덕턴스 M은 몇 [mH]가 되는가?

(10) 인덕턴스 L_1, L_2가 각각 3[mH], 6[mH]인 두 코일간의 상호 인덕턴스 M이 4[mH]라고 하면 결합계수 k는 얼마인가?

제 7 장

일반 선형 회로망

7-1 용어의 설명

해석에 앞서 이제까지 사용했던 몇 가지 용어에 대한 정의를 분명히 해둘 필요가 있다.

① 회로망(network) : 특히 많은 소자를 포함한 전기회로를 말한다. 일반적으로 회로라는 말과 구별하지 않고 사용한다.

② 절점(node) : 회로망에서 2개 또는 그 이상의 소자가 접속되어 있는 점, 특히 3개 이상의 소자가 연결되어 있는 절점을 접속점이라 하며 a_1, a_2, …, a_5가 된다.

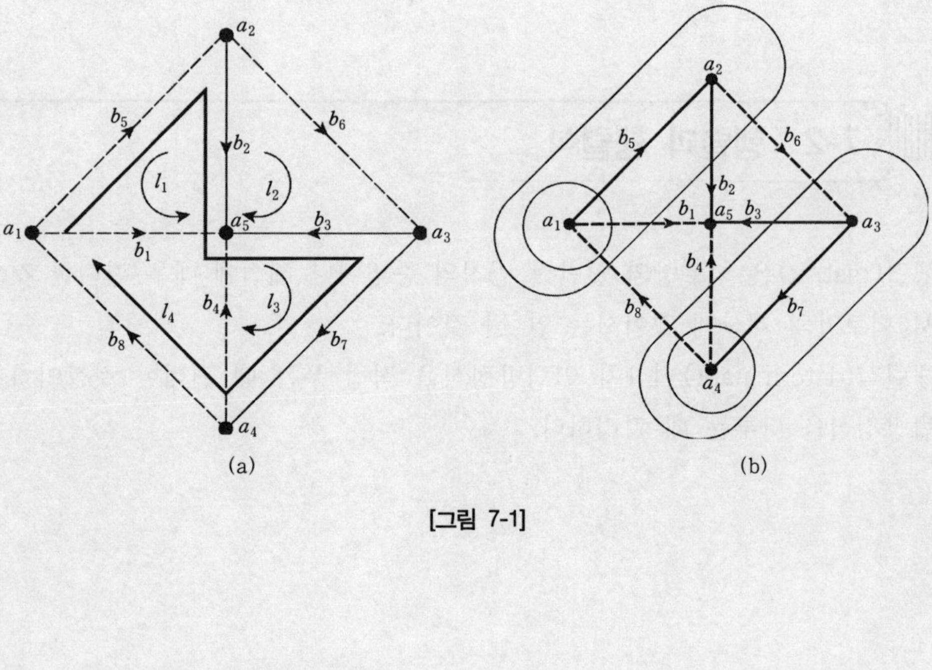

[그림 7-1]

③ 가지(branch) : 지로라 하며 두 접속점 사이의 회로부분을 말하며 전류의 흐름이 변하지 않는 부분으로 b_1, b_2, $\cdots$, b_8이 된다.

④ 나무(tree) : 모든 마디를 연결하여 폐로를 만들지 못하는 가지들의 집합, 마디수를 n, 가지수를 b라 하면 나무를 만드는 가지의 수(나무의 수)는 $n-1$이 되며 KCL의 독립방정식 수와 같다.

⑤ 보목(link 또는 cotree) : 나무가 아닌 가지들을 말하며 보목 수는 $b-(n-1)=b-n+1$이 되며 KVL의 독립방정식 수와 같다.

⑥ 폐로(loop) : 몇 개의 지로를 통하여 일주하면서 완결된 닫힌 통로이며, 다른 폐로를 포함하지 않는 독립된 폐로를 구분하여 망로(mesh)라고도 하며 $\{l_1,\ l_2,\ l_3,\ l_4\}$와 같다.

⑦ 컷셋(cut-set) : [그림 7-1] (b)에서 $\{c_1,\ c_2,\ c_3,\ c_4\}$와 같이 마디를 1개 이상 포함하여 그래프를 두 부분으로 나누는 가지의 집합

⑧ 기본 컷셋 : 먼저 컷셋이 되어야 하며 주어진 나무의 가지를 하나만 포함하는 것

⑨ 기본폐로 : 먼저 폐로가 되어야 하며 주어진 나무의 가지들 중 남은 가지가 하나인 것

7-2 행렬과 행렬식

행렬(matrix)은 회로망의 일반적 법칙의 증명이나 해법에 매우 편리한 것으로서 회로망의 계산에 없어서는 안 될 것이다.

행렬식(determinant)이 1차 연립방정식을 직접 푸는 데 편리한 것같이 1차 연립방정식을 다루는 데 편리하다.

1. 행렬의 정의

행렬이란 $m \times n$개수 $a_{jk}(j=1, 2, \cdots, m, k=1, 2, \cdots, n)$을 m행 n열로 배열한 수의 군으로서 다음과 같이 표시한다.

$$\begin{bmatrix} a_{11} & a_{12} & \cdots & a_{1n} \\ a_{21} & a_{22} & \cdots & a_{2n} \\ & \cdots\cdots\cdots & & \\ a_{m1} & a_{m2} & \cdots & a_{mn} \end{bmatrix} \tag{7-1}$$

1) 정방행렬

$m=n$ 인 경우, 즉 행과 열의 수가 같을 때 정방행렬이라 한다. 행 또는 열의 수 n을 차수라 하고, 행렬의 좌상에 우하의 대각선상에 있는 요소 a_{jj}을 대각선요소라 한다.

2) 영행렬

행렬의 요소가 전부 0인 행렬을 말한다.

$$\begin{bmatrix} 0 & 0 & \cdots & 0 \\ 0 & 0 & \cdots & 0 \\ & \cdots\cdots & & \\ 0 & 0 & \cdots & 0 \end{bmatrix} = [0] \tag{7-2}$$

3) 단위행렬

대각선요소는 전부 1이고 다른 요소는 전부 0인 정방행렬을 단위행렬이라 한다.

$$\begin{bmatrix} 1 & 0 & \cdots\cdots & 0 \\ 0 & 1 & \cdots\cdots & 0 \\ 0 & 0 & 1 \ \cdots & 0 \\ & \cdots\cdots\cdots & & \\ 0 & 0 & 0 \ \cdots & 1 \end{bmatrix} = [1] \tag{7-3}$$

4) 행행렬, 열행렬

1행 n열의 행렬을 행행렬, n행 1열의 행렬을 열행렬이라 한다.

5) 전치행렬

행렬 [A]의 행과 열을 교환한 것을 [A]의 전치행렬이라 하고 $[\mathrm{A}]^{\mathrm{T}}$로서 표시한다.

$$[\mathrm{A}] = \begin{bmatrix} a_{11} & a_{12} & \cdots & a_{1n} \\ a_{21} & a_{22} & \cdots & a_{2n} \\ & \cdots\cdots\cdots & & \\ a_{m1} & a_{m2} & \cdots & a_{mn} \end{bmatrix} \quad [\mathrm{A}]^{\mathrm{T}} = \begin{bmatrix} a_{11} & a_{21} & \cdots & a_{m1} \\ a_{12} & a_{22} & \cdots & a_{m2} \\ & \cdots\cdots\cdots & & \\ a_{1n} & a_{2n} & \cdots & a_{mn} \end{bmatrix} \tag{7-4}$$

6) 역행렬

지금 행렬 $[A]$와 행렬 $[B]$가 있고, 이 곱이 단위행렬 [1]로 되어

$$[A][B]=[1] \tag{7-5}$$

이면 $[B]$는 $[A]$의 역행렬, 또는 $[A]$는 $[B]$의 역행렬이라 하고

$$[B]=[A]^{-1},\ [A]=[B]^{-1} \tag{7-6}$$

로 나타낸다. 일반적으로 정방행렬 $[A]$에 대해서 행렬식의 값이 0이 아닌, 즉 $[A]\neq 0$일 경우에 한하여 역행렬이 존재하며 교환법칙이 성립된다.

$$[A][A]^{-1}=[A]^{-1}[A]=[1] \tag{7-7}$$

n차의 정방행렬 $[A]$의 역행렬은 행렬식 $|A|$가 0이 아니면

$$[A]^{-1}=\frac{[A]^{\mathrm{T}}}{|A|} \tag{7-8}$$

로 구해진다. 여기서 $[A]^{\mathrm{T}}$는 $|A|$의 여인수(cofactor)의 행렬의 행과 열을 바꿔 놓은 전치행렬이다. 행렬의 가감법은 대응요소에 대해서 가감을 행하면 된다.

$$\begin{bmatrix} a_{11} & a_{12} & \cdots & a_{1n} \\ a_{21} & a_{22} & \cdots & a_{2n} \\ & \cdots\cdots\cdots & & \\ a_{m1} & a_{m2} & \cdots & a_{mn} \end{bmatrix} \pm \begin{bmatrix} b_{11} & b_{12} & \cdots & b_{1n} \\ b_{21} & b_{22} & \cdots & b_{2n} \\ & \cdots\cdots\cdots & & \\ b_{m1} & b_{m2} & \cdots & b_{mn} \end{bmatrix}$$

$$= \begin{bmatrix} a_{11}\pm b_{11} & a_{12}\pm b_{12} & \cdots & a_{1n}\pm b_{1n} \\ a_{21}\pm b_{21} & a_{22}\pm b_{22} & \cdots & a_{2n}\pm b_{2n} \\ & \cdots\cdots\cdots & & \\ a_{m1}\pm b_{m1} & a_{m2}\pm b_{m2} & \cdots & a_{mn}\pm b_{mn} \end{bmatrix} \qquad (7\text{-}9)$$

【예제 7-1】 다음 두 행렬의 덧셈을 구하여라.

$$[A]=\begin{bmatrix} 2 & 4 \\ 6 & 3 \end{bmatrix},\ [B]=\begin{bmatrix} 6 & 5 \\ 1 & 3 \end{bmatrix}$$

〈풀이〉 $[A]+[B]=\begin{bmatrix} 2 & 4 \\ 6 & 3 \end{bmatrix}+\begin{bmatrix} 6 & 5 \\ 1 & 3 \end{bmatrix}=\begin{bmatrix} 8 & 9 \\ 7 & 6 \end{bmatrix}$

2. 행렬의 곱셈법

행렬식의 경우와 같이 다음과 같은 요소로서 행한다.

$$\begin{bmatrix} a_{11} & a_{12} & a_{13} & \cdots & a_{1n} \\ a_{21} & a_{22} & a_{23} & \cdots & a_{2n} \\ & \cdots\cdots\cdots\cdots & & & \\ a_{m1} & a_{m2} & a_{m3} & \cdots & a_{mn} \end{bmatrix} \cdot \begin{bmatrix} b_{11} & b_{12} & b_{13} & \cdots & b_{1n} \\ b_{21} & b_{22} & b_{23} & \cdots & b_{2n} \\ & \cdots\cdots\cdots\cdots & & & \\ b_{m1} & b_{m2} & b_{m3} & \cdots & b_{mn} \end{bmatrix}$$

$$= \begin{bmatrix} c_{11} & c_{12} & c_{13} & \cdots & c_{1n} \\ c_{21} & c_{22} & c_{23} & \cdots & c_{2n} \\ & \cdots\cdots\cdots\cdots & & & \\ c_{m1} & c_{m2} & c_{m3} & \cdots & c_{mn} \end{bmatrix} \qquad (7\text{-}10)$$

$[A]\cdot[B]=[C]$에 있어서 $[C]$의 요소는

$$c_{jk}=\sum_{i=1}^{n} a_{jk}b_{jk}=a_{j1}b_{1k}+a_{j2}b_{2k}+a_{j3}b_{3k}\cdots+a_{jn}b_{mk}$$

다시 말하면, $j=1$, $k=1$로 하며 $[C]$의 1행 1열의 요소 c_{11}은

$$c_{11}=a_{11}b_{11}+a_{12}b_{21}+a_{13}b_{31}+\cdots+a_{1n}b_{m1}$$

이 되며 $[A]$의 1행과 $[B]$의 1열 각 요소의 곱의 덧셈이 된다.

【예제 7-2】 다음 행렬의 곱을 구하여라.

$$[A]=\begin{bmatrix} 1 & 2 \\ 3 & 4 \end{bmatrix},\ [B]=\begin{bmatrix} 5 & 2 \\ 4 & 1 \end{bmatrix}$$

〈풀이〉 $$[A]\cdot[B]=\begin{bmatrix} 1 & 2 \\ 3 & 4 \end{bmatrix}\cdot\begin{bmatrix} 5 & 2 \\ 4 & 1 \end{bmatrix}=\begin{bmatrix} 1\times5+2\times4 & 1\times2+2\times1 \\ 3\times5+4\times4 & 3\times2+4\times1 \end{bmatrix}$$

$$=\begin{bmatrix} 13 & 4 \\ 31 & 10 \end{bmatrix}$$

3. 행렬식

횡렬에 n개, 종렬에 n개의 요소(element)를 다음과 같이 배열하여 | |로 둘러싼 것을 행렬식(determinant)이라 한다. 이때 횡렬을 행, 종렬을 열이라 하고 차수를 n이라 한다.

$$D=\begin{vmatrix} a_{11} & a_{12} & \cdots & a_{1n} \\ a_{21} & a_{22} & \cdots & a_{2n} \\ \vdots & \vdots & \vdots & \vdots \\ a_{n1} & a_{2n} & \cdots & a_{nn} \end{vmatrix} \tag{7-11}$$

1) 소행렬식과 여인수

일반적으로 제 n차의 행렬식에서 a_{jk}의 요소의 j행과 k열을 제외하여 만든 행렬식을 a_{jk}에 관한 소행렬식이라 한다. 예를 들면

$\begin{vmatrix} a_{11} & a_{12} & a_{13} \\ a_{21} & a_{22} & a_{23} \\ a_{31} & a_{32} & a_{33} \end{vmatrix}$의 a_{21}에 관한 소행렬식은

$$\begin{vmatrix} a_{12} & a_{13} \\ a_{32} & a_{33} \end{vmatrix} \tag{7-12}$$

소행렬식에 $(-1)^{j+k}$를 곱한 것은 a_{jk}에 관한 여인수(confactor)라 한다.

2) 행렬식의 전개

어느 행렬식이 있다. 임의의 j행 요소가 a_{j1}, a_{j2}, …, a_{jn}일 때 각각의 여인수가 C_{j1}, C_{j2}, …, C_{jn}이라 하면

$$\begin{vmatrix} a_{11} & a_{12} & \cdots & a_{1n} \\ a_{21} & a_{22} & \cdots & a_{2n} \\ \vdots & \vdots & \vdots & \vdots \\ a_{j1} & a_{j2} & \cdots & a_{jn} \\ \vdots & \vdots & \vdots & \vdots \\ a_{n1} & a_{n2} & \cdots & a_{nn} \end{vmatrix} = a_{j1}C_{j1} + a_{j2}C_{j2} + \cdots + a_{jn}C_{jn} \quad (7\text{-}13)$$

로서 전개할 수 있다. 이것은 임의의 j행렬에 대하여 전개한 것이지만, 이것을 임의의 열에 대하여 전개하여도 같은 결과가 얻어진다.

3) 크래머의 법칙

2차 행렬식을 2개의 미지수가 있는 2원 1차 연립방정식

$$\left.\begin{matrix} a_1x + b_1y = c_1 \\ a_2x + b_2y = c_2 \end{matrix}\right\} \quad (7\text{-}14)$$

와 관련하여 생긴다. 이의 해는

$$x = \frac{c_1b_2 - c_2b_1}{a_1b_2 - a_2b_1}, \quad y = \frac{a_1c_2 - a_2c_1}{a_1b_2 - a_2b_1} \quad (7\text{-}15)$$

이 되고 분모는 계수행렬식이고 x의 분자는 a_1, a_2를 각각 c_1, c_2로, y의 분자는 b_1, b_2를 각각 c_1, c_2로 바꾼 계수행렬식

$$x = \frac{\begin{vmatrix} c_1 & b_1 \\ c_2 & b_2 \end{vmatrix}}{\begin{vmatrix} a_1 & b_1 \\ a_2 & b_2 \end{vmatrix}}, \quad y = \frac{\begin{vmatrix} a_1 & c_1 \\ a_2 & c_2 \end{vmatrix}}{\begin{vmatrix} a_1 & b_1 \\ a_2 & b_2 \end{vmatrix}} \quad (7\text{-}16)$$

이다. 분모의 표시식은

$$D = \begin{vmatrix} a_1 & b_1 \\ a_2 & b_2 \end{vmatrix} \quad (7\text{-}17)$$

의 형태로 쓰고 이것을 2차 행렬이라고 한다.

그러므로 $D=\begin{vmatrix} a_1 & b_1 \\ a_2 & b_2 \end{vmatrix}=a_1b_2-a_2b_1$이다. 연립방정식 (7-14)의 해 식 (7-15)를

$$x=\frac{D_1}{D},\ \ y=\frac{D_2}{D}(D\neq 0) \tag{7-18}$$

의 형태로 쓸 수 있으며, 여기서

$$D=\begin{vmatrix} a_1 & b_1 \\ a_2 & b_2 \end{vmatrix},\ D_1=\begin{vmatrix} c_1 & b_1 \\ c_2 & b_2 \end{vmatrix},\ D_2=\begin{vmatrix} a_1 & c_1 \\ a_2 & c_2 \end{vmatrix} \tag{7-19}$$

이다. 위 공식을 크래머(Cramer)의 법칙이라고 한다.

7-3 회로방정식을 세우는 방법

회로망의 일반적 해석법으로는 지로전류법, 폐로해석법, 절점해석법이 있다.

1. 지로전류법

이 방법은 지로전류를 직접 계산할 때 쓰이는 방법으로 지로전류 I_1, I_2, I_3를 가정하여 키르히호프의 제1법칙(KCL)과 제2법칙(KVL)에 의하여 회로 방정식을 세우는 것으로, [그림 7-2]와 같은 회로가 있다면 먼저 회로전류 I_1, I_2, I_3을 정하고 그림과 같이 흐르는 전류방향을 가정한다.

먼저 임의의 a점에서 키르히호프의 제1법칙을 적용하면

$$I_1-I_2-I_3=0,\ \ I_1=I_2+I_3 \tag{7-20}$$

이 된다.

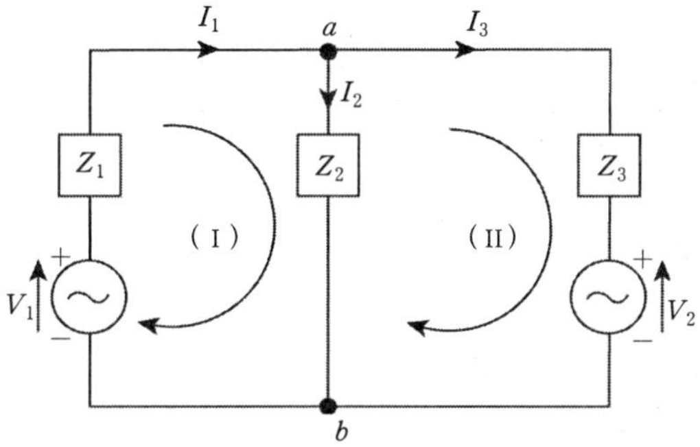

[그림 7-2]

일반적으로 키르히호프의 제1법칙을 접속점이 n개일 때 $n-1$개의 방정식을 세우면 되고, 제2법칙을 적용해서 식을 세우는 경우는 독립된 망로 수만큼, 즉 $b-(n-1)$개의 방정식을 세워야 하며 폐로를 통하여 식을 세울 때에는 빠지는 지로가 없도록 하여야 한다. 여기서 (Ⅰ), (Ⅱ)의 폐로에 제2법칙을 적용하면

$$\left.\begin{aligned} &(\text{Ⅰ})\text{의 폐로에서} \quad Z_1 I_1 + Z_2 I_2 = V_1 \\ &(\text{Ⅱ})\text{의 폐로에서} \quad -Z_2 I_2 + Z_3 I_3 = -V_2 \end{aligned}\right\} \tag{7-21}$$

가 되며, 제2법칙을 적용하여 방정식을 세울 때는 주어진 지로전류 I_1, I_2, I_3의 방향과 가정한 전류 (Ⅰ), (Ⅱ)의 방향이 일치하면 지로에서의 전압강하는 (+)로 하고, 방향이 서로 반대가 되면 지로에서는 전압강하는 (−)를 붙여야 한다. 따라서 식 (7-21)에 식 (7-22)를 대입하면

$$\left.\begin{aligned} (Z_1+Z_2)I_2 + Z_1 I_3 &= V_1 \\ -Z_2 I_2 + Z_3 I_3 &= -V_2 \end{aligned}\right\} \tag{7-22}$$

2개의 연립방정식이 되어 행렬식의 크래머(Cramer) 법칙을 이용해 풀면

$$I_2 = \frac{\begin{vmatrix} V_1 & Z_1 \\ -V_2 & Z_3 \end{vmatrix}}{\begin{vmatrix} Z_1+Z_2 & Z_1 \\ -Z_2 & Z_3 \end{vmatrix}} = \frac{Z_3 V_1 + Z_1 V_2}{Z_1 Z_3 + Z_2 Z_3 - Z_1 Z_2} \tag{7-23}$$

$$I_3 = \frac{\begin{vmatrix} Z_1+Z_2 & V_1 \\ -Z_2 & -V_2 \end{vmatrix}}{\begin{vmatrix} Z_1+Z_2 & Z_1 \\ -Z_2 & Z_3 \end{vmatrix}} = \frac{-(Z_1+Z_2)V_2+Z_2V_1}{Z_1Z_3+Z_2Z_3-Z_1Z_2} \tag{7-24}$$

따라서 $I_1 = I_2 + I_3$이므로 I_1은

$$I_1 = \frac{(Z_2+Z_3)V_1 - Z_1V_2}{Z_1Z_3+Z_2Z_3-Z_1Z_2} \tag{7-25}$$

이 된다.

【예제 7-3】 [그림 7-3]의 회로에서 지로전류법에 의하여 지로전류 I_1, I_2, I_3을 각각 구하여라.

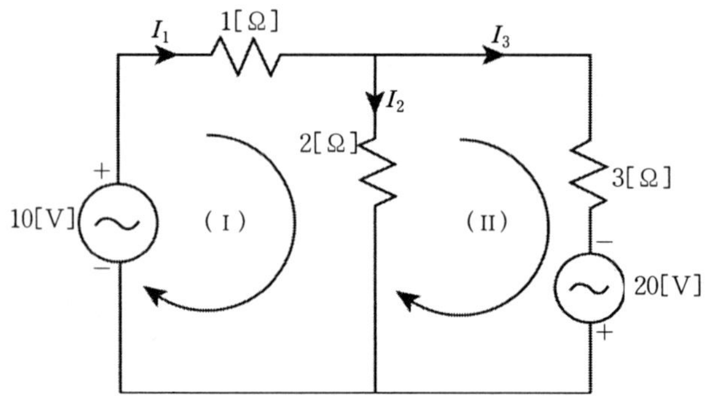

[그림 7-3]

〈풀이〉 키르히호프의 제1법칙을 적용하면

$I_1 = I_2 + I_3$ ……①

제2법칙으로부터

$I_1 + 2I_2 = 10$ ……②

$-2I_2 + 3I_3 = 20$ ……③

식 ②에 ①을 대입하면

$3I_2 + I_3 = 10$ ……④

따라서 식 ③과 ④를 행렬식으로 계산하면

$$I_2 = \frac{\begin{vmatrix} 20 & 3 \\ 10 & 1 \end{vmatrix}}{\begin{vmatrix} -2 & 3 \\ 3 & 1 \end{vmatrix}} = \frac{20-30}{-2-9} = \frac{-10}{-11} = \frac{10}{11}\,[\text{A}]$$

$$I_3 = \frac{\begin{vmatrix} -2 & 20 \\ 3 & 10 \end{vmatrix}}{\begin{vmatrix} -2 & 3 \\ 3 & 1 \end{vmatrix}} = \frac{-20-60}{-11} = \frac{-80}{-11} = \frac{80}{11}\,[\text{A}]$$

그러므로 $I_1 = I_2 + I_3 = \frac{10}{11} + \frac{80}{11} = \frac{90}{11}$ [A]가 된다.

2. 폐로해석법

이 방법은 회로 내의 독립된 폐로에서 폐로전류를 가정하고, 이 전류의 방향에 따라 키르히호프의 전압방정식을 연립시켜 푸는 것이다. 이 폐로해석법은 독립된 폐로 수만큼의 방정식이 필요하게 된다.

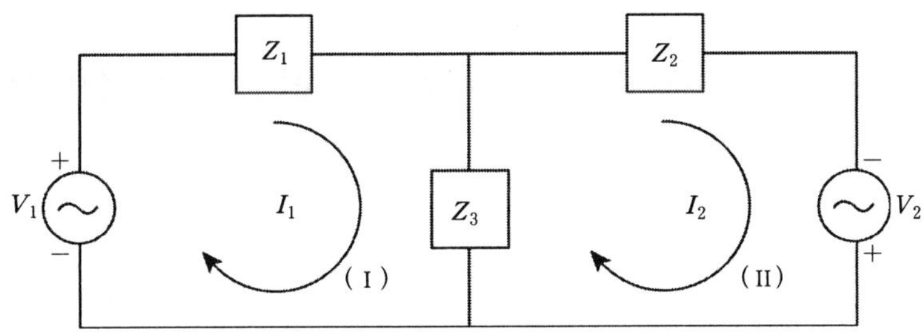

[그림 7-4]

[그림 7-4]와 같은 간단한 회로의 예를 들면 이 회로는 2개의 독립된 폐로를 가지고 있으므로 각각의 폐로전류를 시계방향으로 그림과 같이 I_1, I_2를 가정하면

$$\left.\begin{aligned} Z_1I_1 + Z_3(I_1 - I_2) = V_1 \\ Z_2I_2 + Z_3(I_2 - I_1) = V_2 \end{aligned}\right\} \tag{7-26}$$

이 식을 I_1, I_2에 대해 정리하면

$$\left.\begin{aligned}(Z_1+Z_3)I_1-Z_3I_2&=V_1\\-Z_3I_1+(Z_2+Z_3)I_2&=V_2\end{aligned}\right\}\qquad(7\text{-}27)$$

를 얻게 된다. 여기서

$$Z_{11}=Z_1+Z_3,\quad Z_{12}=-Z_3$$
$$Z_{21}=-Z_3,\quad Z_{22}=Z_2+Z_3$$

라 놓으면

$$\left.\begin{aligned}Z_{11}I_1+Z_{12}I_2&=V_1\\Z_{21}I_1+Z_{22}I_1&=V_2\end{aligned}\right\}\qquad(7\text{-}28)$$

로 나타낼 수 있다.

이때의 Z_{11}, Z_{22}를 각각 폐로 (Ⅰ) 및 (Ⅱ)의 자기 임피던스라 하며, 임피던스는 각 폐로를 구성하는 지로 임피던스의 총합이다. 또 Z_{12}, Z_{21}을 각각 폐로 (Ⅰ) 및 (Ⅱ)의 상호 임피던스라 하고, Z_{12}는 폐로 (Ⅱ)의 영향을 받는 폐로 (Ⅰ)의 임피던스, Z_{21}은 폐로 (Ⅰ)의 영향을 받은 폐로 (Ⅱ)의 임피던스이다. 이 상호 임피던스는 I_1과 I_2의 방향이 공통 임피던스에 대하여 같은 방향이면 (+)이고, 반대방향이면 (−)가 된다. 또한 V_1, V_2는 각 기전력의 총합들이면 가정한 폐로 전류와 같은 방향이면 (+)가 된다.

3. 절점해석법

이 해석법은 회로망 내의 어느 특정된 절점(접속점)을 기준절점으로 선정하고 이 기준절점에 대한 다른 절점(접속점의 절점)의 전압, 즉 절점전압을 미지수로 하여 각 절점(마디)에서 키르히호프의 제1법칙(전류법칙)을 세워 해석하는 것이다.

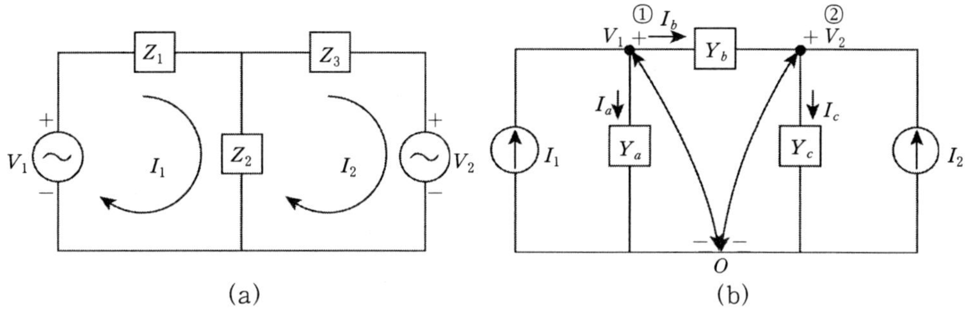

[그림 7-5]

따라서 방정식 수는 접속점에서 기준절점을 제외한 수만큼의 절점방정식(node equation)이 필요하게 된다. 이 절점방정식을 풀어 미지수인 절점전압을 구하면 회로망 내의 모든 해석이 가능하다. 회로를 폐로방정식으로 정리하였고 이 회로에 대한 쌍대회로를 (b)회로에 나타내었다.

쌍대회로에 대한 개념은 다음 절에서 설명한다. 그러므로 [그림 7-5] (b) 회로는 [그림 7-5] (a)의 전류전원으로 구동시키며 회로소자값이 어드미턴스로 표현되었고 접속점인 절점이 3개의 회로이다.

3개의 절점(1, 2, 0)에서 '0'을 기준절점으로 삼고, 이 기준절점에 대한 다른 두 절점의 전압을 미지수 V_1, V_2로 선택하면 우선 절점 1, 2에서의 전류방정식은

$$\left.\begin{aligned} I_1 - I_a - I_b = 0 \\ I_b - I_c + I_2 = 0 \end{aligned}\right\} \qquad (7\text{-}29)$$

이 되고, 이 식을 위해서 택한 절점전압 V_1, V_2로 표시하면

$$\left.\begin{aligned} I_1 - Y_a V_1 - Y_b(V_1 - V_2) = 0 \\ Y_b(V_1 - V_2) - Y_c V_2 + I_2 = 0 \end{aligned}\right\} \qquad (7\text{-}30)$$

이 되는데, 식 (7-30)을 정리하면

$$\left.\begin{aligned}(Y_a+Y_b)V_1-Y_bV_2&=I_1\\-Y_bV_1+(Y_b+Y_c)V_2&=I_2\end{aligned}\right\}\qquad(7\text{-}31)$$

여기서

$$\left.\begin{aligned}Y_{11}&=Y_a+Y_b\\Y_{22}&=Y_b+Y_c\\Y_{12}&=Y_{21}=-Y_b\end{aligned}\right\}\qquad(7\text{-}32)$$

라 놓으면

$$\left.\begin{aligned}Y_{11}V_1+Y_{12}V_2&=I_1\\Y_{21}V_1+Y_{22}V_2&=I_2\end{aligned}\right\}\qquad(7\text{-}33)$$

와 같이 절점방정식을 구할 수 있다.

여기서 Y_{11}, Y_{22}는 각 절점에 연결된 어드미턴스의 합인데 이를 절점, 절점 2의 자기 어드미턴스라 하고, Y_{12}, Y_{21}은 같은 값이며 상호 어드미턴스라 하여 항상 부(−)의 부호를 가진다(기준전압에 대한 절점전압을 정(+)으로 했을 때).

【예제 7-5】 [그림 7-6] 회로의 절점전압 V_1, V_2를 구하여라.

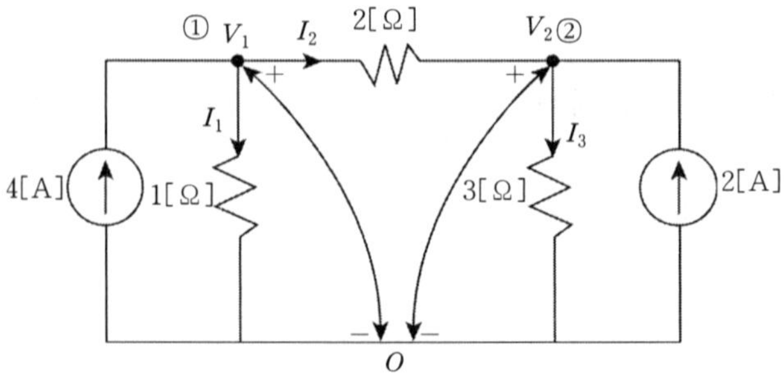

[그림 7-6]

〈풀이〉 먼저 V_1, V_2 마디에서 전류법칙을 적용하면

$4-I_1-I_2=1$ …… ①

$I_2-I_3+2=0$ …… ②

이 되고 절점전압 V_1, V_2로 표시하면

$4-V_1-2(V_1-V_2)=0$

$3V_1-2V_2=4$ …… ③

$2(V_1-V_2)-3V_2+2=0$

$-2V_1+5V_2=2$ …… ④

식 ③과 ④를 행렬식으로 풀면

$$V_1=\frac{\begin{vmatrix}4 & -2\\ 2 & 5\end{vmatrix}}{\begin{vmatrix}3 & -2\\ -2 & 5\end{vmatrix}}=\frac{20+4}{15-4}=\frac{24}{11}\,[\mathrm{V}]$$

$$V_2=\frac{\begin{vmatrix}3 & 4\\ -2 & 2\end{vmatrix}}{\begin{vmatrix}3 & -2\\ -2 & 5\end{vmatrix}}=\frac{6+8}{11}=\frac{14}{11}\,[\mathrm{V}]$$

7-4 쌍대회로

앞절에서 다룬 페로해석법과 절점해석법 사이에 유사성을 가지고 있음을 알 수 있다. 이 해석법들로부터 전압과 전류 임피던스와 어드미턴스를 바꾸어 놓아도 성립되는 새로운 관계식을 만족하는 전기회로가 있을 때, 이와 같은 2개의 회로는 쌍대회로(dual circuit)라 한다.

[그림 7-5]의 (a)와 (b)회로는 쌍대적이다. 왜냐하면 페로방정식 (7-27)과 절점방정식 (7-31)이 동일한 형식을 가지고 있기 때문이다. 또 [그림 7-7]에서 (a)와 (b)회로는 쌍대적이다.

그리고 [그림 7-8]은 쌍대회로를 그린 방법을 도시하였다.

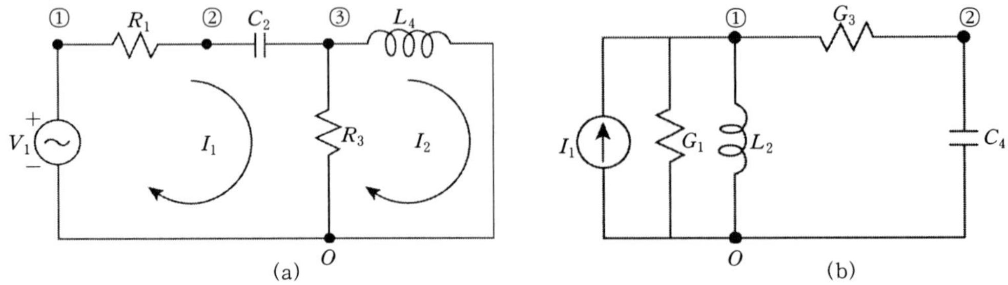

[그림 7-7]

[그림 7-7] (a)회로에 대한 폐로방정식은

$$\left(R_1+\frac{1}{j\omega C_2}+R_3\right)I_1-R_3I_2=V_{1-R_3}I_1(R_3+j\omega L_4)I_2=0 \quad (7\text{-}34)$$

이고, [그림 7-7] (b) 회로에 대한 절점방정식은

$$\left(G_1+\frac{1}{j\omega L_2}+G_3\right)V_1-G_3V_2=I_1-G_3V_1+(G_3+j\omega L_4)V_2=0 \quad (7\text{-}35)$$

이 되어, 이들 두 조의 방정식은 동일 형식을 가지고 있으므로 쌍대적이다. 쌍대회로는 등가회로와는 전혀 다르다는 것을 명심하여야 한다.

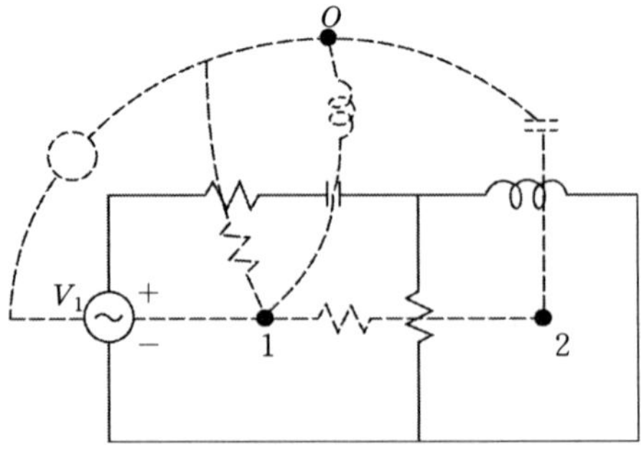

[그림 7-8]

쌍대회로를 구성하는 과정은 다음과 같다.

① 주어진 회로망에서 각 폐로 안에 하나씩 점을 찍고, 또 회로망 밖에 점 b 를 찍는다. 이들 각 점은 마디에 해당된다.

② 주어진 회로망 내의 점에서 반드시 하나의 소자를 거쳐 다른 점이나 외부와 연결한다. 즉 [그림 7-8]과 같이 전원을 포함한 모든 소자를 지나는 점선은 반드시 하나뿐이어야 한다.

③ 점선이 지나간 소자의 쌍대소자를 주어진 회로에 대응하는 쌍대회로의 절점 사이에 그려 넣는다.

〈표 7-1〉은 쌍대적인 관계를 나타내고 있다.

〈표 7-1〉

전압 V	전류 I	개 방	단 락
임피던스 Z	어드미턴스 Y	기준마디	기준폐로
저항 R	컨덕턴스 G	나무	보목
인덕턴스 L	정전용량 C	KCL	KVL
리액턴스 X	서셉턴스 B	컷셋	폐로
직렬접속	병렬접속	테브난의 정리	노튼의 정리
마디전압	폐로전류		

7-5 중첩의 정리

다수의 전압원과 전류원이 동시에 존재하는 선형회로망 내의 전압, 전류분포는 이들의 전압이나 전류원에 단독으로 그 위치에 존재할 때에 분포되는 전압, 전류를 합친 것과 같다. 이것을 중첩의 정리(principle of superposition)라고 한다. 여기서 전원을 단독으로 존재한다는 것은 다른 전원을 제거, 즉 전압원은 단락, 전류원은 개방한다는 것을 의미한다.

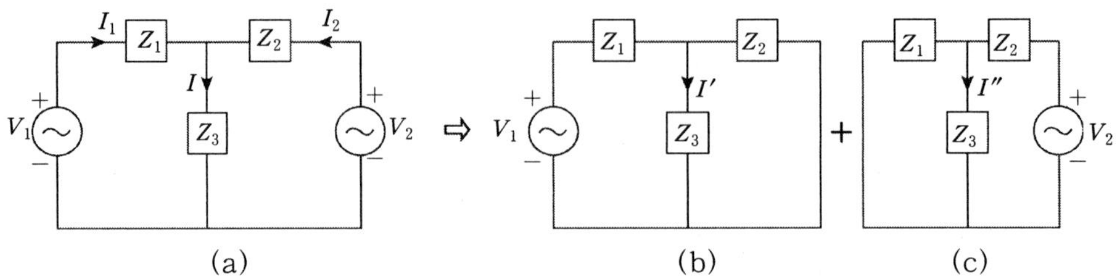

[그림 7-9]

[그림 7-9] (a)의 회로에 중첩의 원리를 적용시켜 임피던스 Z_3에 흐르는 전류 I를 구하여 보자. 먼저 V_2의 전압원을 단락 제거하면 그림 (b)와 같이 되므로 Z_3에 흐르는 전류를 I'라 하면

$$I' = \frac{V_1}{Z_1 + \frac{Z_2 Z_3}{Z_2 + Z_3}} \cdot \frac{Z_2}{Z_2 + Z_3} = \frac{Z_2 V_1}{Z_1 Z_2 + Z_2 Z_3 + Z_3 Z_1} \tag{7-36}$$

다음 V_1의 전압원을 단락 제거하면 그림 (c)와 같고 Z_3에 흐르는 전류를 I''라 하면

$$I'' = \frac{V_2}{Z_2 + \frac{Z_1 Z_3}{Z_1 + Z_3}} \cdot \frac{Z_1}{Z_1 + Z_3} = \frac{Z_1 V_2}{Z_1 Z_2 + Z_2 Z_3 + Z_3 Z_1} \tag{7-37}$$

와 같고, 따라서 Z_3에 흐르는 전류 I의 방향과 임의의 전류 I'와 I''의 방향이 같으므로 전류 I는

$$I = I' + I'' = \frac{Z_2 V_1 + Z_1 V_2}{Z_1 Z_2 + Z_2 Z_3 + Z_3 Z_1} \tag{7-38}$$

가 된다.

【예제 7-6】 [그림 7-10] 회로에서 중첩의 정리를 이용하여 2[Ω]에 흐르는 전류 I를 구하여라.

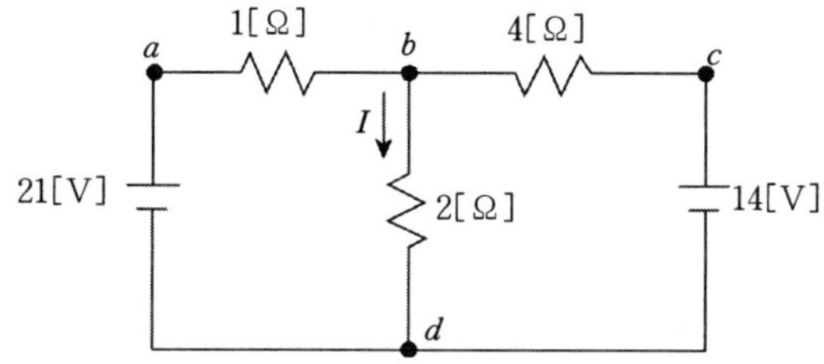

[그림 7-10]

〈풀이〉 ① 14[V]를 제거할 때 전류를 I'라 하면

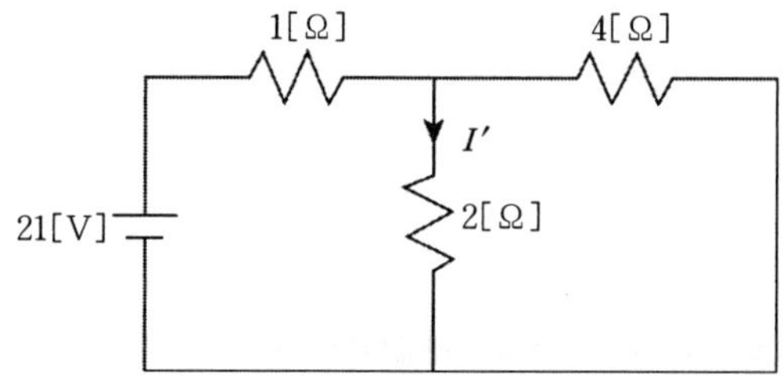

[그림 7-11]

$$I' = \frac{21}{1+\frac{2\times4}{2+4}} \cdot \frac{4}{2+4} = \frac{21\times6}{14} \cdot \frac{4}{6} = 6\,[\mathrm{A}]$$

② $V=21\,[\mathrm{V}]$를 제거할 때 전류 I''라 하면

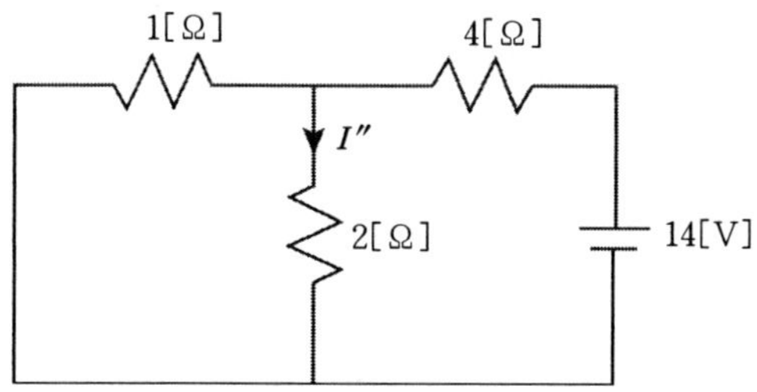

[그림 7-12]

$$I'' = \frac{14}{4+\frac{2\times 1}{2+1}} \cdot \frac{1}{2+1} = \frac{14}{4+\frac{2}{3}} \cdot \frac{1}{3} = \frac{14}{\frac{14}{3}} \cdot \frac{1}{3} = 1\,[\mathrm{A}]$$

$$\therefore \quad I = I' + I'' = 6 + 1 = 7\,[\mathrm{A}]$$

7-6 테브난의 정리

테브난의 정리(Thevenin's theorem)는 복잡한 회로망의 어느 특정된 한 지로의 전류나 또는 전압을 구하는 데 매우 편리한 방법이다.

[그림 7-13] (a)와 같이 전원을 포함하는 회로망, 즉 능동회로망에서 임의의 a, b 단자를 개방시킨 상태에서 개방전압 V_{ab}를 구하고 a, b에서 회로망쪽에서 임피던스 Z_{ab}(전원을 제거한 회로망, 즉 수동회로망)를 구하여 전압원 V_{ab}와 임피던스 Z_{ab}를 직렬접속한다. 따라서 [그림 7-13] (b)의 등가회로가 되고 부하 임피던스 Z_L을 a, b에 접속하면 전체 회로망이 직렬접속되므로 부하에 흐르는 전류는 다음과 같다.

$$I = \frac{V_{ab}}{Z_{ab} + Z_L} \tag{7-39}$$

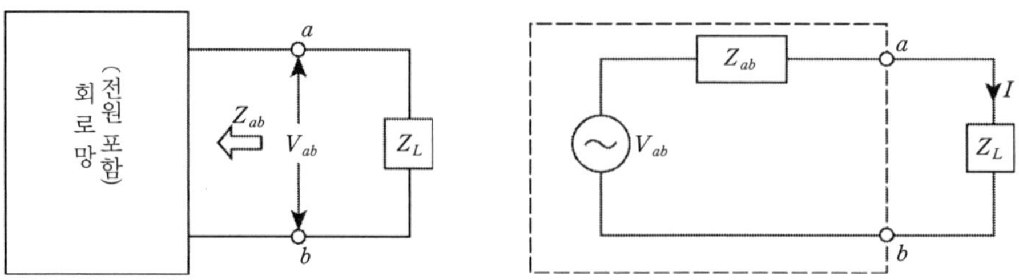

(a) (b)

[그림 7-13]

따라서 식 (7-39)를 테브난의 정리라 하며, [그림 7-13] (b)점선 내부를 테브난의 등가회로라고 한다.

【예제 7-5】 [그림 7-14] (a)의 회로망이 단자 a, b 사이에 4[Ω]의 저항을 접속했을 경우 4[Ω]에 흐르는 전류를 구하여라.

〈풀이〉 a, b의 개방전압 V_{ab}는

$$V_{ab}=\frac{3}{2+3}\times 5=3\,[\mathrm{V}]$$

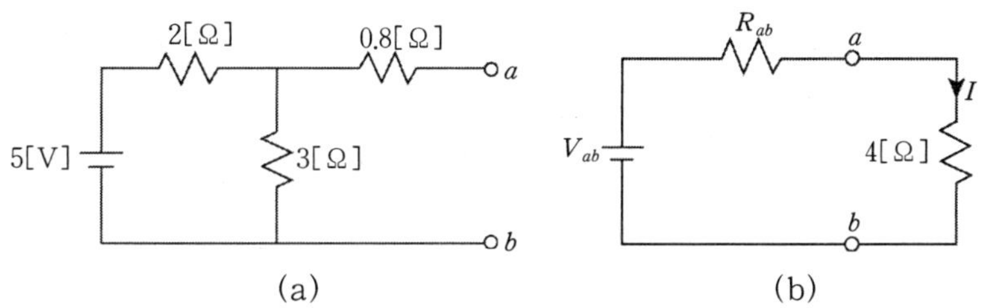

[그림 7-14]

5[V]의 전원을 단락 제거하고, 단자 a, b에서 본 합성저항 R_{ab}를 구하면

$$R_{ab}=\frac{2\times 3}{2+3}+0.8=2\,[\Omega]$$

따라서 등가회로는 그림 (b)와 같이 되고 전류 I는

$$I=\frac{V_{ab}}{R_{ab}+R_L}=\frac{3}{2+4}=\frac{3}{6}=0.5\,[\mathrm{A}]$$

7-7 노튼의 정리

[그림 7-15] (a)와 같은 능동회로망에서 임의의 a, b 단자를 단락했을 때 단

락전류 I_{ab}를 구하고 a, b에서 회로망 쪽의 어드미턴스 Y_{ab} 또는 Z_{ab}(전원을 제거한 회로망, 즉 수동회로망)를 구하여 전류원 I_{ab}와 어드미턴스 Y_{ab}를 병렬 접속한다. 따라서 [그림 7-15] (b)의 등가회로가 되고, 부하 어드미턴스 Y_L을 a, b에 접속하면 전체 회로망이 병렬접속되므로 전류 I는 다음과 같다.

$$I = \frac{Y_L}{Y_{ab} + Y_L} \cdot I_{ab} \tag{7-40}$$

따라서 [그림 7-15] (b)의 점선 내의 회로를 노튼(Noton)의 등가회로라 한다.

식 (7-27)은 테브난의 정리를 등가 전류원을 사용하여 나타낸 식이라 할 수 있고, 테브난의 등가회로와 노튼의 등가회로와는 서로 등가적으로 대치할 수 있다. 여기서 주의할 점은 어떤 회로망에 있어서 전원을 제거한다는 말은 전압원은 단락하고 전류원은 개방・제거함을 의미한다. 그리고 테브난의 등가회로를 노튼의 등가회로로 고치면 [그림 7-16]과 같다.

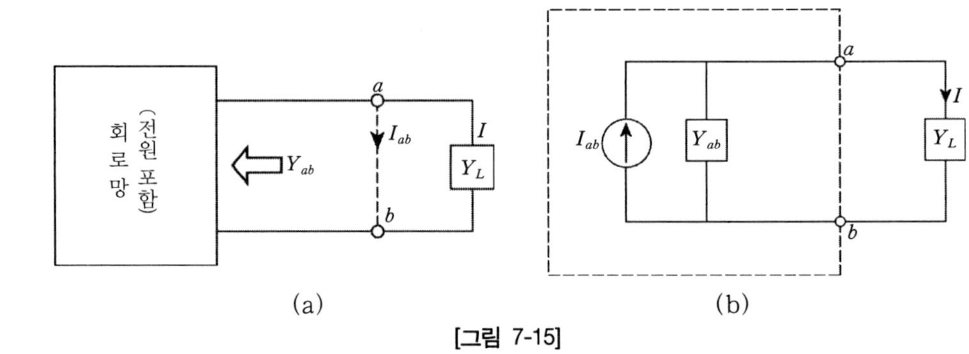

[그림 7-15]

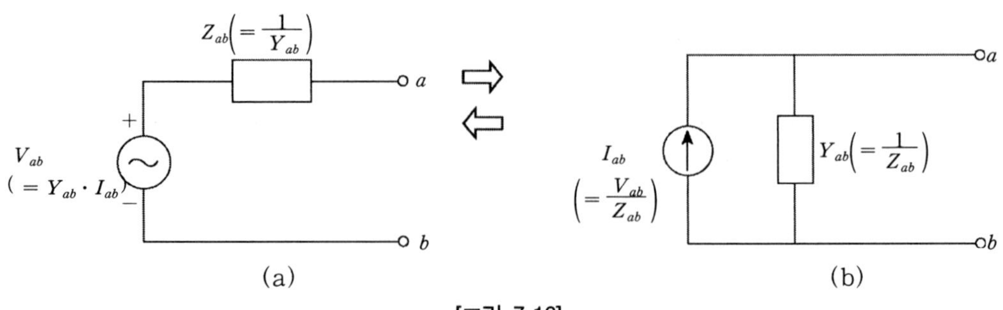

[그림 7-16]

7-8 밀만의 정리

회로망 내의 여러 개의 전압원이 병렬로 접속되어 있는 경우에 하나의 등가 전압원으로 변환시키기 위하여 밀만의 정리(Millman's theorem)를 사용한다. [그림 7-15] (a)와 같이 내부 임피던스를 가진 전압원이 n개 병렬로 접속되어 있을 때 단자 a, b 사이에 나타나는 전압 V_{ab}는 다음과 같다.

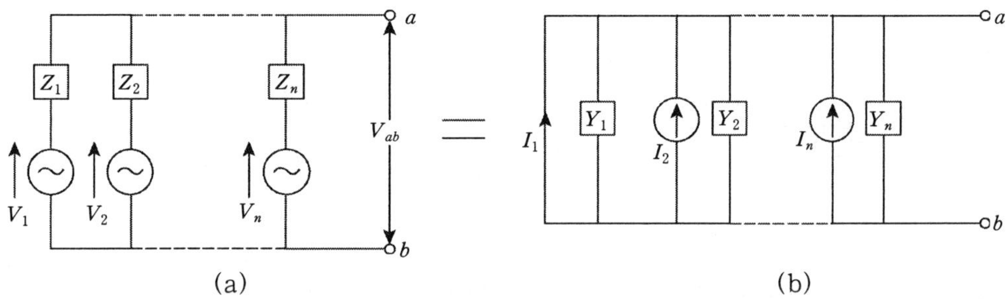

[그림 7-17]

$$V_{ab}=\frac{\frac{V_1}{Z_1}+\frac{V_2}{Z_2}+\cdots+\frac{V_n}{Z_n}}{\frac{1}{Z_1}+\frac{1}{Z_2}+\cdots+\frac{1}{Z_n}}=\frac{\sum_{k=1}^{n}\frac{V_k}{Z_k}}{\sum_{k=1}^{n}\frac{1}{Z_k}}\ [\mathrm{V}] \tag{7-41}$$

[그림 7-17] (a)를 (b)와 같이 등가전류원 회로로 변환하면 단자 a, b 사이에 전압 V_{ab}는

$$V_{ab}=\frac{I_1+I_2+\cdots I_n}{Y_1+Y_2+\cdots Y_n}=\frac{\sum_{k=1}^{n}I_k}{\sum_{k=1}^{n}Y_k} \tag{7-42}$$

가 된다. 식 (7-42)를 밀만의 정리(Millman's theorem)라 한다.

【예제 7-6】 [그림 7-18]에서 a, b에 걸리는 전압 V_{ab}를 구하여라.

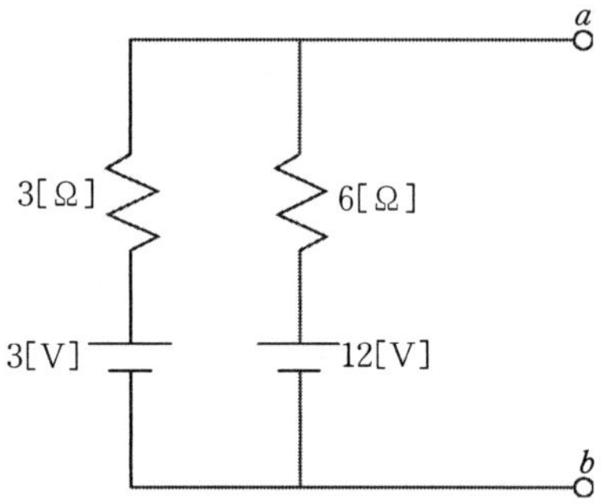

[그림 7-18]

〈풀이〉 $V_{ab}=\dfrac{I_1+I_2}{Y_1+Y_2}=\dfrac{\dfrac{V_1}{Z_1}+\dfrac{V_3}{Z_2}}{\dfrac{1}{Z_1}+\dfrac{1}{Z_2}}=\dfrac{\dfrac{3}{3}+\dfrac{12}{6}}{\dfrac{1}{3}+\dfrac{1}{6}}=\dfrac{18}{3}=6\ [\text{V}]$

7-9 가역정리

가역정리(reciprocity theorem)는 상반정리라고도 하며 선형, 쌍방향, 수동소자로 된 회로망의 한 지로에 전압원을 삽입할 때 다른 임의의 지로에 흐르는 전류는 후자(後者)의 지로에 동일한 전압원을 삽입할 때 전자(前者)의 지로에 흐르는 전류와 같다.

[그림 7-19]와 같은 1개만의 전압원을 갖는 회로에서 제1폐로의 전압원 V_1에 의하여 제2폐로에 흐르는 전류를 I_2라 하고, 제1폐로의 전압원 V_1을 제거하여 제2폐로 V_2'를 삽입하였을 때 제1폐로에 흐르는 전류를 I_1'이라 하면 다음과 같은 식이 성립된다.

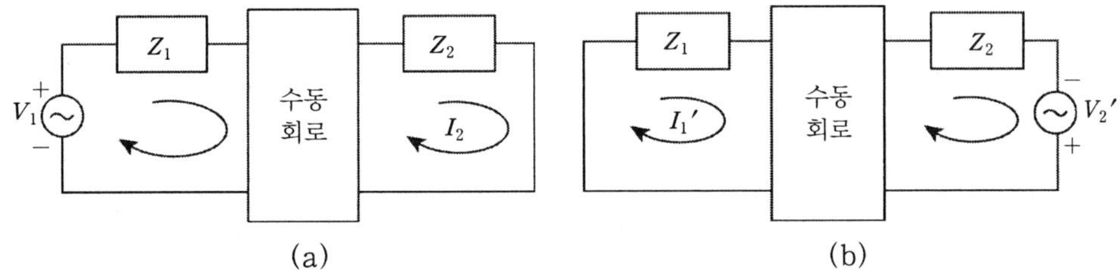

[그림 7-19]

$$V_1 I_1' = V_2' I_2 \tag{7-43}$$

식 (7-43)을 증명하기 위하여 [그림 7-19]와 같이 전원을 포함하지 않는 수동회로에서 지로 1, 2를 끌어내어 그림 (a)와 같이 지로 1에 직렬로 전압원 V_1을 가했을 때 각 지로에 I_1, I_2, ⋯, I_n의 전류가 흘렀다고 하면 임피던스 행렬은 다음과 같다.

$$\begin{bmatrix} V \\ 0 \\ \vdots \\ 0 \end{bmatrix} = \begin{bmatrix} z_{11} & z_{12} & \cdots & z_{1n} \\ z_{21} & z_{22} & \cdots & z_{2n} \\ \vdots & \vdots & \cdots & \vdots \\ z_{n1} & z_{n2} & \cdots & z_{nn} \end{bmatrix} \begin{bmatrix} I_1 \\ I_2 \\ \vdots \\ I_n \end{bmatrix} \tag{7-44}$$

식 (7-44)에서 2지로의 전류 I_2는 크래머(Cramer)의 법칙을 적용하면

$$I_2 = \frac{\begin{vmatrix} z_{11} & z_{12} & \cdots & z_{1n} \\ z_{21} & z_{22} & \cdots & z_{2n} \\ \vdots & \vdots & \cdots & \vdots \\ z_{n1} & z_{n2} & \cdots & z_{nn} \end{vmatrix}}{\Delta} = \frac{\Delta_{12} V_1}{\Delta} \tag{7-45}$$

단,

$$\Delta = \begin{vmatrix} z_{11} & z_{12} & \cdots & z_{n1} \\ z_{21} & z_{22} & \cdots & z_{n2} \\ \vdots & \vdots & \cdots & \vdots \\ z_{1n} & z_{2n} & \cdots & z_{nn} \end{vmatrix} \neq 0$$

$$\Delta = \begin{vmatrix} z_{21} & z_{23} & \cdots & z_{2n} \\ z_{31} & z_{33} & \cdots & z_{3n} \\ \vdots & \vdots & \cdots & \vdots \\ z_{n1} & z_{n3} & \cdots & z_{nn} \end{vmatrix}$$

이다. 또한, [그림 7-19] (b)와 같이 지로 2에 직렬로 전압원 V_2'를 가했을 때 각 지로에 I_1', I_2', $\cdots$, I_n'의 전류가 흘렀다고 하면 식 (7-44)와 마찬가지로 다음과 같이 표시할 수 있다.

$$\begin{bmatrix} 0 \\ V_2' \\ \vdots \\ 0 \end{bmatrix} = \begin{bmatrix} z_{11} & z_{12} & \cdots & z_{1n} \\ z_{21} & z_{22} & \cdots & z_{2n} \\ \vdots & \vdots & \cdots & \vdots \\ z_{n1} & z_{n2} & \cdots & z_{nn} \end{bmatrix} \begin{bmatrix} I_1' \\ I_2' \\ \vdots \\ I_n' \end{bmatrix} \tag{7-46}$$

따라서 지로 1에 흐르는 전류 I_1'는

$$I_1' = \frac{\begin{vmatrix} 0 & z_{12} & \cdots & z_{1n} \\ V_2' & z_{22} & \cdots & z_{2n} \\ \vdots & \vdots & \cdots & \vdots \\ 0 & z_{n2} & \cdots & z_{nn} \end{vmatrix}}{\Delta} = \frac{\Delta_{21} V_2'}{\Delta} \tag{7-47}$$

단,

$$\Delta_{21} = \begin{vmatrix} z_{12} & z_{13} & \cdots & z_{1n} \\ z_{32} & z_{33} & \cdots & z_{3n} \\ \vdots & \vdots & \cdots & \vdots \\ z_{n2} & z_{n3} & \cdots & z_{nn} \end{vmatrix}$$

이다. 식 (7-45)와 식(7-47)로부터 다음 관계식이 성립한다.

$$\frac{\Delta_{12} V_1}{I_2} = \frac{\Delta_{21} V_2'}{I_1'} \tag{7-48}$$

위 식에서 선형 회로망에서 임피던스 행렬이 대칭 행렬이 되고 상호 임피던스 $Z_{12} = Z_{21}$의 관계가 있으므로 $\Delta_{12} = \Delta_{21}$이 된다. 따라서 식 (7-48)은

$$\frac{V_1}{I_1} = \frac{V_2{}'}{I_1{}'}$$

$$\therefore V_1 I' = V_2{}' I_2 \tag{7-49}$$

이 되어 식 (7-43)이 성립함을 알 수 있다.

연·습·문·제

(1) 실제적인 전압원을 나타내는 전압-전류 특성곡선을 그리시오.

(2) [그림 7-20] (a), (b)와 같은 특성을 갖는 전압원은 다음 중 어느 것에 속하는가?

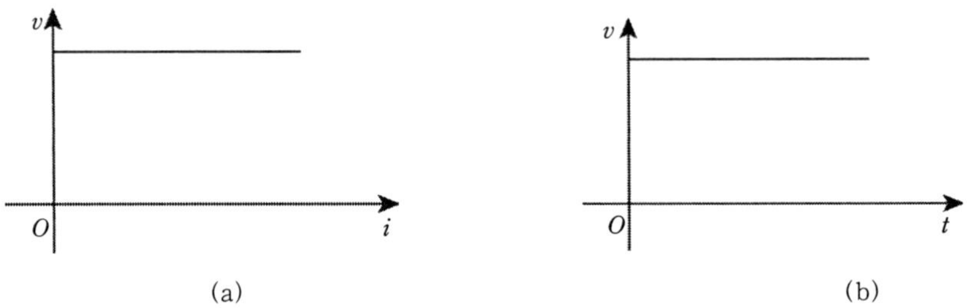

[그림 7-20]

① 시변 · 선형소자　　② 시불변 · 선형소자
③ 시변 · 비선형소자　　④ 시불변 · 비선형소자

(3) [그림 7-21]과 같은 회로에서 $V_0 = 10\,[\mathrm{V}]$, $R_a = 2[\Omega]$, $R_b = 1[\Omega]$이다. V_1 및 V_2의 전압은?

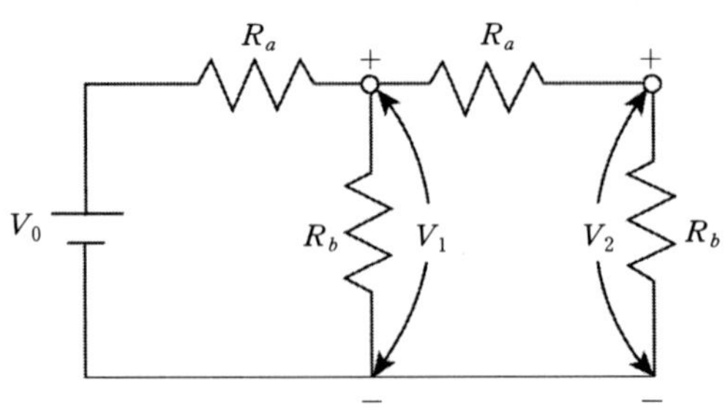

[그림 7-21]

(4) [그림 7-22]와 같은 회로에서 I_a를 구하기 위해서 폐로전류를 그림과 같이 설정하고 방정식을 세우면

$$a_{11}I_1 + a_{12}I_2 + a_{13}I_3 = 10$$
$$-2I_1 + 5I_2 + a_{23}I_3 = 0$$
$$-2I_1 - I_2 + a_{33}I_3 = 0$$

이 된다. a_{11}, a_{12}, a_{13}, a_{23}, a_{33}을 구하여라.

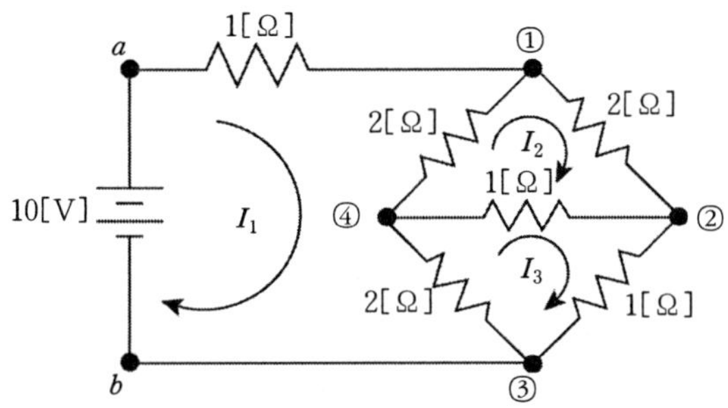

[그림 7-22]

(5) [그림 7-23]과 같은 회로의 컨덕턴스 G_2에 흐르는 전류는?

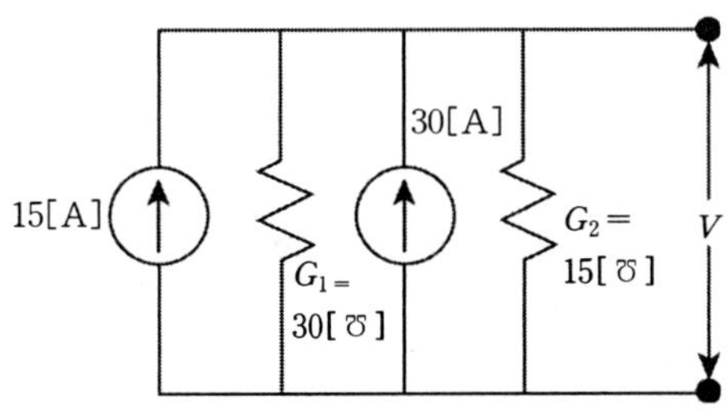

[그림 7-23]

(6) [그림 7-24]와 같은 회로에서 2[Ω]의 단자전압은?

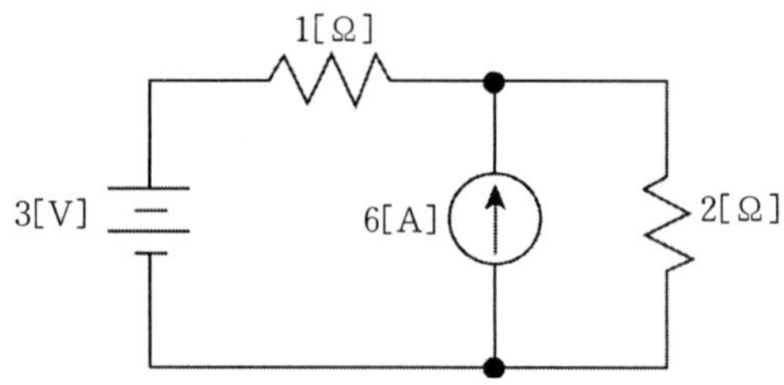

[그림 7-24]

(7) [그림 7-25]와 같은 회로망을 테브난의 등가회로로 변환할 때 a, b 단자에서 본 등가전압원의 값 [V]은?

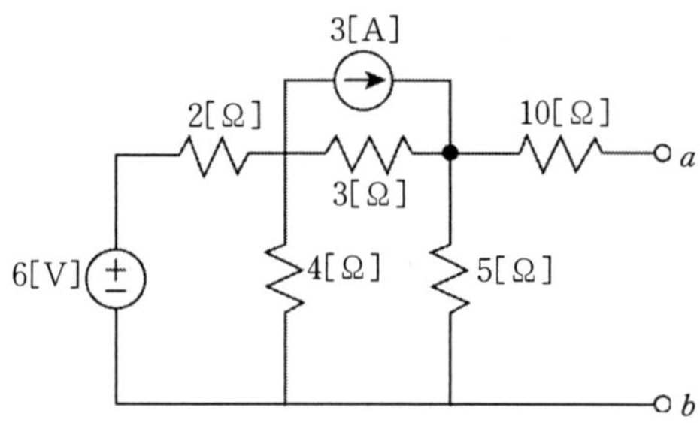

[그림 7-25]

(8) [그림 7-26]과 같은 회로에서 전류 I[A]를 구하면?

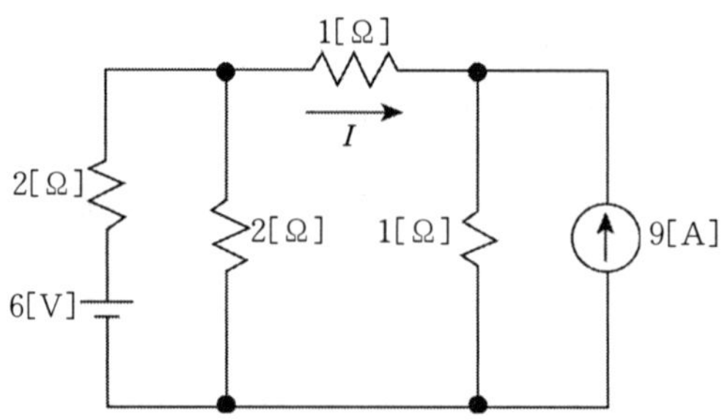

[그림 7-26]

(9) [그림 7-27] (a)와 같은 회로를 (b)와 같은 등가전압원과 직렬저항으로 변환시켰을 때 V_s 및 R_s의 값은?

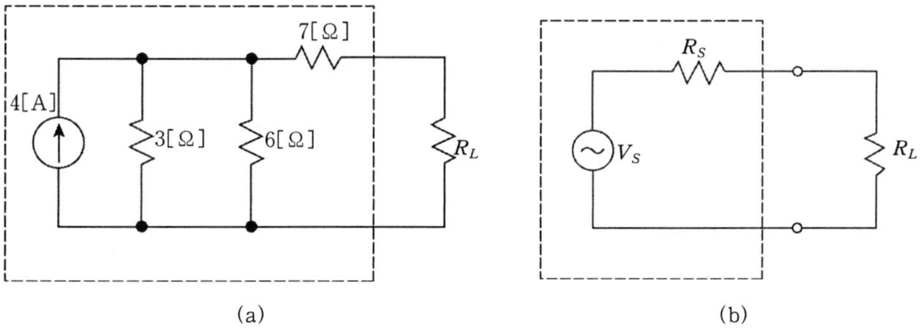

[그림 7-27]

(10) [그림 7-28]과 같은 회로에서 저항 2.6[Ω]에 흐르는 전류 [A]는?

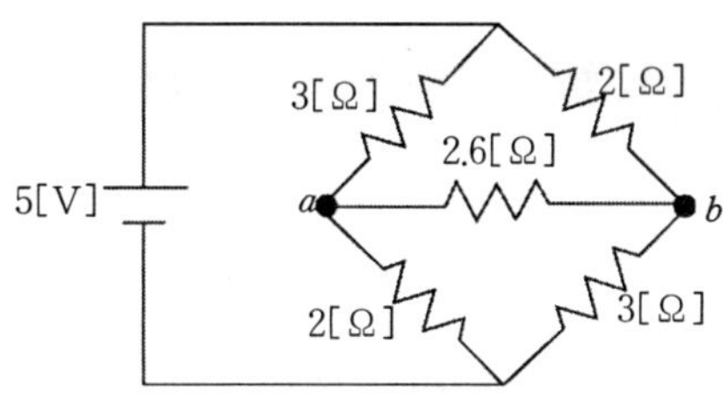

[그림 7-28]

(11) [그림 7-29]와 같이 2개의 회로망 N_1과 N_2가 있다. a, b 단자, a', b' 단자의 각각의 전압은 50[V], 30[V]이다. 또 양단자에서 N_1, N_2를 본 임피던스가 15[Ω]과 25[Ω]이다. a의 a', b'와 b'를 연결하면 이때 흐르는 전류 [A]는?

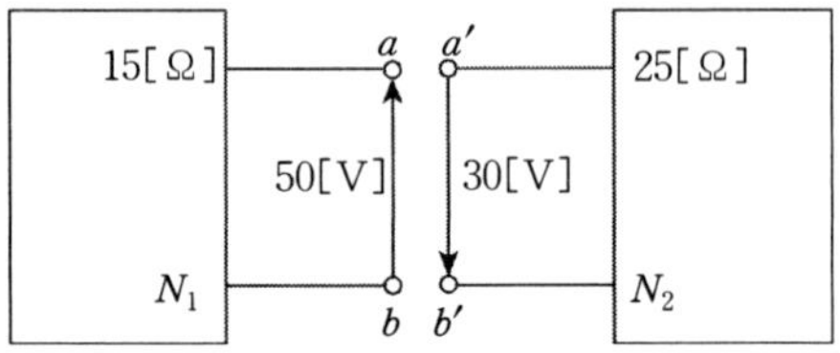

[그림 7-29]

(12) [그림 7-30]과 같은 회로에서 단자 a, b에 나타나는 전압 V_{ab}는 몇 [V]인가?

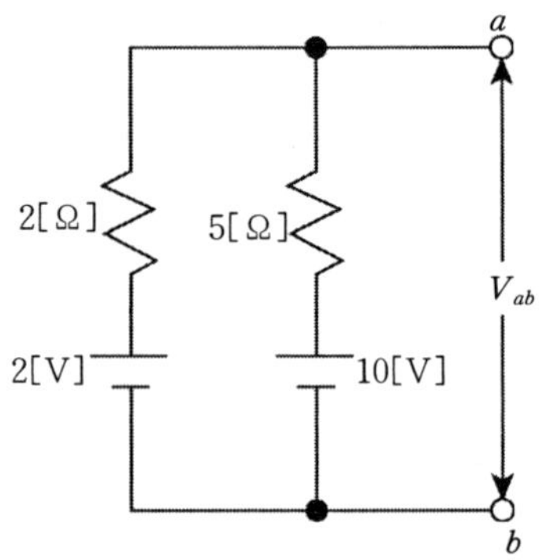

[그림 7-30]

(13) [그림 7-31]과 같은 회로의 쌍대회로는?

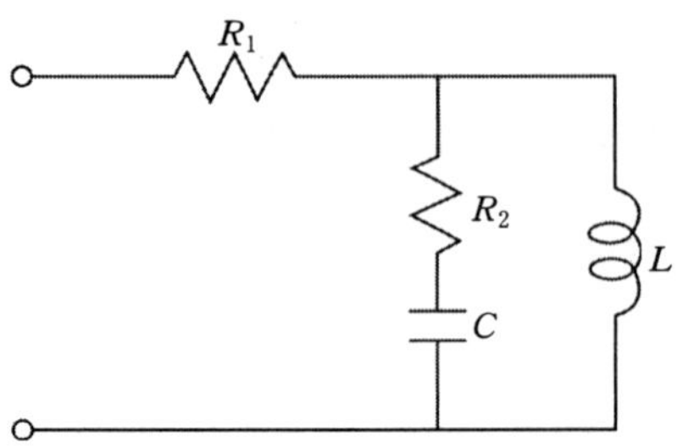

[그림 7-31]

(14) [그림 7-32]의 그래프에서 독립마디(node) 짝의 전압을 얻기 위하여 나뭇가지(1, 3, 5)를 선택했을 때 컷셋(cut-set)은?

① 2, 5, 3　　② 1, 5, 4

③ 1, 3, 5　　④ 2, 5, 4

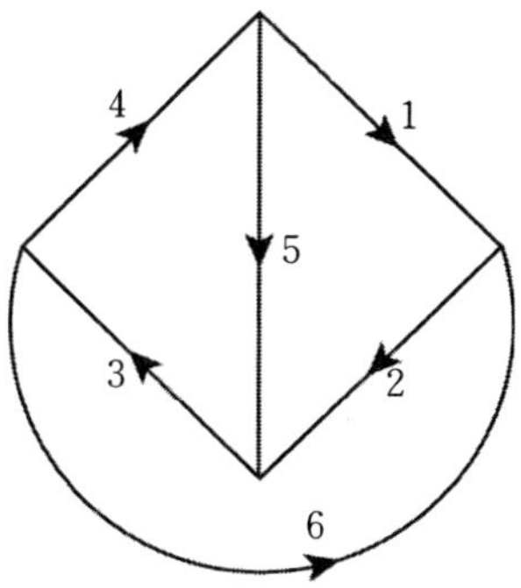

[그림 7-32]

(15) [그림 7-33]과 같은 회로에서 단자 a, b간의 전압 V_{ab}[V]는?

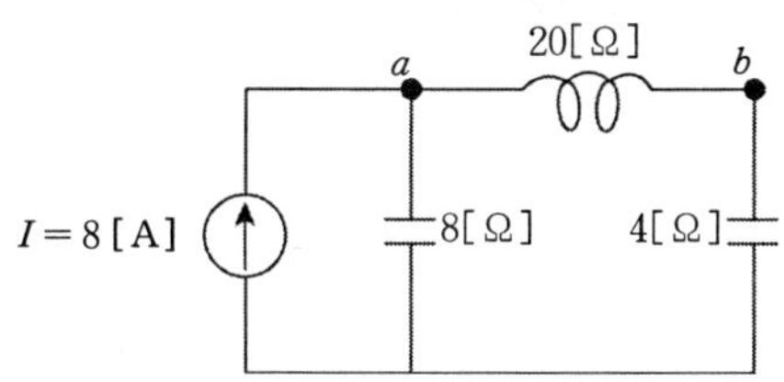

[그림 7-33]

(16) [그림 7-34]의 회로에서 단자 b, c에 걸리는 전압 V_{bc}[V]는?

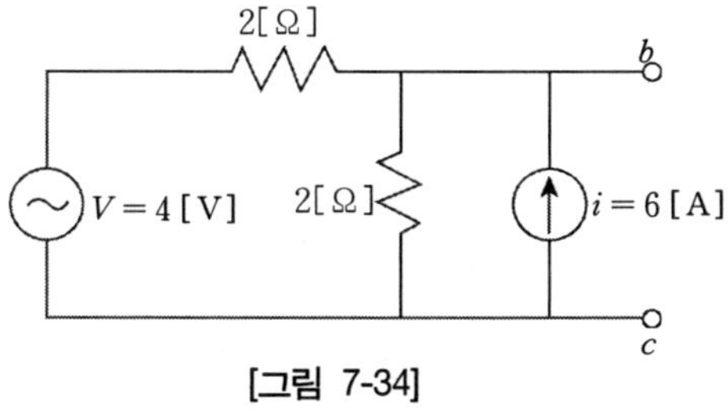

[그림 7-34]

제 8 장

3상 회로

8-1 대칭 3상 교류

1. 대칭 3상 교류 기전력

[그림 8-1] (a)는 3상 교류 발전기의 원리를 나타내는 그림이다.

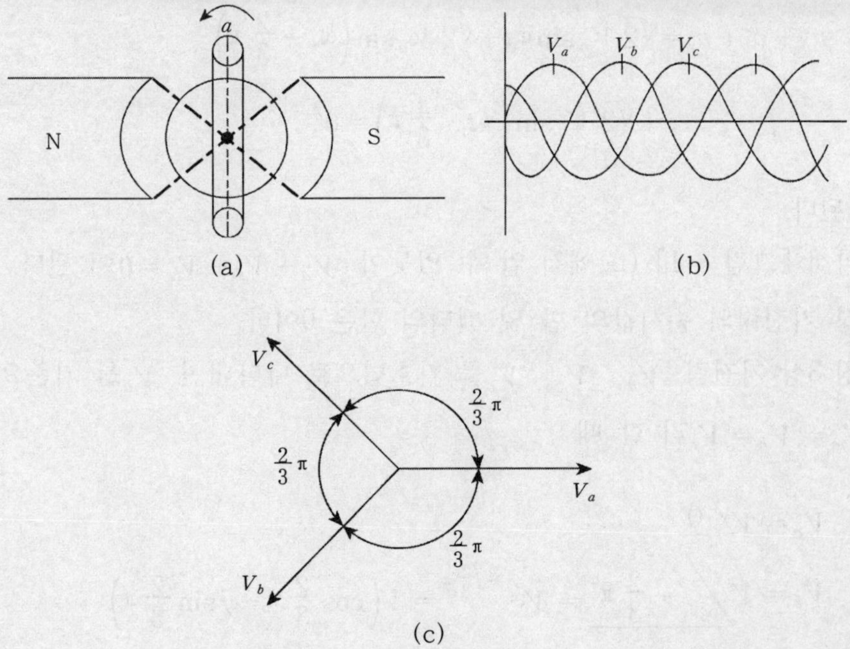

[그림 8-1]

코일 a, b, c를 그림과 같이 공간적으로 $\frac{2}{3}\pi$ [rad]의 간격을 두고 배치하여 이들을 자계 내에서 반시계 방향으로 회전시키면 각 코일에서는 서로 전기적으로 $\frac{2}{3}\pi$ [rad]만큼 위상차가 있는 3개의 기전력 v_a, v_b, v_c가 발생한다.

$$\left.\begin{aligned} v_a &= \sqrt{2}\,V_a \sin\omega t \\ v_b &= \sqrt{2}\,V_b \sin\left(\omega t - \frac{2}{3}\pi\right) \\ v_c &= \sqrt{2}\,V_c \sin\left(\omega t - \frac{4}{3}\pi\right) \end{aligned}\right\} \tag{8-1}$$

여기서 V_a, V_b, V_c는 실효값이 되며 V_a를 기준으로 하여 벡터 그림으로 나타내면 [그림 8-1] (b)과 같이 된다.

이와 같이 각 전압의 크기가 같고 서로 $\frac{2}{3}\pi$만큼씩 위상차가 있는 것을 대칭 3상 교류라 한다. 이때 각 순시기전력의 합은

$$\begin{aligned} v_a + v_b + v_c = \sqrt{2}\,V_a \sin\omega t + \sqrt{2}\,V_b \sin\left(\omega t - \frac{2}{3}\pi\right) \\ + \sqrt{2}\,V_c \sin\left(\omega t - \frac{4}{3}\pi\right) = 0 \end{aligned}$$

으로 된다.

따라서 [그림 8-1] (b)에서 알 수 있듯이 $V_a + V_b + V_c = 0$이 된다. 즉 대칭 3상 기전력의 순시값의 합 및 벡터의 합은 0이다.

대칭 3상 기전력 V_a, V_b, V_c를 기호법으로 나타내면 V_a를 기준으로 하고 $V_a = V_b = V_c$라 할 때

$$V_a = V\angle 0^\circ$$

$$V_b = V\angle -\frac{2}{3}\pi = V\varepsilon^{-j\frac{2}{3}\pi} = V\left(\cos\frac{2}{3}\pi - j\sin\frac{2}{3}\pi\right)$$

$$= V\left(-\frac{1}{2} - j\frac{\sqrt{3}}{2}\right)$$

$$V_c = V\angle -\frac{4}{3}\pi = V\varepsilon^{-j\frac{4}{3}\pi} = V\left(\cos\frac{4}{3}\pi - j\sin\frac{4}{3}\pi\right)$$

$$= V\left(-\frac{1}{2} + j\frac{\sqrt{3}}{2}\right) \qquad (8\text{-}2)$$

으로 된다.

3상 회로에서는 이것을 간단히 표시하기 위하여

$$\left.\begin{aligned} a &= \varepsilon^{j\frac{2}{3}\pi} = \cos\frac{2}{3}\pi + j\sin\frac{2}{3}\pi = -\frac{1}{2} + j\frac{\sqrt{3}}{2} \\ a^2 &= \varepsilon^{j\frac{4}{3}\pi} = \cos\frac{4}{3}\pi + j\sin\frac{4}{3}\pi = -\frac{1}{2} - j\frac{\sqrt{3}}{2} \end{aligned}\right\} \qquad (8\text{-}3)$$

과 같이 페이저 연산자를 도입하면 식 (8-2)는

$$V_a = V, \quad V_b = a^2 V, \quad V_c = aV \qquad (8\text{-}4)$$

가 된다.

8-2 평형 3상 회로

1. Y결선의 전압과 전류

[그림 8-2]에서 $a-0$, $b-0$, $c-0$ 사이의 전압 V_a, V_b, V_c를 상전압(phase voltage)이라 하면 3선의 선간, 즉 $a-b$, $b-c$, $c-a$ 사이의 전압 V_{ab}, V_{bc}, V_{ca}를 선간전압(line voltage)이라 한다. 이들 사이에는 다음과 같은 관계가 있다.

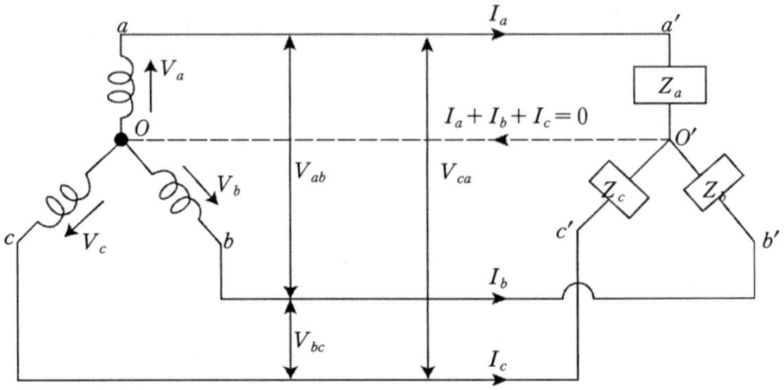

[그림 8-2]

$$\left.\begin{aligned} V_{ab} &= V_a - V_b \\ V_{bc} &= V_b - V_c \\ V_{ca} &= V_c - V_a \end{aligned}\right\} \tag{8-5}$$

식 (8-4)로부터

$$\left.\begin{aligned} V_{ab} &= V_a - a^2 V_a = V_a(1-a^2) \\ V_{bc} &= V_b - a^2 V_b = V_b(1-a^2) \\ V_{ca} &= V_c - a^2 V_c = V_c(1-a^2) \end{aligned}\right\} \tag{8-6}$$

이 된다. $1-a^2=X$ 라 하면 $X=1-\left(-\frac{1}{2}-j\frac{\sqrt{3}}{2}\right)=\frac{3}{2}+j\frac{\sqrt{3}}{2}$ 이 되며 X 의 절대값 $|X|=\sqrt{\left(\frac{3}{2}\right)^2+\left(\frac{\sqrt{3}}{2}\right)^2}=\sqrt{3}$, X의 위상각 $\Theta=\tan^{-1}\frac{\sqrt{3}}{3}=\tan^{-1}\frac{1}{\sqrt{3}}=\frac{\pi}{6}$ 가 되므로

$$\left.\begin{aligned} V_{ab} &= \sqrt{3}\, V_a \angle \frac{\pi}{6} \\ V_{bc} &= \sqrt{3}\, V_b \angle \frac{\pi}{6} \\ V_{ca} &= \sqrt{3}\, V_c \angle \frac{\pi}{6} \end{aligned}\right\} \tag{8-7}$$

이 된다. 따라서 선간전압을 V_l[V], 상전압을 V_p[V]라 하면

$$V_{ab} = V_{bc} = V_{ca} = V_l, \quad V_a = V_b = V_c = V_p$$

로 되므로

$$V_l = \sqrt{3}\, V_p \angle \frac{\pi}{6} \tag{8-8}$$

위상은 30°만큼 앞선다. 즉 선간전압은 상전압보다 크기는 $\sqrt{3}$ 배가 되고 전원 및 부하의 각 상에 흐르는 전류를 상전류라고 하고, 각 선 $a-a'$, $b-b'$, $c-c'$에 흐르는 전류를 선전류라 한다. Y결선시 선전류 (I_l)은 상전류 (I_p)와 같다. 즉 $I_l = I_p$, 각 상의 부하 임피던스 $Z = R + jx$ 라 하고, 그 위상각 $\Theta = \tan^{-1}\frac{X}{R}$ [rad]가 되므로

$$\left.\begin{aligned} I_a &= \frac{V_a}{Z} = \frac{V_a}{Z} \angle -\Theta \text{ [A]} \\ I_b &= \frac{V_b}{Z} = \frac{V_b}{Z} \angle -\Theta - \frac{2}{3}\pi \text{ [A]} \\ I_c &= \frac{V_c}{Z} = \frac{V_c}{Z} \angle -\Theta - \frac{4}{3}\pi \text{ [A]} \end{aligned}\right\} \tag{8-9}$$

로 나타낸다.

그러나 평형대칭부하의 각 상의 전압과 전류의 크기가 모두 같기 때문에 a, b, c 상 중 1상을 $0-0'$의 중성점으로 분리하면 등가회로는 [그림 8-3]

과 같이 단상의 회로가 된다. 따라서 선전류는

$$I_a = \frac{V_a}{Z} = \frac{\text{상전압}}{\text{임피던스}}\,[\mathrm{A}] \tag{8-10}$$

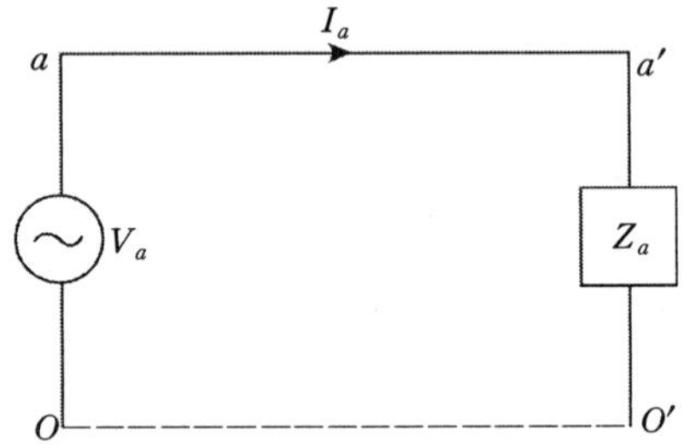

[그림 8-3]

가 되며, I_b와 I_c는 I_a보다 위상각만 $\frac{2}{3}\pi$씩 뒤지면 되고, 이들 관계를 벡터 그림으로 표시하면 [그림 8-4]와 같다.

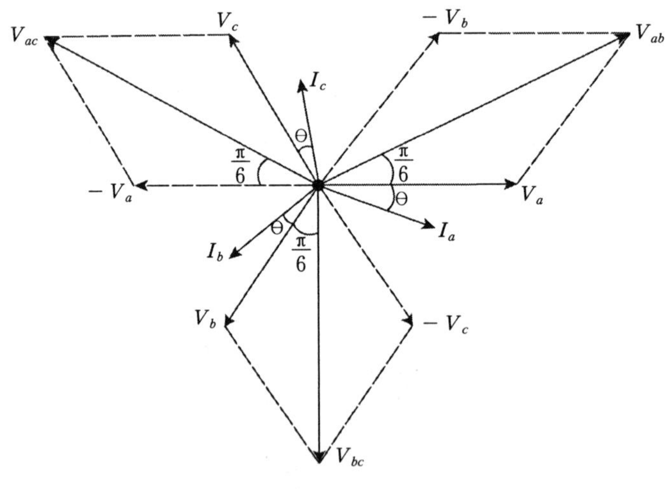

[그림 8-4]

2. Δ결선의 전압과 전류

[그림 8-5]에서 알 수 있듯이 선간전압과 상전압은 같다.

즉 $V_{ab}=V_a$, $V_{bc}=V_b$, $V_{ca}=V_c$, 따라서 선간전압을 V_l[V], 상전압을 V_p[V]로 하면

$$V_l = V_p \tag{8-11}$$

가 된다.

그러므로 Δ결선시는 Y결선과는 반대로 선전류와 상전류가 같지 않다.

[그림 8-5]에서 부하 임피던스 $Z=R+jX\,[\Omega]$, 위상각 $\theta=\tan^{-1}\dfrac{X}{R}$라 하고, 상전류 I_{ab}, I_{bc}, I_{ca}라 하면

$$\left.\begin{aligned} &\frac{V_a}{Z}=\frac{V_a}{Z}\angle -\theta,\ \frac{V_b}{Z}=\frac{V_b}{Z}\angle -\theta-\frac{2}{3}\pi \\ &\frac{V_c}{Z}=\frac{V_c}{Z}\angle -\theta-\frac{4}{3}\pi \end{aligned}\right\} \tag{8-12}$$

가 되며 선전류 I_a, I_b, I_c는

$$\left.\begin{aligned} I_a &= I_{ab}-I_{ca}=I_{ab}(1-a) \\ I_b &= I_{bc}-I_{ab}=I_{bc}(1-a) \\ I_c &= I_{ca}-I_{bc}=I_{ca}(1-a) \end{aligned}\right\} \tag{8-13}$$

가 된다. 여기서 $(1-a)$를 풀면 크기는 $\sqrt{3}$ 이 되고, 위상각 $\theta=-\dfrac{\pi}{6}$가 되므로

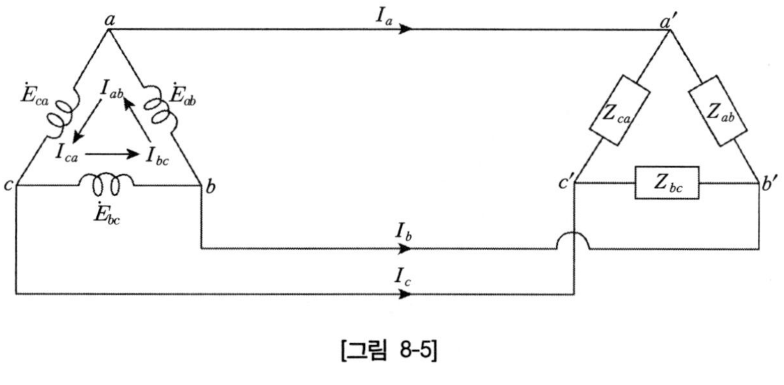

[그림 8-5]

$$\left.\begin{aligned} I_a &= \sqrt{3}\, I_{ab} \angle -\frac{\pi}{6} \\ I_b &= \sqrt{3}\, I_{bc} \angle -\frac{\pi}{6} \\ I_c &= \sqrt{3}\, I_{ca} \angle -\frac{\pi}{6} \end{aligned}\right\} \qquad (8\text{-}14)$$

가 된다.

따라서 선전류를 I_l[A], 상전류를 I_p[A]라 하면

$$I_{ab} = I_{bc} = I_{ca} = I_p, \quad I_a = I_b = I_c = I_l$$

로 되므로

$$I_l = \sqrt{3}\, I_p \angle -\frac{\pi}{6} \qquad (8\text{-}15)$$

가 된다.

즉 선전류는 상전류보다 크기는 $\sqrt{3}$ 배만큼 크고 위상각 θ는 $\frac{\pi}{6}$만큼 뒤진다. 또한 이들 관계를 벡터 그림으로 표시하면 [그림 8-6]과 같다.

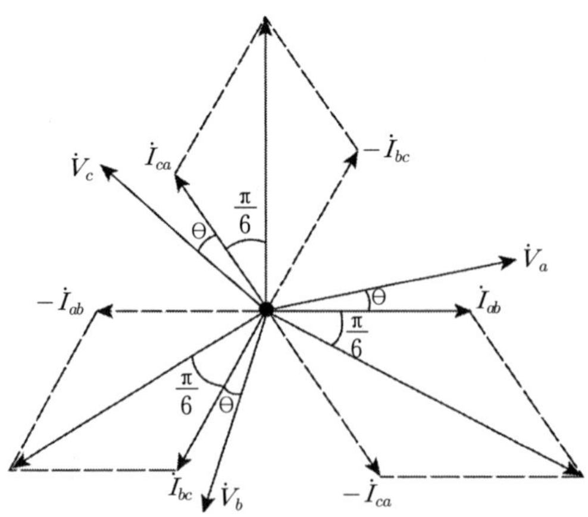

[그림 8-6]

【예제 8-1】 대칭 3상 Y결선에서 선간전압이 $100\sqrt{3}$[V]이고 각 상의 $Z=30+j40$[Ω]의 평형부하일 때 각각의 선전류를 구하여라.

〈풀이〉 Y결선시 전류 I_a는

$$I_a=\frac{V_a}{Z}=\frac{\text{상전압}}{\text{임피던스}}=\frac{100}{\sqrt{30^2+40^2}\angle\tan^{-1}\frac{4}{3}}$$

$$=2\angle-53.1^\circ\,[\mathrm{A}]$$

$$I_b=2\angle-53.1^\circ-120^\circ=2\angle-173.1^\circ\,[\mathrm{A}]$$

$$I_c=2\angle-53.1^\circ-240^\circ=2\angle-66.9^\circ\,[\mathrm{A}]$$

8-3 Y결선과 Δ 결선의 환산

1. Δ결선을 Y결선으로 환산

[그림 8-7] (a)의 Δ결선과 그림 (b)의 Y결선의 a, b, c 세 단자에 각각 전압을 가할 때, 두 회로에 흘러들어가는 전류가 같으면 두 회로는 서로 등가인 회로라고 할 수 있다. 따라서 이때 그림 (a)와 (b)의 $a-b$, $b-c$, $c-a$ 세 단자에서 본 임피던스는 다음과 같다.

$$Z_a+Z_b=\frac{Z_{ab}(Z_{bc}+Z_{ca})}{Z_{ab}+Z_{bc}+Z_{ca}} \tag{8-16}$$

$$Z_b+Z_c=\frac{Z_{bc}(Z_{ca}+Z_{ab})}{Z_{ab}+Z_{bc}+Z_{ca}} \tag{8-17}$$

$$Z_c+Z_a=\frac{Z_{ca}(Z_{ab}+Z_{bc})}{Z_{ab}+Z_{bc}+Z_{ca}} \tag{8-18}$$

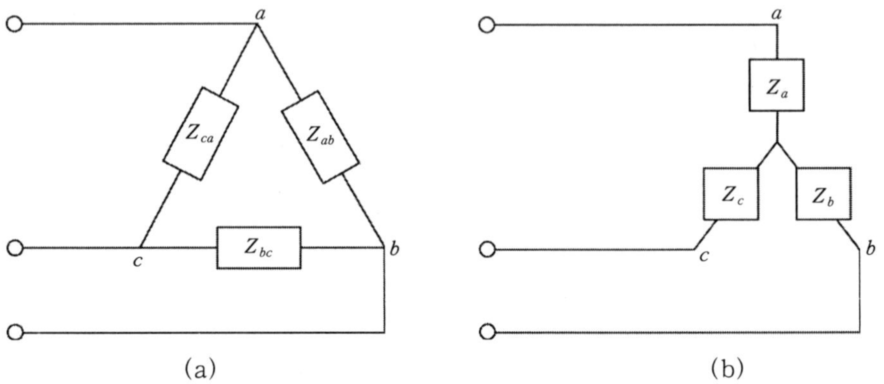

[그림 8-7]

식 (8-16)+식 (8-17)+식 (8-18)을 하면

$$Z_c+Z_a+Z_b=\frac{Z_{ab}Z_{bc}+Z_{bc}Z_{ca}+Z_{ca}Z_{ab}}{Z_{ab}+Z_{bc}+Z_{ca}} \tag{8-19}$$

식 (8-19)에 각각 식 (8-16), (8-17), (8-18)을 대입하여 정리하면

$$\left.\begin{aligned}
&\text{식 (8-19)-(8-17)} \quad Z_a=\frac{Z_{ab}\cdot Z_{ca}}{Z_{ab}+Z_{bc}+Z_{ca}}\\
&\text{식 (8-19)-(8-18)} \quad Z_b=\frac{Z_{bc}\cdot Z_{ab}}{Z_{ab}+Z_{bc}+Z_{ca}}\\
&\text{식 (8-19)-(8-16)} \quad Z_c=\frac{Z_{ca}\cdot Z_{bc}}{Z_{ab}+Z_{bc}+Z_{ca}}
\end{aligned}\right\} \tag{8-20}$$

평형부하인 경우에는 $Z_{ab}=Z_{bc}=Z_{ca}=Z\Delta$이므로, $Z_y=Z_a=Z_b=Z_c=\frac{Z\Delta}{3}$로 된다. 즉 평형부하인 경우 Δ결선은 Y결선으로 환산하려면 Z_y를 $Z\Delta$의 $\frac{1}{3}$배로 하면 된다.

2. Y결선을 Δ결선으로 환산

식 (8-20)으로부터

$$Z_a = \frac{Z_{ab}}{\dfrac{Z_{ab}}{Z_{ca}} + \dfrac{Z_{bc}}{Z_{ca}} + 1}$$

또 $\dfrac{Z_b}{Z_c} = \dfrac{Z_{ab}}{Z_{ca}}$, $\dfrac{Z_b}{Z_a} = \dfrac{Z_{bc}}{Z_{ca}}$ 로부터

$$Z_a = \frac{Z_{ab}}{\dfrac{Z_b}{Z_c} + \dfrac{Z_b}{Z_a} + 1} = \frac{Z_{ab}(Z_c \cdot Z_a)}{Z_a Z_b + Z_b Z_c + Z_c Z_a}$$

$$\therefore \quad Z_{ab} = \frac{Z_a Z_b + Z_b Z_c + Z_c Z_a}{Z_c}$$

같은 방법으로

$$Z_{bc} = \frac{Z_a Z_b + Z_b Z_c + Z_c Z_a}{Z_a}$$

$$Z_{ca} = \frac{Z_a Z_b + Z_b Z_c + Z_c Z_a}{Z_b}$$

이고 평형부하인 경우에는 $Z_a = Z_b = Z_c = Z_y$이므로 $Z\Delta = Z_{ab} = Z_{bc} = Z_{ca} = 3Z_y$이다. 즉 평형부하인 경우 Y결선을 Δ결선으로 환산하려면 $Z\Delta$를 Z_y의 3배로 환산하면 된다.

8-4 불평형 3상 회로

전원전압이 대칭이라도 부하가 불평형이면 부하전류는 대칭이 되지 않으며, 부하가 평형이라도 전원전압이 비대칭이면 역시 회로는 대칭이 되지 않는다. 부하 또는 전원전압이 비대칭이면 역시 회로는 대칭이 되지 않는다. 부하 또는 전원전압이 비대칭회로를 불평형회로라 한다. 불평형 3상 회로의 가장 일반적인 해법은 대칭좌표법이 있으나, 간단한 경우에는 키르히호프의 법칙을 적용하여 계산할 수 있다.

1. 불평형 Y결선회로

[그림 8-8]과 같이 E_a, E_b, E_c의 대칭 혹은 비대칭 3상 전압을 갖는 전원에 Z_a, Z_b, Z_c의 불평형 부하를 접속한 불평형 Y-Y 회로의 경우에는 중성점 O, O' 사이에 얼마의 중성점 전위 V_n이 존재한다. 중성선의 임피던스가 Z_n, 각 상의 직렬합성 임피던스를 $Z_a = Z_{ag} + Z_{al} + Z_{aL}$이라 하고 이들의 어드미턴스를 $Y_a = \dfrac{1}{Z_a}$, $Y_b = \dfrac{1}{Z_b}$, $Y_c = \dfrac{1}{Z_c}$, $Y_n = \dfrac{1}{Z_n}$이라 하면 다음 식이 성립한다.

$$\left.\begin{array}{l} I_a = (E_a - V_n)Y_a,\ I_b = (E_b - V_n)Y_b \\ I_c = (E_c - V_n)Y_c,\ I_n = -Y_n V_n \end{array}\right\} \tag{8-21}$$

$$I_a + I_b + I_c + I_n = 0 \tag{8-22}$$

식 (8-21)을 식 (8-22)에 대입하여 V_n을 구하면

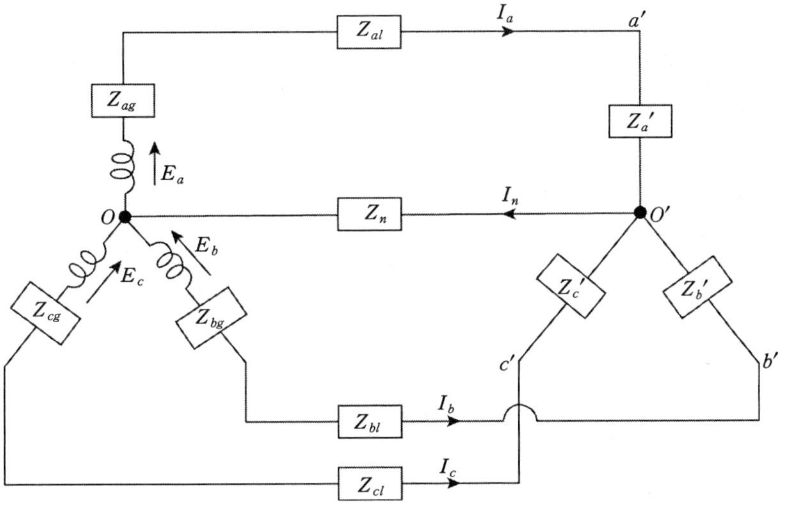

[그림 8-8]

$$(E_a - V_n)Y_a + (E_b - V_n)Y_c + (E_c - V_n)Y_c - Y_n V_n = 0$$

$$\therefore \quad V_n = \frac{Y_a E_a + Y_b E_b + Y_c E_c}{Y_a + Y_b + Y_c + Y_n} \text{ [V]} \tag{8-23}$$

이 결과를 식 (8-21)에 대입하면 I_a, I_b, I_c, I_n을 구할 수 있다. 식 (8-23)은 식 (7-20)과 같이 밀만의 정리를 적용하면 바로 구할 수 있다.

2. 불평형 Δ결선회로

[그림 8-9]와 같은 회로에 있어서 폐로 $aa'b'ba$, 폐로 $bb'c'cb$, 폐로 $cc'a'ac$에 흐르는 폐로전류를 각각 I_{ab}, I_{bc}, I_{ca}라 하고 키르히호프의 법칙을 적용하여 폐로방정식을 세우면

$$\left.\begin{aligned} Z_{11}I_{ab} + Z_{12}I_{bc} + Z_{13}I_{ca} &= E_{ab} \\ Z_{21}I_{ab} + Z_{22}I_{bc} + Z_{23}I_{ca} &= E_{bc} \\ Z_{31}I_{ab} + Z_{32}I_{bc} + Z_{33}I_{ca} &= E_{ca} \end{aligned}\right\} \tag{8-24}$$

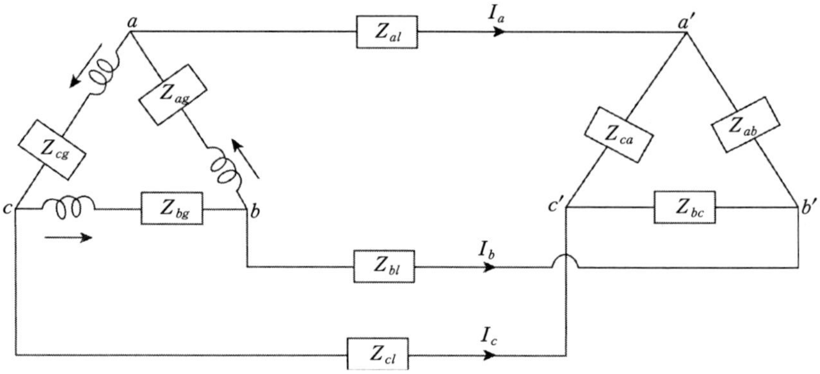

[그림 8-9]

여기서 $Z_{11}=Z_{ag}+Z_{al}+Z_{ab}'+Z_{bl}$

$$Z_{22}=Z_{bg}+Z_{bl}+Z_{bc}'+Z_{cl}$$

$$Z_{33}=Z_{cg}+Z_{cl}+Z_{ca}'+Z_{al}$$

$$Z_{12}=Z_{21}=-Z_{bl},\ Z_{23}=Z_{32}=-Z_{cl},\ Z_{31}=Z_{13}=-Z_{al}$$

식 (8-24)에서 I_{ab}, I_{bc}, I_{ca}를 구하면 I_a, I_b, I_c는 다음의 관계식에서 구할 수 있다.

$$I_a=I_{ab}-I_{ca},\ I_b=I_{bc}-I_{ab},\ I_c=I_{ca}-I_{bc} \tag{8-25}$$

8-5 3상 전력

3상 회로의 전력계산은 Y, Δ 또는 평형과 불평형에 관계없이 각 상에 대한 평균전력이 합이 유효전력이 되며, 무효전력의 합이 무효전력이 된다. 특히 평형 3상 회로에서는 한 상에 대한 무효전력 P 및 유효전력 P_r의 3배가 3상 전

체의 평균전력 P 및 무효전력 P_r이 된다. 즉

$$\left.\begin{aligned} P &= V_p I_p \cos\Theta = I_p{}^2 R\,[\mathrm{W}] \\ P_r &= V_p I_p \sin\Theta = I_p{}^2 X\,[\mathrm{Var}] \end{aligned}\right\} \quad : \text{단상} \qquad (8\text{-}26)$$

$$\left.\begin{aligned} P &= 3P = 3V_p I_p \cos\Theta = 3I_p{}^2 R\,[\mathrm{W}] \\ P_r &= 3P_r = 3V_p I_p \sin\Theta = 3I_p{}^2 X\,[\mathrm{Var}] \end{aligned}\right\} \quad : 3\text{상} \qquad (8\text{-}27)$$

여기서 V_p, I_p, R, X는 각각 한 상의 전압, 전류, 저항 및 리액턴스이며 Θ는 상전압과 상전류의 위상차인 동시에 상 임피던스 Z의 위상각과 같다. 그리고 식 (8-27)을 선간전압 V_l[V], 선전류 I_c[A]로 표시하면

Y결선과 Δ결선에서는 각각

$$\left.\begin{aligned} V_l &= \sqrt{3}\,V_p, \quad I_l = I_p \\ V_l &= V_p, \quad I_l = \sqrt{3}\,I \end{aligned}\right\} \qquad (8\text{-}28)$$

이므로 식 (8-28)을 식 (8-27)에 대입하면 두 경우 모두 유효전력 P, 무효전력 P_r 및 피상전력 P_a는

$$P = \sqrt{3}\,V_l I_l \cos\Theta = \sqrt{3} \times (\text{선간전압}) \times (\text{선전류}) \times (\text{역률})\,[\mathrm{W}]$$

$$P_r = \sqrt{3}\,V_l I_l \sin\Theta = \sqrt{3} \times (\text{선간전압}) \times (\text{선전류}) \times (\text{무효율})\,[\mathrm{Var}]$$

$$P_a = \sqrt{3}\,V_l \cdot I_l\,[\mathrm{VA}]$$

따라서

$$\text{피상전력} = \sqrt{(\text{유효전력})^2 \times (\text{무효전력})^2} \qquad (8\text{-}29)$$

【예제 8-2】 평형 Y부하에 $100\sqrt{3}$ [V]의 전압을 인가하고, 각 상의 임피던스 $Z = 3 + j4\,[\Omega]$인 경우 유효전력 P를 구하여라.

〈풀이〉 $P=\sqrt{3}\ VI\cos\Theta=3I^2R$

따라서 $I=\dfrac{V_p}{Z}=\dfrac{100}{\sqrt{3^2+4^2}}=20\,[\mathrm{A}]$

$P=3I^2R=3\times 20^2\times 3=3600\,[\mathrm{W}]$

8-6 3상 V결선

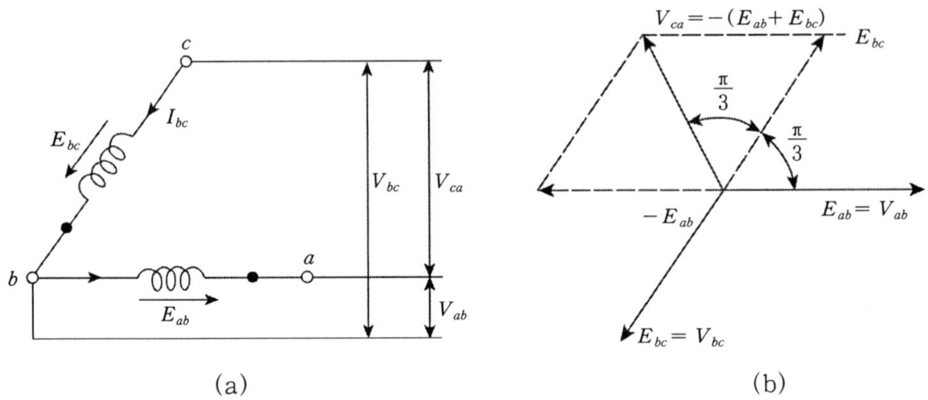

[그림 8-10]

1. V결선의 전압과 전류

대칭 Δ결선의 3상 회로에서 한 상의 전압 또는 임피던스가 없는 경우를 V결선이라 한다. [그림 8-10](a)과 같이 ac상간의 1상의 코일을 제거하면 나머지 두 상(단상변압기 2대)의 상전압 E_{ab}, E_{bc}에 의하여 abc상간에 나타나는 선간전압 V_{ab}, V_{bc}, V_{ca}는 그림 (b)와 같이 된다.

$$V_{ab}=E_{ab},\quad V_{bc}=E_{bc},\quad V_{ca}=-(E_{ab}+E_{bc})$$

$$\therefore\quad V_{ab}+V_{bc}+V_{ca}=0$$

따라서 Δ결선의 경우와 같은 결과가 된다. [그림 8-11] (a)와 같은 V결선

【예제 8-3】 용량이 30[kVA] 되는 2대의 단상변압기를 V결선하여 역률 0.8, 20[kW]의 평형 3상 부하에 전력을 공급할 때 각 변압기의 분담전력은 얼마인가?

〈풀이〉 1대의 변압기가 부담하는 피상전력은

$$EI = \frac{P}{\sqrt{3}\cos\Theta} = \frac{20\times 10^3}{\sqrt{3}\times 0.8} = 14.4\,[\text{kVA}]$$

따라서

$$P_1 = EI\cos\left(\frac{\pi}{6}+\Theta\right) = EI\left(\cos\frac{\pi}{6}\cos\Theta - \sin\frac{\pi}{6}\sin\Theta\right)$$

$$= 14.4\left(\frac{\sqrt{3}}{2}\times 0.8 - \frac{1}{2}\times 0.6\right) = 5.63\,[\text{kW}]$$

$$P_2 = EI\cos\left(\frac{\pi}{6}-\Theta\right) = EI\left(\cos\frac{\pi}{6}\cos\Theta + \sin\frac{\pi}{6}\sin\Theta\right)$$

$$= 14.4\left(\frac{\sqrt{3}}{2}\times 0.8 + \frac{1}{2}\times 0.6\right) = 14.28\,[\text{kW}]$$

연·습·문·제

(1) 대칭 5상 기전력의 선간전압과 상전압의 위상차는 얼마인가?

(2) 각 상의 임피던스가 $\dot{Z} = 6 + j8$인 평형 Y부하에 선간전압 200[V]인 대칭 3상 전압이 가해졌을 때 선전류는 약 몇 [A]인가?

(3) [그림 8-12]와 같이 9[Ω]과 3[Ω]의 저항 3개를 그림과 같이 연결하였을 때 A, B 사이의 합성저항[Ω]은?

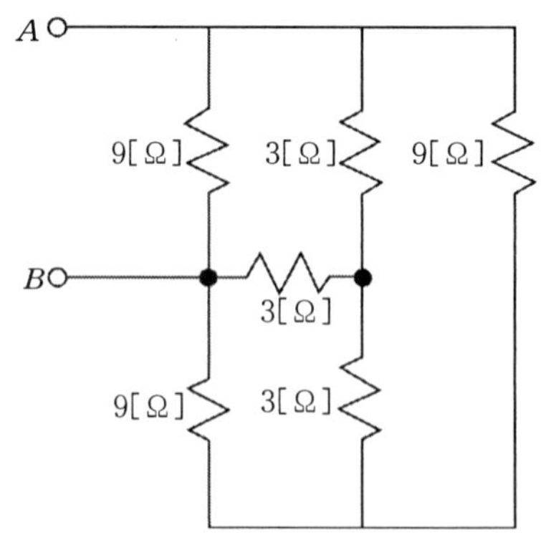

[그림 8-12]

(4) [그림 8-13]과 같은 대칭 3상 회로가 있다. $\dot{I}_a$의 크기 및 $\dot{I}_c$의 위상각은? (단, $\dot{E}_a = 120\angle 0^\circ$, $Z_l = 4 + j6[\Omega]$, $Z = 20j\,12[\Omega]$이다)

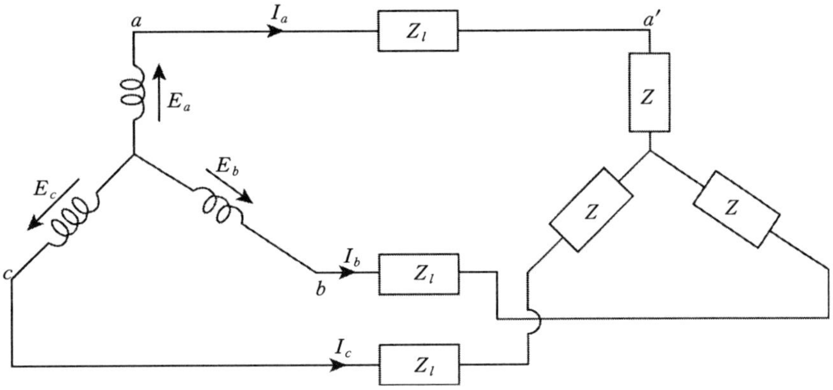

[그림 8-13]

(5) 전압 200[V]의 3상 회로에서 [그림 8-14]와 같은 평형부하를 접속했을 때 선전류 I[A]는? (단, $r = 9[\Omega]$, $\frac{1}{\omega C} = 4[\Omega]$이다.)

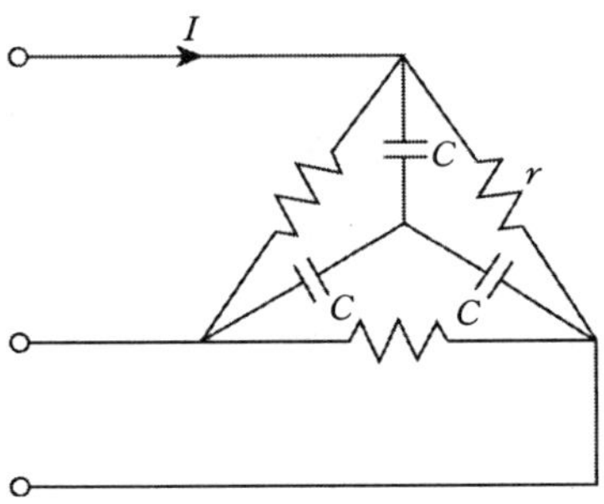

[그림 8-14]

(6) $r[\Omega]$인 6개의 저항을 [그림 8-15]와 같이 접속하고 평형 3상 전압 V를 가했을 때 I는 몇 [A]인가? (단, $r=3[\Omega]$, $V=60[V]$)

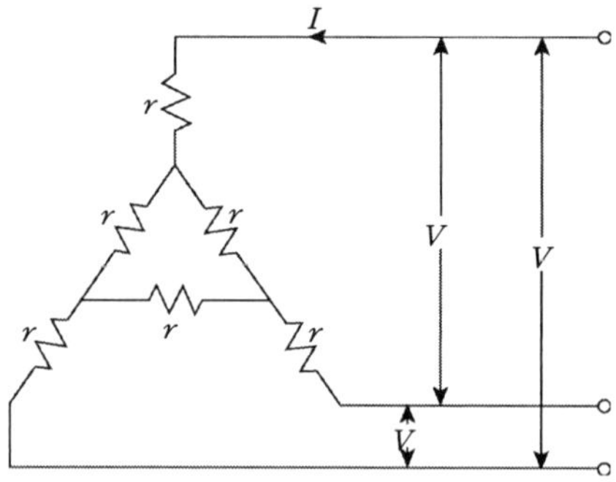

[그림 8-15]

(7) 10[kV], 3[A]의 3상교류 발전기는 Y결선이다. 이것을 Δ결선으로 변경하면 그 정격전압 및 전류는 얼마인가?

(8) [그림 8-16]의 회로에서와 같이 평형 Y부하에 평형 3상 전압이 인가되어 있다. 부하가 취하는 전 3상 전력[W]은?

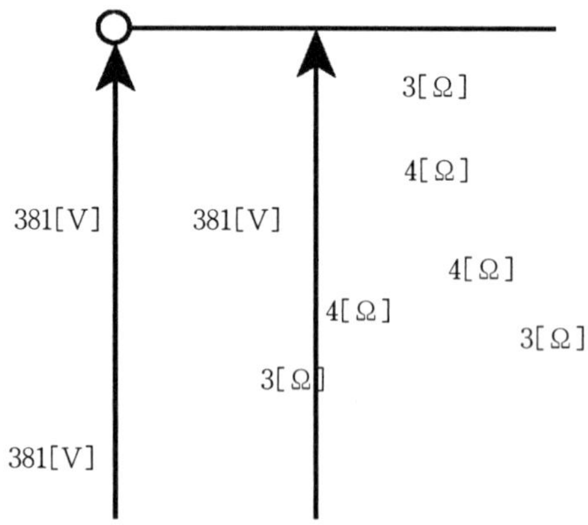

[그림 8-16]

(9) $\dot{Z}=5\sqrt{3}+j5[\Omega]$인 3개의 임피던스를 Y결선하여 250[V]의 대칭 3상 전원에 연결하였다. 소비전력[W]은?

(10) 3상 회로에서 각 상의 전류는 다음과 같다.

$I_a = 400 - j650$

$I_b = -230 - j700$

$I_c = -150 + j600$

전류의 영상분 I_0는 얼마인가? (단, b상을 기준으로 한다.)

(11) 3상 회로의 선간전압이 각각 80, 50, 50일 때 전압의 불평형률[%]은?

(12) 어느 3상 회로의 선간전압을 측정하니 $V_a = 120$ [V], $V_b = -60 - j80$ [V], $V_c = -60 + j80$ [V]이었다. 불평형률[%]은?

(13) 대칭 3상 전압 V_a, V_b, V_c를 a상 기준으로 한 대칭분은?

(14) [그림 8-17]과 같은 순저항으로 된 회로에 대칭 3상 전압을 가할 때 각 선에 흐르는 전류가 같으려면 R의 값은 얼마인가?

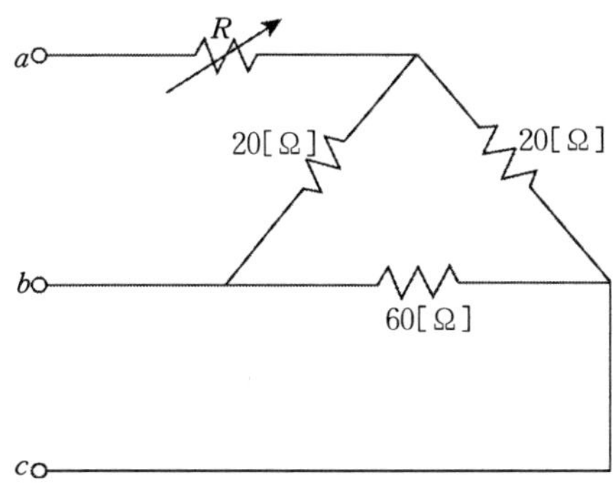

[그림 8-17]

제 9 장

비정현파

9-1 비정현파의 정의

일반적으로 교류는 정현파 교류와 비정현파 교류의 2가지로 구분할 수 있다. 지금까지 취급한 전압과 전류는 모두 이상적인 정현파로 간주하였기 때문에 해석상 취급이 용이하였다. 그러나 실제의 파형은 정현파가 아닌 경우가 많다.

예컨대 교류발전기에서 발생되는 전압도 엄밀히 말하면 정현파라 할 수 없고, 전원이 정현파라 해도 변압기를 통하면 철심의 포화 또는 히스테리시스에 의해서 파형이 일그러진다. 이와 같은 파를 비정현파 또는 왜형파라고 한다. [그림 9-1]에 나타낸 바와 같이 주파수가 다른 여러 개의 정현파로 분해해서 취급하게 된다. 이와 같이 비정현파를 해석하는 방법을 푸리에 급수(Fourier series)라 한다.

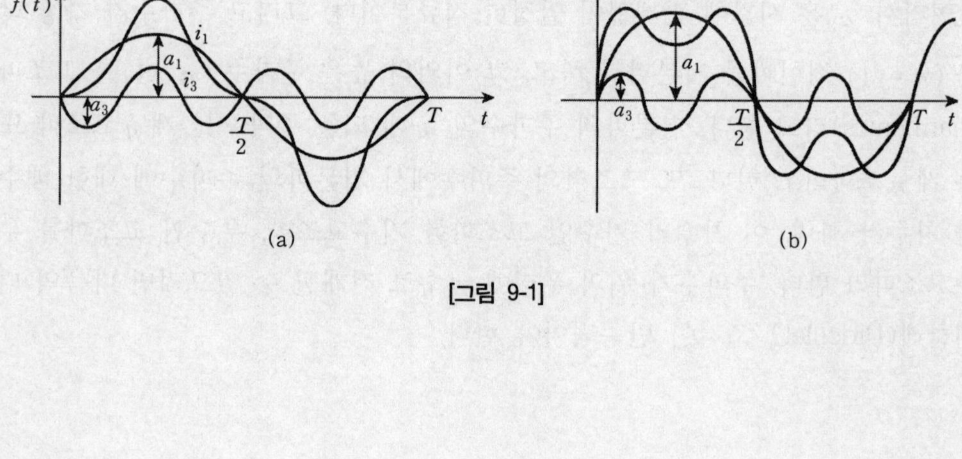

[그림 9-1]

9-2 파형의 분석

비정현파가 주기파인 경우에는 푸리에 급수로 전개하여 정현파로 분해할 수 있다. 즉 주파수가 다른 여러 정현파의 합으로 취급할 수 있다. 주기가 T인 비정현파의 시간함수를 $f(t)$라고 하면

$$\begin{aligned} f(t) &= a_0 + a_1\cos\omega t + a_2\cos 2\omega t + \cdots + b_1\sin\omega t + b_2\sin 2\omega t + \cdots \\ &= a_0 + \sum_{n=1}^{\infty} a_n\cos n\omega t + \sum_{n=1}^{\infty} b_n \sin n\omega t \end{aligned} \tag{9-1}$$

와 같이 푸리에 급수로 전개된다. 여기서

$$\omega = 2\pi f = \frac{2\pi}{T} \tag{9-2}$$

또 식 (9-1)의 cosine항과 sine항을 삼각함수의 합성법에 의하여 다음과 같이 표시할 수도 있다.

$$\left.\begin{aligned} & f(t) = a_0 + \sum_{n=1}^{\infty} c_n \sin(n\omega t + \Theta_n) \\ & \left(\text{단, } c_n = \sqrt{a_n^{\,2} + b_n^{\,2}},\ \Theta_n = \tan^{-1}\frac{a_n}{b_n}\right) \\ & \quad (n = 1,\ 2,\ 3,\ \cdots) \end{aligned}\right\} \tag{9-3}$$

여기서 a_0은 시간에 관계없이 일정한 직류분이다. 그리고 주파수가 가장 낮은 $(n=1)$ 정현파를 기본파라 하고, 그 이외의 높은 주파수 $(n>1)$를 고조파(harmonics)라고 한다. 기본파의 주파수의 n배 되는 주파수를 제 n고조파 또는 제 n조파라고 한다. 또 고조파의 주파수에서 기본파의 주파수에 대한 배수를 차수라 하며, 이 차수가 기수인 고조파를 기수고조파, 우수인 고조파를 우수고조파라 한다. 주파수가 위의 푸리에 급수로 전개될 수 있으려면 다음의 디리클레(Dirichlet) 조건이 만족되어야 한다.

① 불연속점을 가져도 좋으나 1주기간의 그 불연속점의 수는 유한 개일 것
② 파동이 많은 변동을 하여도 좋으나 1주기간의 최대점, 최소점의 수는 유한 개일 것
③ $\int_0^T |f(t)|dt$의 값이 유한 개일 것

1. a_0의 결정

식 (9-1)을 1주기 $(0 \sim T)$동안 적분하면

$$\int_0^T f(t)dt = \int_0^T a_0 \cdot dt + \sum_{n=1}^{\infty} a_n \int_0^T \cos n\omega t d(\omega t) + \sum_{n=1}^{\infty} b_n \int_0^T \sin n\omega t d(\omega t)$$

우변에서 제2항은 $\int_0^T \cos n\omega t d(\omega t) = 0$

제3항 $\int_0^T \sin n\omega t d(\omega t) = 0$

그러므로

$$\int_0^T f(t)dt = \int_0^T a_0 dt = a_0 T$$

$$\therefore \quad a_0 = \frac{1}{T}\int_0^T f(t)dt = \frac{1}{2\pi}\int_0^{2\pi} f(\omega t)d(\omega t) \qquad (9\text{-}4)$$

$\left(\text{단, } \omega = \frac{2\pi}{T}\right)$

식 (9-4)에서 a_0는 주기함수의 1주기 동안의 평균값임을 알 수 있다. 따라서 이것을 보통 직류성분이라 한다.

2. a_n의 결정

식 (9-1)의 양변에 $\cos m\omega t$를 곱하고, 양변을 0에서 T까지 적분하면

$$\int_0^T f(t) = \cos m\omega t d(\omega t)$$

$$= a_0 \int_0^T \cos m\omega t d(\omega t) + \sum_{n=1}^{\infty} a_n \int_0^T \cos n\omega t \cdot \cos m\omega t d(\omega t)$$

$$+ \sum_{n=1}^{\infty} b_n \int_0^T \sin n\omega t \cdot \cos m\omega t d(\omega t) \tag{9-5}$$

우변에서 제1항은

$$\int_0^T \cos m\omega t d(\omega t) = 0$$

그리고 제2항, 제3항은

$$\int_0^T \cos n\omega t \cdot \cos m\omega t d(\omega t) = \frac{1}{2} \int_0^T [\cos(m+n)\omega t + \cos(m-n)\omega t] d(\omega t)$$

$$= \begin{cases} 0 : (m \neq n) \\ \dfrac{T}{2} : (m = n) \end{cases}$$

$$\int_0^T \sin n\omega t \cdot \cos m\omega t d(\omega t) = \frac{1}{2} \int_0^T [\sin(m+n)\omega t - \sin(m-n)\omega t] d(\omega t)$$

$$= 0 \tag{9-6}$$

그러므로 식 (9-5)의 우변은 제2항 중 $m = n$ 일 때를 제외하고는 모두 0이 되므로

$$\int_0^T f(t) \cdot \cos m\omega t d(\omega t) = a_n \cdot \frac{T}{2}$$

$m = n$ 이므로

$$\therefore\ a_n = \frac{2}{T} \int_0^T f(t) \cos n\omega t d(\omega t) = \frac{1}{\pi} \int_0^{2\pi} f(t) \cos n\omega t d(\omega t) \tag{9-7}$$

3. b_n의 결정

식 (9-1)의 양변에 $\sin m\omega t$를 곱하고, 0에서 T까지 적분하면

$$\int_0^T f(t)\cdot \sin m\omega t d(\omega t) = a_0 \int_0^T \sin m\omega t d(\omega t)$$

$$+ \sum_{n=1}^{\infty} a_n \int_0^T \cos n\omega t\cdot \sin m\omega t d(\omega t) + \sum_{n=1}^{\infty} b_n \int_0^T \sin n\omega t\cdot \sin m\omega t d(\omega t)$$

〈표 9-1〉

	파 형	조파의 전개식
구형파	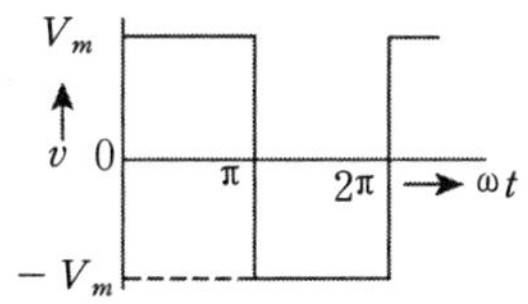	$v=\frac{4}{\pi}V_m\left\{\sin\omega t+\frac{1}{3}\sin 3\omega t+\frac{1}{5}\sin 5\omega t +\cdots+\frac{1}{2n-1}\sin(2n-1)\omega t+\cdots\right\}$
삼각파	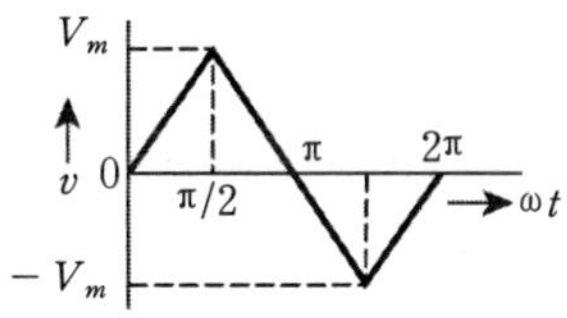	$v=\frac{8}{\pi^2}=V_m\left\{\sin\omega t+\frac{1}{9}\sin 3\omega t+\frac{1}{25}\sin 5\omega t +\cdots+\frac{(-1)^{n+1}}{(2n-1)^2}\sin(2n-1)\omega t+\cdots\right\}$
톱니파	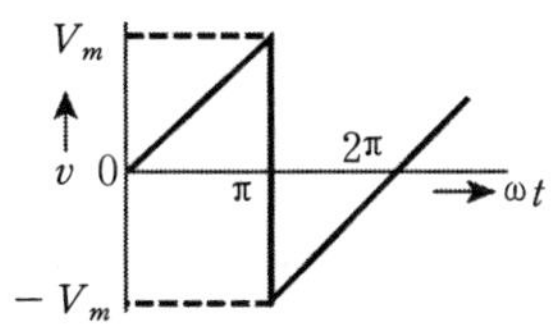	$v=\frac{2}{\pi}V_m\left\{\sin\omega t-\frac{1}{2}\sin 2\omega t+\frac{1}{3}\sin 3\omega t -\frac{1}{4}\sin 4\omega t+\cdots+\frac{(-1)^{n+1}}{n}\sin n\omega t+\cdots\right\}$
반파 정류파	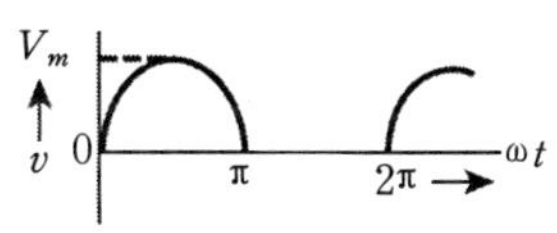	$v=V_m\left\{\frac{1}{\pi}+\frac{1}{2}\sin\omega t-\frac{2}{\pi}\left(\frac{1}{3}\cos 2\omega t+\frac{1}{15}\cos 4\omega t+\cdots+\frac{1}{4n^2-1}\cos 2n\omega t+\cdots\right)\right\}$
전파 정류파	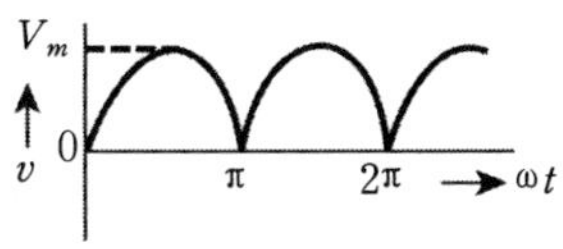	$v=\frac{2}{\pi}V_m\left\{1-2\left(\frac{1}{3}\cos\omega t+\frac{1}{15}\cos 4\omega t+\frac{1}{35}\cos 6\omega t+\cdots+\frac{1}{4n^2-1}\cos 2n\omega t+\cdots\right)\right\}$

우변은 제3항에서 $m=n$ 일 때 $b_n \cdot \frac{T}{2}$를 제외하고는 모두 0이 된다.

$$\therefore\ b_n=\frac{2}{T}\int_0^T f(t)\sin n\omega t d(\omega t)$$

$$=\frac{1}{\pi}\int_0^{2\pi} f(\omega t)\sin n\omega t d(\omega t) \tag{9-8}$$

$$(n=1,\ 2,\ 3,\ \cdots)$$

디리클레 조건을 만족하는 주기파는 직류분, 기본파(정현파) 및 고조파(정현파)로 분해할 수 있다. 이러한 분해를 푸리에 분석 또는 조파분석이라고 한다. 식 (9-3)에서 고조파의 진폭 c_n과 위상 θ_n을 각주파수 $n\omega$에 대하여 그린 그래프를 위상 스펙트럼, 진폭 스펙트럼이라 하며 이 둘을 합하여 주파수 스펙트럼이라 한다.

〈표 9-1〉은 대표적인 비정현파에 대한 조파분석 결과를 나타낸 것이다.

9-3 비정현파의 대칭성

1. 반파대칭

[그림 9-2]와 같이 주기가 T인 비정현파의 함수 $f(t)$가

$$f(t)=-f\left(t+\frac{T}{2}\right) \tag{9-9}$$

인 조건을 만족하는 파형, 즉 반주기마다 그 값의 크기가 같고 부호가 반대인 경우로 (+)의 파형을 반주기만큼 수평축으로 평형이동하여 t축의 대칭으로 (−)의 반파와 일치할 때 반파대칭이라고 한다. 반파대칭의 경우는 반주기마

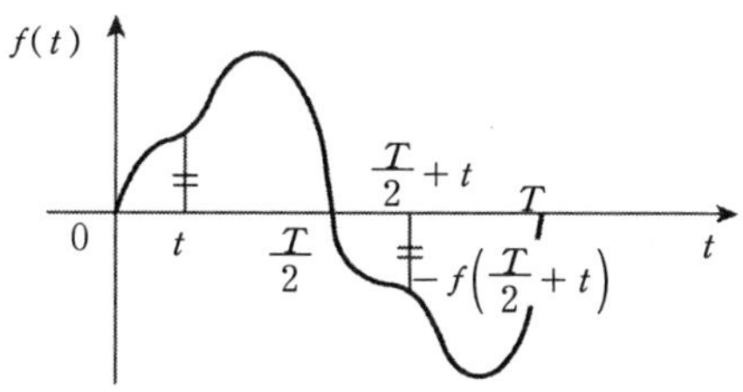

[그림 9-2]

다 부호만 다르고 파형이 같으므로 $a_0=0$이 되고, a_n, b_n의 적분범위를 $0\sim\frac{T}{2}$까지 취하여 2배를 하여 주면 된다.

$$\left.\begin{aligned} a_n &= \frac{4}{T}\int_0^{T/2} f(t)\cos n\omega t d(\omega t) \\ b_n &= \frac{4}{T}\int_0^{T/2} f(t)\sin n\omega t d(\omega t) \end{aligned}\right\} \qquad (9\text{-}10)$$

$$(n=1,\ 3,\ 5,\ \cdots)$$

그러므로 이때의 푸리에 급수는

$$\begin{aligned} f(t) &= a_1\cos\omega t + a_3\cos 3\omega t + a_5\cos 5\omega t + \cdots \\ &\quad + b_1\sin\omega t + b_3\sin 3\omega t + b_5\sin 5\omega t + \cdots \end{aligned} \qquad (9\text{-}11)$$

2. 정현대칭(기함수)

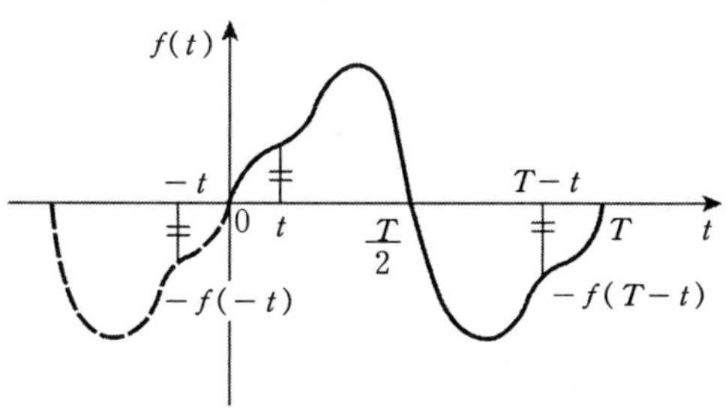

[그림 9-3]

[그림 9-3]과 같이 비정현파 $f(t)$가

$$f(t)=-f(-t) \text{ 또는 } f(t)=-f(T-t) \tag{9-12}$$

의 조건을 만족할 때, 즉 원점에 대하여 대칭인 파를 정현대칭이라 하며 기함수가 된다. 이 경우도 1주기 사이의 평균값 $a_0=0$이고 우수파인 cosine항은 존재할 수 없고, $(a_n=0)$, $f(t)$는 기수파인 sine항만 존재한다. 그러므로 sine항의 계수 b_n을 구할 때는 반주기 사이만을 적분하여 2배한다.

$$b_n=\frac{4}{T}\int_0^{T/2} f(t)\sin n\omega t d(\omega t) \tag{9-13}$$
$$(n=1,\ 2,\ 3,\ \cdots)$$

따라서

$$f(t)=a_1\sin\omega t+a_2\sin 2\omega t+a_3\sin 3\omega t+\cdots \tag{9-14}$$

3. 여현대칭(우함수)

[그림 9-4]와 같이 함수 $f(t)$가

$$f(t)=f(-t) \text{ 또는 } f(t)=f(T-t) \tag{9-15}$$

의 조건을 만족할 때, 즉 $f(t)$축에 대하여 대칭파를 여현대칭(우함수)이라고 한다. 우함수이므로 정현항은 존재할 수 없고 평균값 a_0와 여현항 a_n만 존재한다. 따라서

$$\left.\begin{aligned} a_0&=\frac{2}{T}\int_0^{T/2} f(t)dt \\ a_n&=\frac{4}{T}\int_0^{T/2} f(t)\cos n\omega t d(\omega t) \\ &(n=1,\ 2,\ 3,\ 4,\ \cdots) \end{aligned}\right\} \tag{9-16}$$

이때의 푸리에 급수는

$$f(t)=a_0+a_1\cos\omega t+a_2\cos 2\omega t+a_3\cos 3\omega t+\cdots \tag{9-17}$$

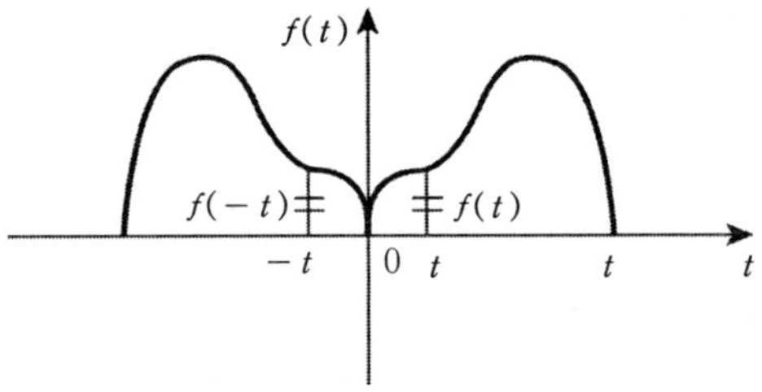

[그림 9-4]

4. 반파 및 정현대칭

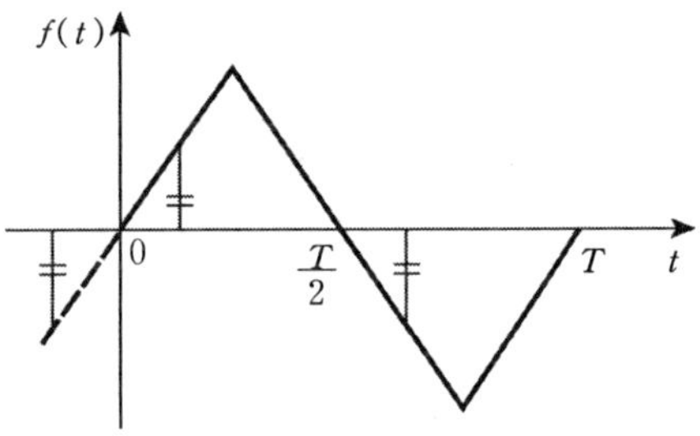

[그림 9-5]

[그림 9-5]와 같이 $f(t)=-f\left(t+\frac{T}{2}\right)$, $f(t)=-f(-t)$의 반파 및 정현대칭을 동시에 만족하는 파형으로서 sine항인 b_n항만 존재하고 반파대칭 조건에서 n은 기수항만 존재하므로

$$b_n=\frac{8}{T}\int_0^{T/4}f(t)\sin n\omega t d(\omega t) \tag{9-18}$$

$$(n=1,\ 3,\ 5,\ \cdots)$$

이때의 푸리에 급수는

$$f(t) = b_1 \sin\omega t + b_3 \sin 3\omega t + b_5 \sin 5\omega t + \cdots \tag{9-19}$$

5. 반파 및 여현대칭

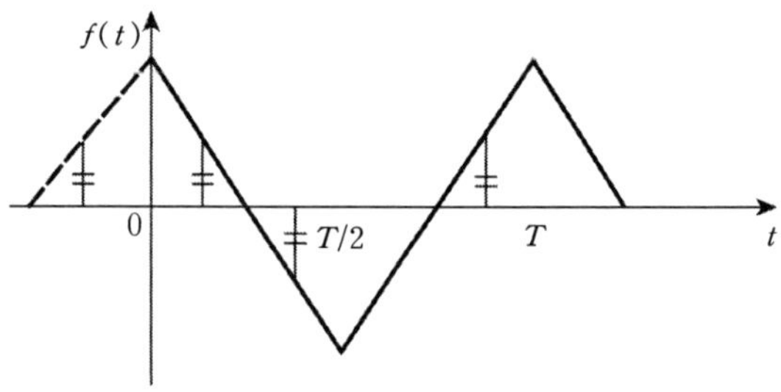

[그림 9-6]

[그림 9-6]과 같이 $f(t) = -f\left(t + \frac{T}{2}\right)$, $f(t) = f(-t)$의 반파 및 여현대칭을 동시에 만족하는 파형으로서 cosine항만 존재하고 반파대칭 조건에서 n은 기함수만 존재하므로

$$a_n = \frac{8}{T}\int_0^{T/4} f(t)\cos n\omega t d(\omega t) \tag{9-20}$$

$$(n = 1,\ 3,\ 5,\ \cdots)$$

이때의 푸리에 급수는

$$f(t) = a_1 \cos\omega t + a_3 \cos 3\omega t + a_5 \cos 5\omega t + \cdots \tag{9-21}$$

〈표 9-2〉

종 류	대칭조건	푸리에 계수			푸리에 계수의 적분형식
		A_0	A_n	B_n	
우함수	$f(t)=f(-t)$	유	유	0	반주기동안 적분하여 2배한 것
기함수	$f(t)=-f(-t)$	0	0	유	$\frac{4}{T}\int_0^{T/2}(\quad)dt$ 또는 $\frac{2}{\pi}\int_0^{\pi}(\quad)dt(\omega t)$
반파대칭	$f(t)=-f\left(t\pm\frac{T}{2}\right)$	0	우수차의 고조파 항은 0		

【예제 9-1】 [그림 9-7]과 같은 파형을 푸리에 급수로 전개하여라.

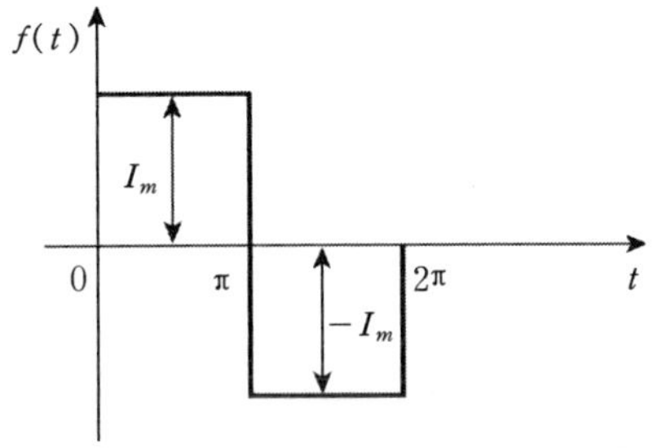

[그림 9-7]

〈풀이〉 반파 및 정현대칭이므로 b_n항만 존재한다. 따라서

$$b_n=\frac{4}{\pi}\int_0^{\pi/2}f(t)\sin n\omega t d(\omega t)$$

$$=\frac{4}{\pi}\int_0^{\pi/2}I_m\sin n\omega t d(\omega t)$$

$$=\frac{4}{\pi}I_m\frac{1}{n}(-\cos n\omega t)\Big|_0^{\frac{\pi}{2}}$$

$$=\begin{cases}\dfrac{4I_m}{n\pi} & : n=1,\ 3,\ 5,\ \cdots \\ 0 : n=2,\ 4,\ 6\cdots\end{cases}$$

그러므로

$$f(t)=\frac{4I_m}{\pi}\left(\sin\omega t+\frac{1}{3}\sin3\omega t+\frac{1}{5}\sin5\omega t\cdots+\frac{1}{n}\sin n\omega t\right)$$

9-4 비정현파의 실효값

주기를 갖는 전압, 전류이면 그 파형이 어떤 모양이든 저항에서 소비되는 평균전력은 같다. 그러므로 정현파에서 정의된 실효값과 같게 표시된다. 비정현파 전압의 순시값을 식 (9-3)과 같게 표시하면 다음과 같다.

$$v(t) = V_0 + \sum_{n=1}^{\infty} V_m \sin(n\omega t + \Theta_n)\,[\mathrm{V}] \tag{9-22}$$

여기서 실효값 V는

$$V = \sqrt{\frac{1}{T}\int_0^T v^2(t)dt}\,[\mathrm{V}] \tag{9-23}$$

로 표시된다. 그런데

$$v^2(t) = \{V_0 + V_{m1}\sin(\omega t + \Theta_1) + V_{m2}\sin(2\omega t + \Theta_2) + \cdots\}^2$$

윗식에서 우변의 각 항을 분류하면

① $V_0{}^2$

② 각 정현파의 제곱항

③ V_0와 각 정현파와의 곱의 항

④ 주파수가 다른 정현파와의 곱의 항

과 같이 4가지 항으로 분류할 수 있다.

여기서 v^2의 평균값을 구하면 된다. 그러므로 윗식을 전개하면

① $\dfrac{1}{T}\displaystyle\int_0^T V_0{}^2 dt = V_0{}^2$(직류성분)

② $\dfrac{1}{T}\displaystyle\int_0^T V_{mn}{}^2 \sin^2(n\omega t + \Theta_n) d(\omega t) = V_n{}^2$(실효값)

③ $\frac{1}{T}\int_0^T V_0 V_{mn} \sin(n\omega t+\Theta_n) d(\omega t)=0$

④ $\frac{1}{T}\int_0^T V_{mn} \sin(n\omega t+\Theta_n)\cdot V_{mk} \sin(k\omega t+\Theta_k) d(\omega t)=0 \quad (n \neq k)$

따라서 실효값 V는 다음과 같다.

$$V=\sqrt{V_0^{\,2}+V_1^{\,2}+V_2^{\,2}+\cdots}\,[\mathrm{V}] \tag{9-24}$$

또 비정현파 전류의 실효값도 마찬가지로

$$I=\sqrt{I_0^{\,2}+I_1^{\,2}+I_2^{\,2}+\cdots}\,[\mathrm{A}] \tag{9-25}$$

이와 같이 비정현파 교류의 실효값은 직류분, 기본파 및 고조파의 실효값의 제곱의 합을 제곱근한 것이 된다. 보통의 교류전압계, 전류계는 파형이 정현파이든 비정현파이든 그 실효값을 지시하지만 가동코일형 계기는 평균값을 지시한다. 비정현파에서 기본파에 대한 고조파성분의 함유되는 정도를 왜형률이라 한다.

$$\text{왜형률}=\frac{\text{전고조파의 실효값의 합}}{\text{기본파의 실효값}}$$

$$=\frac{\sqrt{V_2^{\,2}+V_3^{\,2}+\cdots}}{V_1}\times 100[\%] \tag{9-26}$$

9-5 비정현파의 계산

회로정수 R, L, C가 전류나 전압의 크기에 의하여 변화하지 않는 선형회로에서는 중첩의 원리가 적용되며 직류분은 직류분만의 회로, 교류분은 각각의 주파수마다 회로로 분리하여 해석해서 합하면 된다.

1. 저항회로

저항 R만의 회로에

$$v = V_0 + V_{m1}\sin(\omega t + \Theta_1) + V_{m2}\sin(2\omega t + \Theta_2) + \cdots \tag{9-27}$$

의 비정현파 전압을 가할 때 흐르는 전류 i는 중첩의 정리에 의하여

$$i = \frac{v}{R} = \frac{V_0}{R} + \frac{V_{m1}}{R}\sin(\omega t + \Theta_1) + \frac{V_{m2}}{R}\sin(2\omega t + \Theta_2) + \cdots \tag{9-28}$$

이 된다. 이때 직류분, 기본파 및 각 고조파의 실효값 전류는

$$I_0 = \frac{V_0}{R},\ I_1 = \frac{V_1}{R},\ I_2 = \frac{V_2}{R},\ \cdots\cdots \tag{9-29}$$

저항은 주파수에 무관하므로 전류는 전압과 동위상의 파형이 된다.

2. 자기 인덕턴스 회로

자기 인덕턴스 L만의 회로에 식 (9-27)의 전압을 가할 때 흐르는 전류응답 i는 유도성 리액턴스가 주파수에 비례하므로 다음과 같다.

$$i = \infty + \frac{V_{m1}}{j\omega L}\sin(\omega t + \Theta_1) + \frac{V_{m2}}{j2\omega L}\sin(2\omega t + \Theta_2) + \cdots \tag{9-30}$$

$$= \frac{V_{m1}}{\omega L}\sin\left(\omega t + \Theta_1 - \frac{\pi}{2}\right) + \frac{V_{m2}}{2\omega L}\sin\left(2\omega t + \Theta_2 - \frac{\pi}{2}\right) + \cdots$$

이 된다. 직류분과 실효값 전류는

$$I_0 = \infty,\ I_1 = \frac{V_1}{\omega L},\ I_2 = \frac{V_2}{2\omega L},\ \cdots \tag{9-31}$$

유도 리액턴스만의 회로는 각 전류의 위상이 전압보다 $\frac{\pi}{2}$ 만큼 뒤지고 고조파의 차수가 높을수록 고조파 전류는 감소, 즉 고조파의 영향이 적어 전류의 파형은 전압의 파형보다 일그러짐이 적고 정현파에 가까워진다.

3. 정전용량의 회로

정전용량 C만의 회로에서 식 (9-27)의 전압을 가할 때 흐르는 전류응답 i는 용량성 리액턴스가 주파수에 반비례하므로 다음과 같다.

$$\begin{aligned} i &= 0 + j\omega CV_{m1}\sin(\omega t + \Theta_1) + j2\omega CV_{m2}\sin(2\omega t + \Theta_2) + \cdots \\ &= \omega CV_{m1}\sin\left(\omega t + \Theta_1 + \frac{\pi}{2}\right) + 2\omega CV_{m2}\sin\left(2\omega t + \Theta_2 + \frac{\pi}{2}\right) + \cdots \end{aligned} \tag{9-32}$$

이때 각 실효값 전류는

$$I_0 = 0,\ I_1 = \omega CV_1,\ I_2 = 2\omega CV_2,\ \cdots \tag{9-33}$$

이 경우에는 각 전류의 위상이 전압보다 $\frac{\pi}{2}$ 만큼 앞서고 고조파의 차수가 높을수록 고조파 전류는 증가, 즉 고조파 영향이 크게 되어 전류파형이 전압의 파형보다 일그러짐이 많게 된다.

4. $R \cdot L \cdot C$ 직렬회로

$R \cdot L \cdot C$ 직렬회로에

$$v = \sum_{n=1}^{\infty}\sqrt{2}\,V_n\sin(n\omega t + \Theta_n) \tag{9-34}$$

$$(n = 1,\ 2,\ 3,\ \cdots)$$

의 전압을 가할 때 회로의 임피던스 Z_n은

$$\left.\begin{aligned} Z_n &= R + j\left(n\omega L - \frac{1}{n\omega C}\right) \\ Z_n &= \sqrt{R^2 + \left(n\omega L - \frac{1}{n\omega C}\right)^2} \\ \Phi_n &= \tan^{-1}\frac{n\omega L - \frac{1}{n\omega C}}{R} \end{aligned}\right\} \tag{9-35}$$

이므로, 회로에 흐르는 전류 i는

$$i = \sum_{n=1}^{\infty} \frac{\sqrt{2}\,V_n}{Z_n} \sin(n\omega t + \Theta_n - \Phi_n) \tag{9-36}$$

이 된다. 식 (9-35)에서 만약 Z_n의 리액턴스분이 0이 되었을 때, 즉 $\left(n\omega L - \frac{1}{n\omega C}\right) = 0$의 조건이 있으면 제 n차 고조파에 대한 직렬공진이 발생되어 제 n차의 고조파 전류가 증가한다. 이것을 고조파공진이라 한다.

【예제 9-2】 $R = 8[\Omega]$, $\omega L = 6[\Omega]$이 직렬로 연결된 회로에 전압 $v = 100\sin(\omega t + 60^\circ) + 50\sin(3\omega t + 30^\circ)$ [V]를 가했을 때 회로에 흐르는 순시전류 i와 실효전류 I를 구하여라.

〈풀이〉 임피던스 $Z_n = \sqrt{R^2 + (n\omega L)^2}[\Omega]$, 위상각 $\Theta_n = \tan^{-1}\frac{n\omega L}{R}$ [rad]에서 전압성분이 기본파와 제3차 고조파를 포함하고 있으므로 기본파에 대한 임피던스와 위상각은

$$Z_1 = \sqrt{R^2 + (\omega L)^2} = \sqrt{8^2 + 6^2} = 10[\Omega]$$

$$\Theta_1 = \tan^{-1}\frac{\omega L}{R} = \tan^{-1}\frac{6}{8} \fallingdotseq 36^\circ$$

제3차 고조파에 대한 임피던스와 위상각은

$$Z_3 = \sqrt{R^2 + (3\omega L)^2} = \sqrt{8^2 + 18^2} \fallingdotseq 20[\Omega]$$

$$\Theta_3 = \tan^{-1}\frac{3\omega L}{R} = \tan^{-1}\frac{18}{8} \fallingdotseq 66^\circ$$

그러므로 순시전류 i는

$$i = i_1 + i_2 = \frac{100}{Z_1}\sin(\omega t + 60^\circ - \theta_1) + \frac{50}{Z_3}\sin(3\omega t + 30^\circ - \theta_3)$$

$$= 10\sin(\omega t + 24^\circ) + 2.5\sin(3\omega t - 36^\circ)$$

또 실효전류 $I = \left(\frac{10}{\sqrt{2}}\right)^2 + \left(\frac{2.5}{\sqrt{2}}\right)^2 \fallingdotseq 7.9\,[\mathrm{A}]$

9-6 비정현파의 전력

전압과 전류의 순시값을 각각 v, i라고 하면 순시전력 $p = v \cdot i$가 된다.

$$v = V_0 + \sum_{n=1}^{\infty} V_{mn}\sin(n\omega t + \alpha_n)$$

$$i = I_0 + \sum_{n=1}^{\infty} I_{mn}\sin(n\omega t + \beta_n)$$

순시전력 p는

$$p = v \cdot i$$

$$= \left\{V_0 + \sum_{n=1}^{\infty}\sqrt{2}\,V_{mn}\sin(n\omega t + \alpha_n)\right\}$$

$$\cdot \left\{I_0 + \sum_{n=1}^{\infty}\sqrt{2}\,I_{mn}\sin(n\omega t + \beta_n)\right\}$$

비정현파의 유효전력(평균전력) P는

$$P = \frac{1}{T}\int_0^T \left[\left\{V_0 + \sum_{n=1}^{\infty} V_{mn}\sin(n\omega t + \alpha_n)\right\}\right.$$

$$\left.\cdot \left\{I_0 + \sum_{n=1}^{\infty} I_{mn}\sin(n\omega t + \beta_n)\right\}\right] d(\omega t) \qquad (9\text{-}37)$$

윗식을 전개하면 식 (9-23)의 실효값을 구할 때와 같이 sine항의 평균값, 주파수가 서로 다른 sine항의 곱의 평균값은 모두 0이 되고 $V_0 I_0$항과 주파수가 서로 같은 sine항의 곱의 평균값만 남게 된다. 즉

① $\frac{1}{T}\int_0^T V_0 I_0 dt = V_0 I_0$

② $\frac{1}{T}\int_0^T \{V_{mn} I_{mn} \sin(n\omega t + \alpha_n) \cdot \sin(n\omega t + \beta_n)\} d(\omega t)$

$= \frac{V_{mn} I_{mn}}{2} \cos(\phi_n - \theta_n) = V_n I_n \cos\theta_n$

(단, $\alpha_n - \beta_n = \theta_n$, $V_{mn} = \sqrt{2}\, V_n$, $I_{mn} = \sqrt{2}\, I_n$)

$$\therefore\ P = V_0 I_0 + \sum_{n=1}^{\infty} V_n I_n \cos\theta_n$$

$$= V_0 I_0 + V_1 I_1 \cos\theta_1 + V_2 I_2 \cos\theta_2 + \cdots [\mathrm{W}]$$

$$= P_0 + P_1 + P_2 + \cdots [\mathrm{W}] \qquad (9\text{-}38)$$

즉 비정현파의 유효전력은 주파수가 같은 전압, 전류에 의한 유효전력의 대수합이다.

【예제 9-3】 어떤 회로의 전압과 전류가

$v = 100\sin(\omega t + 10^\circ) + 20\sin(3\omega t + 30^\circ)$

$i = 12\sin(\omega t + 70^\circ) - 3\sin(3\omega t - 30^\circ)$

인 비정현파일 때 평균전력을 구하여라.

〈풀이〉 $P = V_0 I_0 + \sum_{n=1}^{\infty} V_n I_n \cos\theta_n$

$= \frac{100}{\sqrt{2}} \times \frac{12}{\sqrt{2}} \cos 60^\circ + \frac{20}{\sqrt{2}} \times \left(\frac{-3}{\sqrt{2}}\right) \times \cos 60^\circ$

$= \frac{1200}{2} \times \frac{1}{2} + \frac{-60}{2} \times \frac{1}{2}$

$= 300 - 15 = 285[\mathrm{W}]$

연·습·문·제

(1) 비정현파에 있어서 정현대칭의 조건은?

(2) [그림 9-8]과 같은 톱니파형을 푸리에 급수로 전개하면?

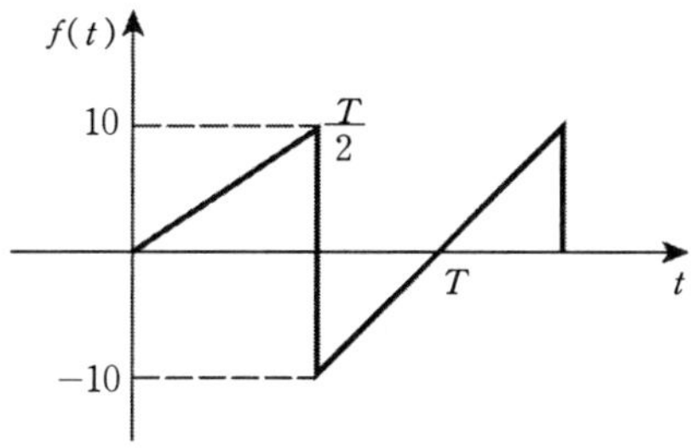

[그림 9-8]

(3) $i(t) = \frac{4I_m}{\pi}\left(\cos t + \frac{1}{3}\cos 3t + \frac{1}{5}\cos 5t + \cdots\right)$의 대칭조건을 구하고 파형을 그리시오.

(4) 어떤 회로에 가한 전압이 $v(t) = 3 + 10\sqrt{2}\sin\omega t + 5\sqrt{2}\sin\left(3\omega t + \frac{\pi}{3}\right)$[V] 일 때 실효값은?

(5) $R \cdot L$ 직렬회로에 $v(t) = 10 + 100\sqrt{2}\sin\omega t + 50\sqrt{2}\sin(3\omega t - 60^\circ) + 60\sqrt{2}\sin(5\omega t + 30^\circ)$[V]를 공급하는 경우 제3고조파 전류의 실효값은? (단, $R = 8[\Omega]$, $X_L = 2[\Omega]$이다)

(6) 기본파의 30[%]인 제3고조파와 20[%]인 제5고조파를 포함하는 전압파의 왜형률은?

(7) C[F]인 용량을 $v = V_1 \sin(\omega t + \Theta_1) + V_3 \sin(3\omega t + \Theta_3)$인 전압으로 충전할 때 몇 [A]의 전류(실효값)가 필요한가?

(8) 왜형파 전압 $v = 100\sqrt{2}\sin\omega t + 50\sqrt{2}\sin 2\omega t + 30\sqrt{2}\sin 3\omega t$의 왜형률을 구하면?

(9) 다음과 같은 왜형파 교류 전압, 전류의 전력[W]을 계산하면?

$v = 100\sin\omega t + 50\sin(3\omega t + 60^\circ)$ [V]

$i = 20\cos(\omega t - 30^\circ) + 10\cos(3\omega t - 30^\circ)$ [A]

(10) $R \cdot C$ 직렬회로의 양단에 $v = 40 + 50\sqrt{2}\sin 2\omega t + 100\sqrt{2}\sin 4\omega t$인 전압을 가할 때 제2고조파 전류의 실효값은?

$\left(\text{단, } R = 4[\Omega],\ \frac{1}{\omega C} = 6[\Omega]\text{이다.}\right)$

제 10 장

2단자 회로망

10-1 2단자 회로망의 정의

2개의 단자를 가지는 임의의 회로망을 2단자 회로망이라 한다. 회로망 내부에 전압원을 가지는 능동회로망과 내부에 전압원이 존재하지 않는 수동회로망 등으로 나눌 수 있으며, 일반적으로 전원으로서 전압이 인가되었을 경우 이 단자에서 본 임피던스가 구동점 임피던스가 되며, 2단자 회로에서는 임피던스나 어드미턴스의 주파수함수를 고찰하고 구동점 임피던스의 주파수특성에 대하여 설명한다. 본 장에서는 2단자 회로망의 내부전원을 포함하지 않으며 회로소자는 모두 선형으로 되는 수동 선형 2단자 회로망이다.

10-2 2단자 회로망의 임피던스

[그림 10-1]과 같은 2단자 회로 a, b에 전압 V가 되었을 경우 2단자 a, b로부터 본 임피던스 $Z=\frac{V}{I}$로서 구한다. 키르히호프의 법칙에 의하면

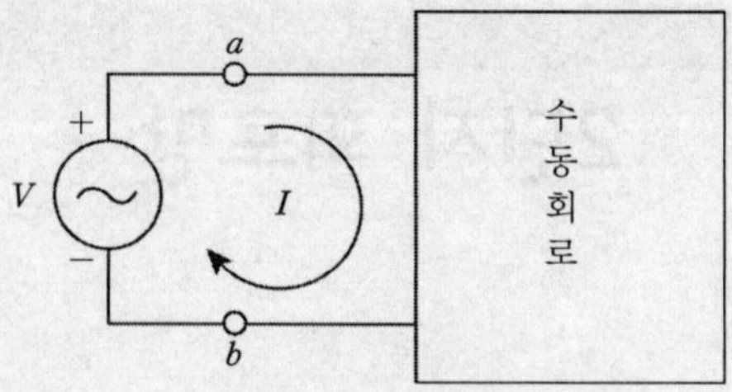

[그림 10-1]

$$\begin{bmatrix} Z_{11} & Z_{12} & \cdots & Z_{1n} \\ Z_{21} & Z_{22} & \cdots & Z_{2n} \\ & & \vdots & \\ Z_{n1} & Z_{n2} & \cdots & Z_{nn} \end{bmatrix} \begin{bmatrix} I_1 \\ I_2 \\ \vdots \\ I_n \end{bmatrix} = \begin{bmatrix} V \\ 0 \\ \vdots \\ 0 \end{bmatrix} \qquad (10\text{-}1)$$

으로서

$$I_1 = \frac{\Delta_{11}}{\Delta} \cdot V \qquad (10\text{-}2)$$

단,

$$\Delta = \begin{bmatrix} Z_{11} & Z_{12} & \cdots & Z_{1n} \\ Z_{21} & Z_{22} & \cdots & Z_{2n} \\ & & \vdots & \\ Z_{n1} & Z_{n2} & \cdots & Z_{nn} \end{bmatrix}$$

Δ의 Z_{11}에 따른 여인자 Δ_{11}은

$$\Delta_{11} = \begin{bmatrix} Z_{22} & Z_{23} & \cdots & Z_{2n} \\ Z_{32} & Z_{33} & \cdots & Z_{3n} \\ & & \vdots & \\ Z_{n2} & Z_{n3} & \cdots & Z_{nn} \end{bmatrix}$$

이다. [그림 10-1]의 단자 a, b에서 본 구동점 임피던스 Z는

$$Z = \frac{V}{I} = \frac{\Delta}{\Delta_{11}} \tag{10-3}$$

이 된다. Δ의 요소 Z_{jk}는 회로망 내의 각 지로의 임피던스합이므로 일반적으로

$$\begin{aligned} Z_{jk} &= R_{jk} + j\omega L_{jk} + \frac{1}{j\omega C_{jk}} \\ &= \frac{1}{j\omega}\left\{ j\omega R_{jk} + L_{jk}(j\omega)^2 + \frac{1}{C_{jk}} \right\} \\ &= \frac{1}{s}\left\{ R_{jk}s + L_{jk}s^2 + \frac{1}{C_{jk}} \right\} \quad (\text{단, } s = j\omega) \end{aligned} \tag{10-4}$$

그런데 Δ는 n행, n열의 행렬식이므로 s의 n차가 되어

$$\Delta = \frac{1}{s^n}\left(a_0 + a_1 s + \cdots + a_{2n}s^{2n} \right) \tag{10-5}$$

또한 Δ_{11}은 $(n-1)$행, $(n-1)$열의 행렬식이므로 s의 $(n-1)$이 되므로

$$\Delta_{11} = \frac{1}{s^{n-1}}\left(b_1 + b_2 s + \cdots + b_{2n-1}s^{2n-2} \right) \tag{10-6}$$

가 된다. 식 (10-5)와 식 (10-6)에서

$$Z(s) = \frac{a_0 + a_1 s + \cdots + a_{2n}s^{2n}}{b_1 s + b_2 s^2 + \cdots + b_{2n-1}s^{2n-1}} \tag{10-7}$$

이 되며, 이 식을 임피던스 함수라 한다.

식 (10-4)의 R_{jk}, LC_{jk}, C_{jk}는 실수이므로 윗식의 a_0, a_1, $\cdots$, b_1, b_2 $\cdots$도 실수이다.

식 (10-7)에서 $s = j\omega$를 대입하여 정리하면

$$Z(j\omega)=\frac{a_0-a_2\omega^2+\cdots+(-1)^n a_{2n}\omega^{2n}}{-b_2\omega^2+b_4\omega^4+\cdots+(-1)^{n-1}b_{2n-2}\omega^{2n-2}}$$

$$\frac{+j\omega\{a_1-a_3\omega^2+\cdots+(-1)^{n-1}a_{2n-1}\omega^{2n-2}\}}{+j\omega\{b_1-b_3\omega^2+\cdots+(-1)b_{2n-1}\omega^{2n-2}\}}$$

$$=\frac{A_0(\omega)+jA_1(\omega)}{B_0(\omega)+jB_1(\omega)}=R(\omega)+jX(\omega) \tag{10-8}$$

이 된다. $R(\omega)$를 실효저항, $X(\omega)$를 실효 리액턴스라 하면 R은 부(−)의 값을 가지는 경우는 없다. 여기서 임피던스 함수 $Z(s)$가 가지고 있는 성질을 들어보면

① 분모, 분자 계수는 모두 양의 실수이다.

② $Z(s)$는 유리분수식으로 s가 실수이면 $Z(s)$는 실수가 된다.

③ $Z(s)$에서 $s=j\omega$로 나타낸 식 $Z(j\omega)$의 실수부는 부(−)가 안 되면 양(+) 또는 0이다.

④ $Z(s)$의 분모와 분자의 s의 최고차수의 차가 같거나 1차가 높거나 낮은 3가지 경우밖에 없으며, 기수차와 우수차가 모두 빠진 경우 이외에는 항 사이의 결항은 없다.

⑤ $Z(s)=0$이 되는 s의 값은 영점(zero)이라 하고, $Z(s)=\infty$가 되는 s의 값을 극점(pole)이라 하며, 이들은 복소수로서 실수부가 양이 되는 일은 없다.

s평면상에 영점과 극점의 제한조건을 들어보면

① 영점과 극점은 실수이든가 공액복소수이다.

② 모든 영점과 극점은 s평면상의 좌반부 및 허축상에 존재한다.

③ 영점과 극점이 $j\omega$축 위에 있을 때는 그것이 반드시 단일이어야 한다. $j\omega$축상에 다수의 극점이 존재할 때는 증가함수가 되어 불안전계가 된다.

④ $Z(s)$의 극점은 회로가 개방상태임을 뜻하며 $Z(s)$의 영점은 회로의 단락상태임을 뜻한다. 그리고 극점의 기호는 ×로 표시하고 영점의 기호는 ○

로 표시한다.

예를 들어 영점과 극점을 s평면상에 표시하면 [그림 10-2]와 같다.

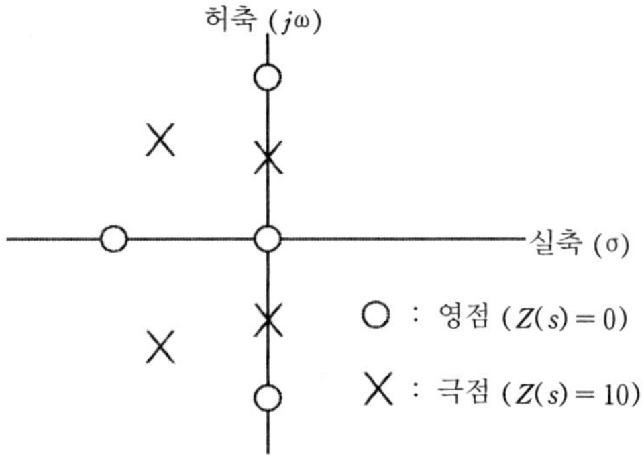

[그림 10-2]

【예제 10-1】 어떤 2단자 회로망의 임피던스가 $Z(s)=\dfrac{s+1}{s^2+3s+2}$ 일 때 영점과 극점을 구하여라.

〈풀이〉 영점은 $Z(s)=0$, 즉 분자항 $=0$이므로

$s+1=0 \quad \therefore \; s=-1$(영점)

극점은 $Z(s)=\infty$, 즉 분모항 $=0$이므로 $s^2+3s+2=0$을 인수분해하면 $(s+1)(s+2)=0$, $s+1=0$, $s+2=0$이므로

$\therefore \; s=-1, \; -2$(극점)

10-3 리액턴스 2단자 회로망의 주파수특성

1. L만의 회로

$Z(j\omega)=jX=j\omega L, \qquad Z(s)=sL$

$$X = \omega L, \qquad \frac{dX}{d\omega} = L > 0$$

$Z(s)$의 영점은 $s = 0$, 극점은 $s = \infty$

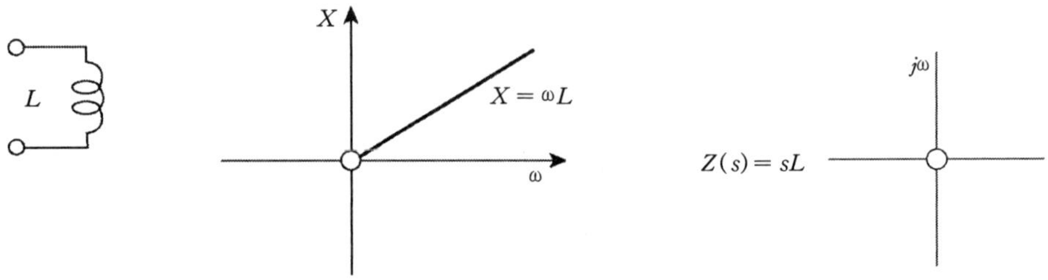

[그림 10-3]

2. C 만의 회로

$$Z(j\omega) = \frac{1}{jX} = \frac{1}{j\omega C}, \qquad Z(s) = \frac{1}{sC}, \quad X = \frac{-1}{\omega C}, \qquad \frac{dX}{d\omega} = \frac{1}{\omega^2 C} > 0$$

$Z(s)$의 영점은 $s = \infty$, 극점은 $s = 0$

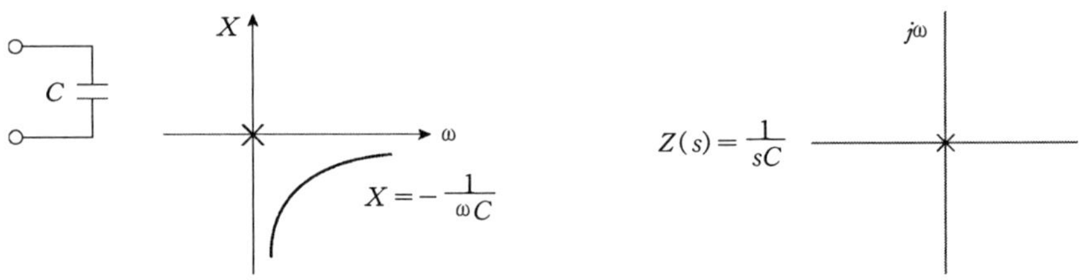

[그림 10-4]

3. $L \cdot C$ 직렬회로

$$Z(j\omega) = jX = jL \cdot \frac{\omega^2 - \omega_1^{\ 2}}{\omega}, \qquad Z(s) = \frac{s^2 LC + 1}{sC} = L \cdot \frac{s^2 + \omega_1^{\ 2}}{s}$$

$$X = L \cdot \frac{\omega^2 - \omega_1^{\ 2}}{\omega}, \qquad \frac{dX}{d\omega} = L \cdot \frac{\omega^2 + \omega_1^{\ 2}}{\omega^2} > 0$$

여기서 $\omega_1 = \frac{1}{\sqrt{LC}}$ 이다.

$Z(s)$의 영점은 $s = \pm j\omega$, 극점은 $s = 0$

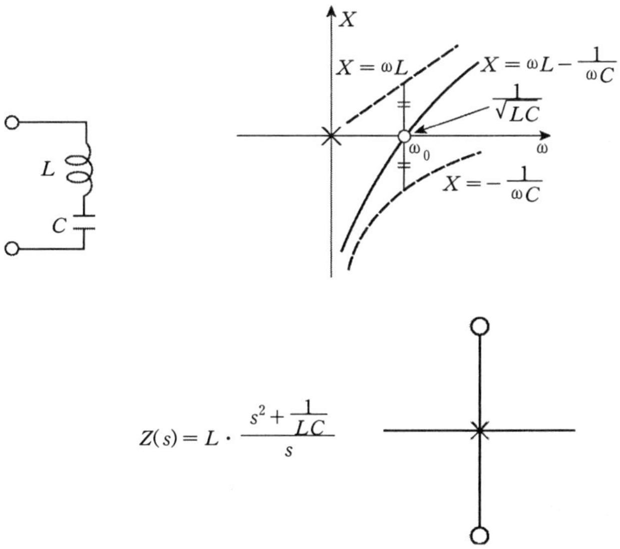

[그림 10-5]

4. $L \cdot C$ 병렬회로

$$Z(s) = \frac{1}{C}\frac{s}{s^2 + \frac{1}{LC}} = \frac{1}{C} \cdot \frac{s}{s^2 + \omega_2{}^2} \qquad \left(\text{단, } \omega_2{}^2 = \frac{1}{LC}\right)$$

$$X = -\frac{1}{C}\frac{\omega}{\omega^2 - \omega_2{}^2}, \qquad \frac{dX}{d\omega} = \frac{1}{C}\frac{\omega^2 + \omega_2{}^2}{\left(\omega^2 - \omega_2{}^2\right)} > 0$$

$Z(s)$의 영점은 $s = 0$, 극점은 $s = \pm j\omega_2$

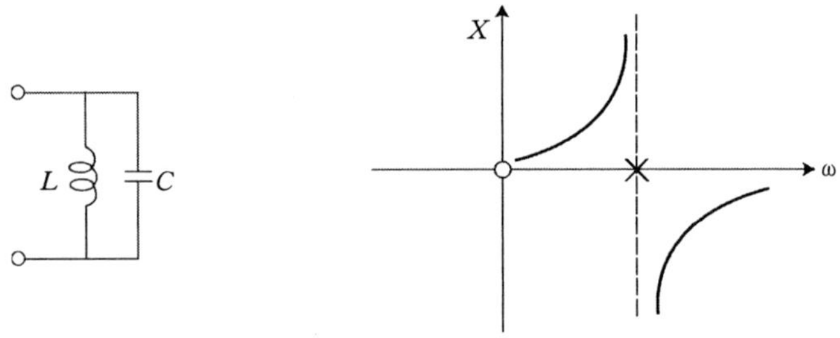

$$Z(s)=\frac{1}{C}\cdot\frac{s}{s^2+\frac{1}{LC}}$$

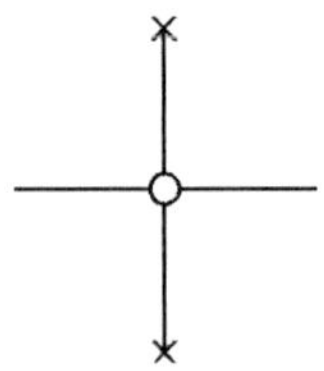

[그림 10-6]

5. $L \cdot C$ 병렬회로에 L_0를 직렬로 접속한 회로

$$Z(s)=sL_0+\frac{sL}{s^2LC+1}=L_0\frac{s(s^2+\omega_2{}^2)}{s^2+\omega_1{}^2}$$

$$\left(\text{단},\ \omega_1{}^2=\frac{1}{LC},\ \omega_2{}^2=\frac{1}{LC}\left(1+\frac{L}{L_0}\right)>\omega_1{}^2\right)$$

$$X=\left(\omega L_0-\frac{1}{C_1}\right)\frac{\omega}{\omega^2-\omega_1{}^2},\quad \frac{dX}{d\omega}=\left(L_0+\frac{1}{C}\right)\cdot\frac{\omega^2+\omega_1{}^2}{(\omega-j\omega_1{}^2)}>0$$

$Z(s)$의 영점은 $s=0,\ \pm j\omega_2$, 극점은 $s=\pm j\omega_1,\ \infty$

여기서 영점은 공진점(resonance point)이라 하며, 그 주파수를 공진주파수라 하고, 극점을 반공진점(inverse resonance point)라 하고 이때의 주파수를 반공진주파수라 한다.

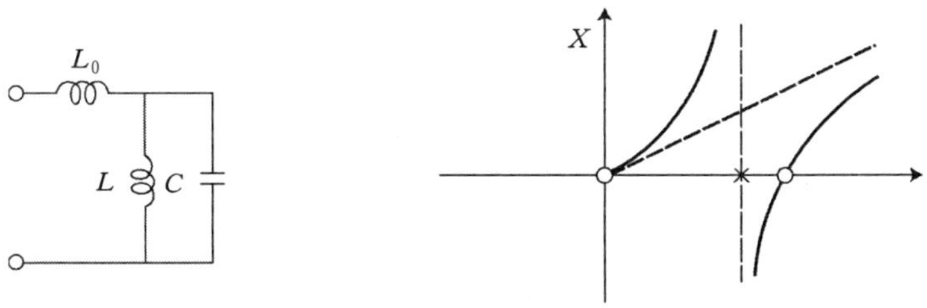

$$Z(s) = L_0 \cdot \frac{s\left[s^2 + \frac{1}{C}\left(\frac{1}{L_0} + \frac{1}{L}\right)\right]}{s^2 + \frac{1}{LC}}$$

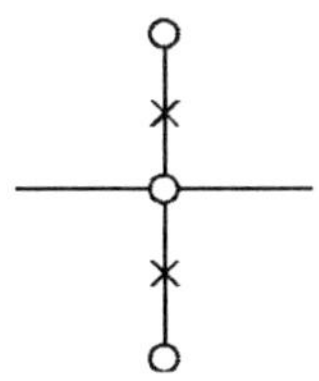

[그림 10-7]

10-4 리액턴스 2단자 회로망의 합성

1. 병렬공진회로의 직렬접속

주어진 주파수특성을 가지는 리액턴스가 2단자 회로를 구성하는 경우의 구동점 임피던스 $Z(s)$는

$$Z(s) = \frac{H(s^2+\omega_1{}^2)(s^2+\omega_3{}^2)\cdots(s^2\omega_{2n-1}{}^2)}{s(s^2+\omega_2{}^2)(s^2+\omega_4{}^2)\cdots(s^2+\omega_{2n-2}{}^2)} \tag{10-9}$$

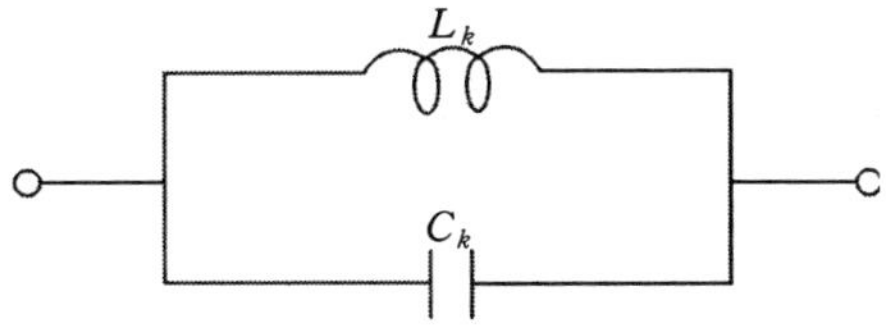

[그림 10-8]

식 (10-9)를 부분분수로 분해하면

$$Z(s)=s\left(\frac{H_0}{s^2}+\frac{H_2}{s^2+\omega_2{}^2}+\cdots+\frac{H_k}{s^2+\omega_k{}^2}\right.$$

$$\left.+\cdots+\frac{H_{2n-2}}{s^2+\omega_{2n-2}{}^2}+H_\infty\right) \tag{10-10}$$

일반항 H_k를 구하기 위해 양변에 $(s^2+\omega_k{}^2)$을 곱하고 s^2 대신에 $-\omega_k{}^2$ 을 대입하면

$$H_k=(s^2+\omega_k{}^2)\frac{Z(s)}{s}\bigg|_{s^2=-\omega_k{}^2} \tag{10-11}$$

(단, $k=0,\ 2,\ 4,\ \cdots,\ (2n-2),\ \omega_0=0$)

또한 [그림 10-8]의 L_k와 C_k의 병렬회로에서

$$Z_k=\frac{L_k s}{1+L_k C_k s^2}$$

$$=\frac{\dfrac{s}{C_k}}{s^2+\dfrac{1}{C_k L_k}}=s\left(\frac{\dfrac{1}{C_k}}{s^2+\dfrac{1}{C_k L_k}}\right) \tag{10-12}$$

식 (10-10)의 부분분수 중 제 k항을 $sH_k/(s^2+\omega_k{}^2)=Z_k$라 하면

$$H_k=\frac{1}{C_k},\quad \omega_k{}^2=\frac{1}{L_k C_k},\quad L_k=\frac{1}{C_k\omega_k{}^2} \tag{10-13}$$

식 (10-10)으로 주어진 $Z(s)$를 [그림 10-9]와 같이 표시함으로써 병렬공진회로의 직렬접속을 나타낼 수 있다. 또한 제1항 H_0/s는 정전용량으로 마지막 항인 sH_∞는 인덕턴스로 실현된다.

$$\left.\begin{aligned} C_k &= \left| \frac{1}{s^2+\omega_k{}^2} \cdot \frac{s}{Z(s)} \right| s^2 = -\omega_k{}^2 \\ L_k &= \frac{1}{C_k \omega_k{}^2} \\ L_\infty &= H \end{aligned}\right\} \qquad (10\text{-}14)$$

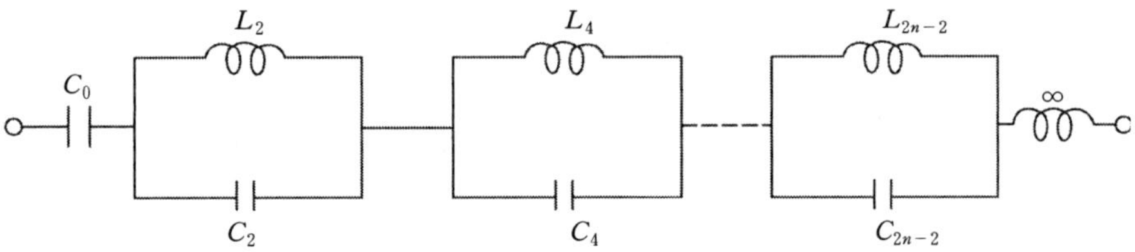

[그림 10-9]

2. 직렬공진회로의 병렬접속

직렬공진회로를 병렬접속시킨 회로의 구동점 어드미턴스 $Y(s)$는

$$\begin{aligned} Y(s) &= \frac{1}{Z(s)} \\ &= \frac{s(s^2\omega_2{}^2)(s^2+\omega_4{}^2)\cdots(s^2+\omega_{2m-2}{}^2)}{H(s^2+\omega_1{}^2)(s^2+\omega_3{}^2)\cdots(s^2+\omega_{2n-1}{}^2)} \end{aligned} \qquad (10\text{-}15)$$

이 식을 부분분수로 고치면

$$\begin{aligned} Y(s) = s\biggl(& \frac{F_1}{s_2+\omega_1{}^2} + \frac{F_3}{s^2+\omega_3{}^2} + \cdots \\ & + \frac{F_k}{s^2+\omega_k{}^2} + \cdots + \frac{F_{2n-1}}{s^2+\omega_{2n-1}{}^2} \biggr) \end{aligned} \qquad (10-16)$$

일반항 F_k를 구하기 위해 양변에 $(s^2+\omega_k{}^2)$을 곱하고 s^2 대신에 $-\omega_k{}^2$을 대입하면 우변은 sF_k만 남는다.

$$F_k=(s^2+\omega_k{}^2)\cdot\frac{Y(s)}{s}\bigg|_{s^2=-\omega_k{}^2}$$

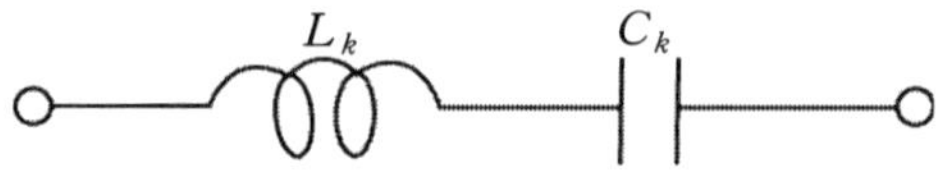

[그림 10-10]

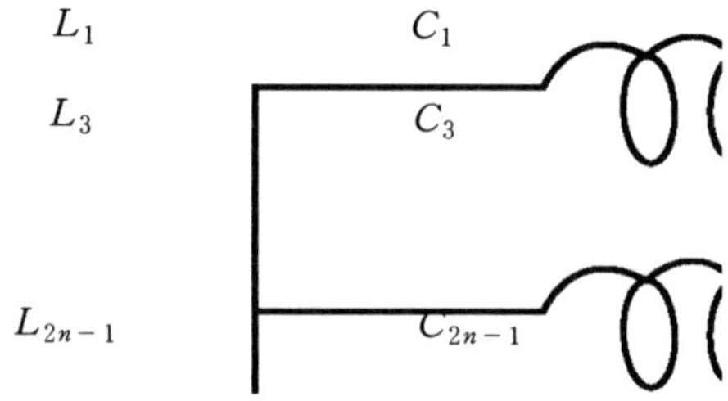

[그림 10-11]

[그림 10-10]과 같은 직렬회로에서 어드미턴스는

$$Y_k=\frac{sC_k}{1+L_kC_ks^2}=\frac{s\cdot\dfrac{1}{L_k}}{s^2+\dfrac{1}{L_kC_k}} \tag{10-17}$$

식 (10-14)의 부분분수 중 제 k항을 $sF_k/s^2+\omega_k{}^2=Y_k$라 하면

$$F_k=\frac{1}{L_k},\ \ L_k=\frac{1}{F_k},\ \ \omega_k{}^2=\frac{1}{L_kC_k},\ \ C_k=\frac{1}{L_k\omega_k{}^2} \tag{10-18}$$

따라서 식 (10-14)로 주어진 $Y(s)$를 [그림 10-11]과 같은 직렬공진회로를 병렬접속시킨 회로로 나타낼 수 있다.

$$\left.\begin{aligned}L_k&=\frac{1}{F_k}=\frac{1}{s^2+\omega_k{}^2}\cdot\frac{s}{Y(s)}\bigg|_{s^2=-\omega_k{}^2}\\C_k&=\frac{1}{L_k\omega_k{}^2}\end{aligned}\right\} \tag{10-19}$$

3. 사다리형(cauer형) 회로

[그림 10-12]와 같이 다수의 임피던스를 직렬 및 병렬로 무한히 상호 접속한 회로를 사다리형(ladder-type circuit)이라고 한다.

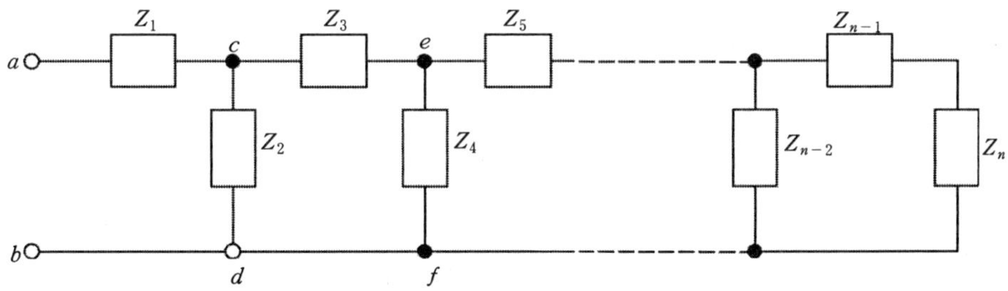

[그림 10-12]

단자 a, b에서 본 전임피던스 Z는 Z_1과 $c-d$에서 우측을 본 임피던스 Z_2와의 합성이다.

$$Z = Z_1 + \cfrac{1}{\cfrac{1}{Z_2} + \cfrac{1}{Z_2'}} = Z_1 + \cfrac{1}{Y_2 + \cfrac{1}{Z_2'}} \tag{10-20}$$

또 단자 $e-f$에서 우측을 본 임피던스 Z_4'라고 하면

$$Z_2' = Z_3 + \cfrac{1}{\cfrac{1}{Z_4} + \cfrac{1}{Z_4'}} = Z_3 + \cfrac{1}{Y_4 + \cfrac{1}{Z_4'}} \tag{10-21}$$

로 나타낼 수 있으며, 계속하여 Z_4', Z_6' …에 대해서도 같은 방법으로 표현할 수 있다. 따라서 식 (10-20)에 식 (10-21) 및 Z_4', Z_6'를 순차적으로 대입하면 다음과 같이 연분수 형태로 나타낼 수 있다.

$$Z = Z_1 + \cfrac{1}{Y_2 + \cfrac{1}{Z_3 + \cfrac{1}{Y_4 + \cfrac{1}{Z_5 + \cfrac{1}{Y_6} + \cdots}}}} \tag{10-22}$$

이와 같은 식을 간단히 다음과 같이 나타낼 수도 있다.

$$Z = Z_1 + \frac{1}{Y_2} + \frac{1}{Z_3} + \frac{1}{Y_4} + \frac{1}{Z_5} + \frac{1}{Y_6} + \cdots\cdots \tag{10-23}$$

지금 리액턴스 2단자 회로망의 구동 임피던스 $Z(s)$는

$$Z(s) = \frac{a_0 + a_2 s^2 + a_4 s^4 + \cdots + a_{2n} s^{2n}}{b_1 s + b_3 s^2 + \cdots + b_{2n-1} s^{2n-2}} \tag{10-24}$$

로 표시되고, 그 분자를 분모로 나누면

$$Z(s) = \frac{a_{2n}}{b_{2n-1}} s + \frac{c_0 + c_2 s^2 + \cdots + c_{2n-2} s^{2n-2}}{b_1 s + b_3 s^2 + \cdots + b_{2n-1} s^{2n-2}} \tag{10-25}$$

$$\left(단,\ \ C_{2k} = a_{2k} - b_{2k-1} \frac{a_{2n}}{b_{2n-1}} \right)$$

이 된다. 또 식 (10-25)에서 우변의 제2항의 분모를 분자로 나누면

$$Z(s) = \frac{a_{2n}}{b_{2n-1}} s + \cfrac{1}{\cfrac{b_{2n-1}}{c_{2n-2}} s + \cfrac{s(d_1 d_3 s^2 + \cdots + d_{2n-3} s^{2n-4})}{c_0 + c_2 s^2 + \cdots + c_{2n-2} s^{2n-2}}} \tag{10-26}$$

$$\left(단,\ \ d_{2k-1} = b_{2k-1} - c_{k-2} \frac{b_{2n-1}}{c_{2n-1}} \right)$$

이 된다. 이와 같은 계산을 반복하여 행하면 $Z(s)$를 연분수의 형태로 만들 수 있다. $Z(s)$를 연분수의 형식으로 쓰면

$$Z(s)=\frac{c_{2n}}{b_{2n-1}}s+\cfrac{1}{\cfrac{b_{2n-1}}{c_{2n-2}}s+\cfrac{1}{\cfrac{c_{2n-2}}{d_{2n-3}}s+\cfrac{1}{\cfrac{d_{2n-3}}{e_{2n-4}}s+\cdots}}}$$

(10-27)

이 된다. [그림 10-13]과 같은 사다리형 회로의 구동점 임피던스 $Z(s)$는

$$Z(s)=sL_1+\cfrac{1}{sC_1+\cfrac{1}{sL_2+\cfrac{1}{sC_2+\cdots}}} \tag{10-28}$$

이므로 식 (10-26)과 식 (10-27)을 비교하여 보면

$$\left.\begin{aligned} L_1&=\frac{a_{2n}}{b_{2n-1}},\quad L_2=\frac{c_{2n-2}}{d_{2n-3}},\quad \cdots \\ C_1&=\frac{b_{2n-1}}{c_{2n-2}},\quad C_2=\frac{d_{2n-3}}{e_{2n-4}},\quad \cdots \end{aligned}\right\} \tag{10-29}$$

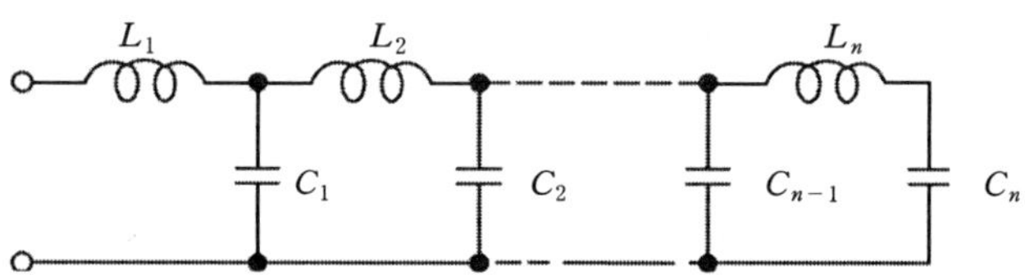

[그림 10-13]

10-5 임피던스 함수의 2단자 회로망 구성

1. $R \cdot L \cdot C$ 직렬회로

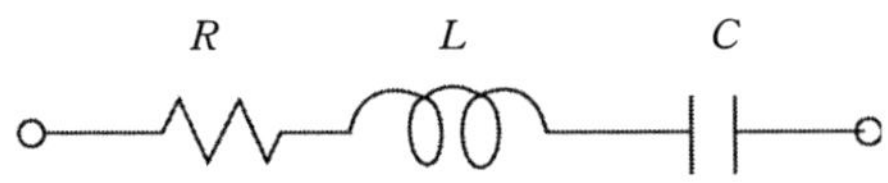

[그림 10-14]

[그림 10-14]의 $R \cdot L \cdot C$직렬회로의 구동점 임피던스 $Z(j\omega)$는

$$Z(j\omega) = R + j\omega L + \frac{1}{j\omega C}$$

여기서 $s = j\omega$

$$Z(s) = R + sL + \frac{1}{sC} \qquad (10-30)$$

따라서 직렬회로의 구동점 임피던스에 알 수 있는 바와 같이 전체함수가 합의 함수가 된다.

식 (10-30)에서 R은 상수, L은 곱의 함수, C는 곱의 역수함수이다.

【예제 10-2】 임피던스 $Z(s) = \dfrac{8s+7}{s}$로 표시되는 2단자회로는?

〈풀이〉 $Z(s) = \dfrac{8s+7}{s} = 8 + \dfrac{7}{s} = 8 + \dfrac{1}{\dfrac{1}{7}s} = R + \dfrac{1}{sC}$ 형태이므로

$R = 8[\Omega]$, $C = \dfrac{1}{7}$[F]이 된다. 그러므로 $R \cdot C$ 직렬회로로 표시된다.

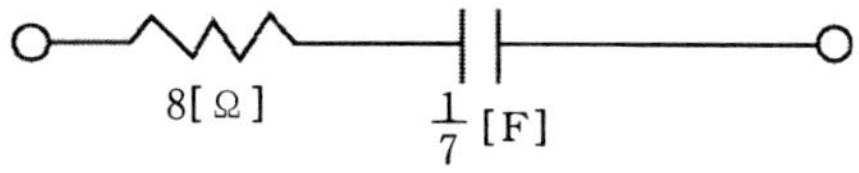

[그림 10-15]

2. $L \cdot C$ 병렬회로

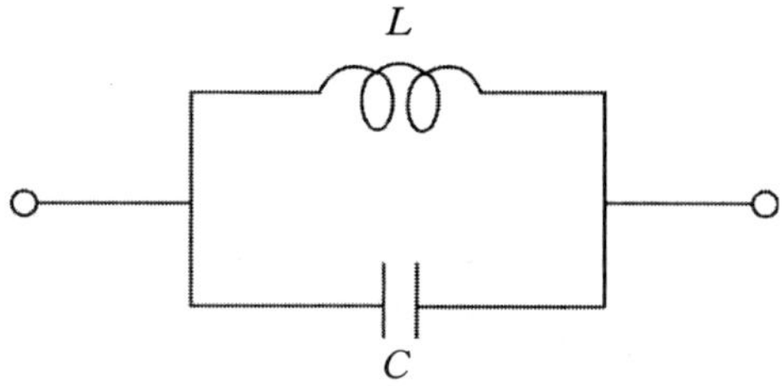

[그림 10-16]

[그림 10-16]의 $L \cdot C$ 병렬회로에서 구동점 임피던스 $Z(s)$는

$$Z(s) = \frac{sL \cdot \frac{1}{sC}}{sC + \frac{1}{sL}} = \frac{1}{sC + \frac{1}{sL}} \qquad (10-31)$$

병렬회로는 구동점 임피던스값은 전체함수가 역수를 취하고 있고, 직렬과 반대이므로 C는 L의 형태를 L은 C의 형태를 취하고 있으며, 주어진 임피던스 함수를 회로망으로 구할 때는 함수를 간단하게 직렬 또는 병렬의 형태로 고쳐 놓으면 간단하다.

【예제 10-3】 임피던스 함수 $Z(s) = \frac{3s}{s^2+15}$로 표시되는 리액턴스 2단자망은?

〈풀이〉 $Z(s) = \frac{3s}{s^2+15} = \frac{1}{\frac{s^2+15}{3s}} = \frac{1}{\frac{1}{3}s + \frac{1}{\frac{1}{5}s}} = \frac{1}{sC + \frac{1}{sL}}$

형태이므로 $L \cdot C$ 병렬회로로 구성되고 $C = \frac{1}{3}$ [F], $L = \frac{1}{5}$ [H]가 된다.

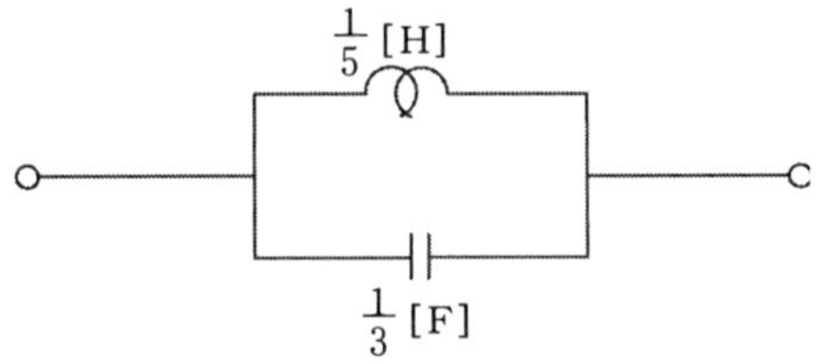

[그림 10-17]

10-6 역회로와 정저항회로

1. 역회로

2개의 2단자 회로에 있어서 그 입력 임피던스를 Z_1, Z_2라 할 때

$$Z_1 \cdot Z_2 = K^2 \ (K^2\text{는 상수}) \qquad (10-32)$$

의 관계와 같이 두 회로의 임피던스의 곱이 주파수에 관계없이 일정할 때 두 회로는 서로 역회로의 관계가 있다고 한다. 예를 들면

$$Z_1 = j\omega L, \ \ Z_2 = \frac{1}{j\omega C}$$

이라 하면

$$Z_1 \cdot Z_2 = \frac{L}{C} = K^2 \qquad (10-33)$$

이 되고, 인덕턴스 L과 커패시턴스 C는 역회로를 이루고 있다.

【예제 10-4】 [그림 10-18]은 서로 역회로이다. 이때 L'[H]와 C'[μF]의 값을 구하여라. (단, $K = 100$이다)

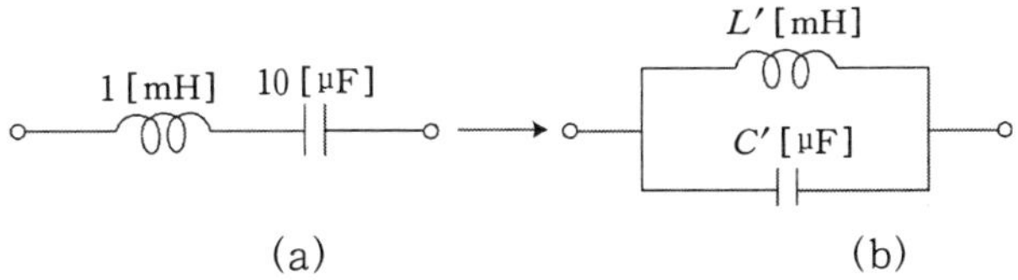

[그림 10-18]

〈풀이〉 $Z_1 \cdot Z_2 = K^2 = \frac{L}{C}$ 의 관계로부터

$$\therefore \quad L' = C \cdot K^2 = 10 \times 10^{-6} \times 100^2 = 0.1\,[\mathrm{H}]$$

$$C' = \frac{L}{K^2} = \frac{1 \times 10^{-3}}{100^2} = 0.1\,[\mu\mathrm{F}]$$

2. 정저항회로

일반적으로 구동점 임피던스 $Z(j\omega)$는 식 (10-8)에서

$$Z(j\omega) = \frac{A_0(\omega) + jA_1(\omega)}{B_0(\omega) + jB_1(\omega)} \tag{10-34}$$

이므로 $Z(j\omega)$의 허수부가 ω에 관계없이 0이 되기 위해서는

$$\frac{A_0(\omega)}{B_0(\omega)} = \frac{A_1(\omega)}{B_1(\omega)} \tag{10-35}$$

가 성립되지 않으면 안 된다. 이것을 $Z(j\omega)$에 대입하면

$$Z(j\omega) = \frac{A_0(\omega)}{B_0(\omega)} = \frac{A_1(\omega)}{B_1(\omega)} \tag{10-36}$$

이 된다. 식 (10-36)과 식 (10-8)을 비교하면

$$\frac{a_0 - a_2\omega^2 + \cdots + (-1)^n a_{2n}\omega^{2n}}{-b_2\omega^2 + b_4\omega^4 + \cdots + (-1)^{n-1} b_{2n-2}\omega^{2n-2}}$$

$$= \frac{a_1 - a_3\omega^3 + \cdots + (-1)^{n-1} a_{2n-1}\omega^{2n-2}}{b_1 - b_3\omega^3 + \cdots + (-1)^{n-1} b_{2n-1}\omega^{2n-2}} \tag{10-37}$$

이 성립된다. 식 (10-37)에서

$$\frac{a_1}{b_1}=\frac{a_2}{b_2}=\frac{a_3}{b_3}=\cdots=\frac{a_{2n-1}}{b_{2n-1}} \tag{10-38}$$

이 되며, 따라서

$$Z(j\omega)=\frac{a_1}{b_1} \tag{10-39}$$

이 되어 주파수에 무관하게 된다. 이상에서 알 수 있는 바와 같이 구동점 임피던스의 허수부가 주파수에 관계없이 0이 되면 실수부도 또한 주파수에 관계없이 일정하게 된다. 이와 같은 회로를 정저항회로라 하며, [그림 10-19] (a)의 회로에서 임피던스 Z_1, Z_2가 서로 역회로이고, $Z_1 \cdot Z_2 = R^2$의 관계가 성립될 때 $Z=R$로 되어 정저항으로 된다. [그림 10-19] (b), (c)도 같은 조건이 성립한다. [그림 10-19] (b)의 회로로 증명하면

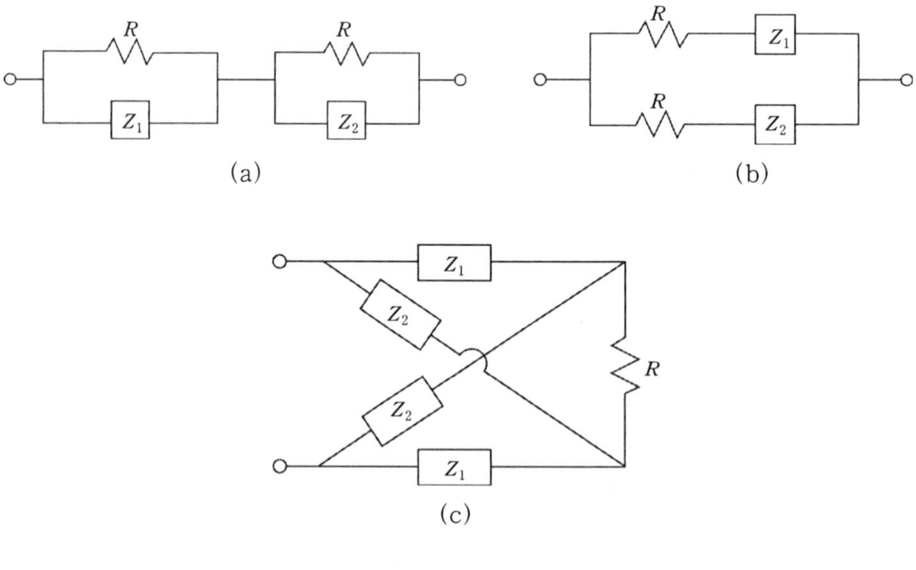

[그림 10-19]

$$Z = \frac{(R+Z_1)(R+Z_2)}{(R+Z_1)+(R+Z_2)} = \frac{R^2+RZ_1+RZ_2+Z_1Z_2}{2R+Z_1+Z_2}$$

$$= R\left(\frac{R+Z_1+Z_2+\frac{Z_1Z_2}{R}}{2R+Z_1+Z_2}\right) \qquad (10-40)$$

여기서, $Z=R$ 인 정저항이 되기 위해서는 식 (10-40)의 괄호 안의 항이 1이면 되므로

$$\frac{R+Z_1+Z_2+\frac{Z_1Z_2}{R}}{2R+Z_1+Z_2} = 1$$

$$R+Z_1+Z_2+\frac{Z_1Z_2}{R} = 2R+Z_1+Z_2$$

$$\therefore \ Z_1 \cdot Z_2 = R^2 \qquad (10-41)$$

이 되며 역회로의 $Z_1 \cdot Z_2$의 관계를 함께 표시하면

$$Z_1 \cdot Z_2 = K^2 = \frac{L}{C} = R^2 \qquad (10-42)$$

이 성립하므로

$$R = \sqrt{\frac{L}{C}} \qquad (10-43)$$

이 된다.

연·습·문·제

(1) 2단자 임피던스 함수 $Z(s)=\dfrac{(s+1)(s+2)}{(s+3)(s+4)}$ 일 때 영점(zero)과 극점(pole)을 표시하면?

(2) 임피던스 $Z(s)$가 $Z(s)=\dfrac{s+30}{s^2+2RLs+1}$ 으로 주어지는 2단자 회로에 직류 전류원 30[A]를 가할 때 이 회로의 단자전압[V]은? (단, $s=j\omega$ 이다)

(3) [그림 10−20]과 같은 회로가 정저항회로가 되기 위한 L 의 값은 몇 [H]인가? (단, $R=10[\Omega]$, $C=100[\mu F]$)

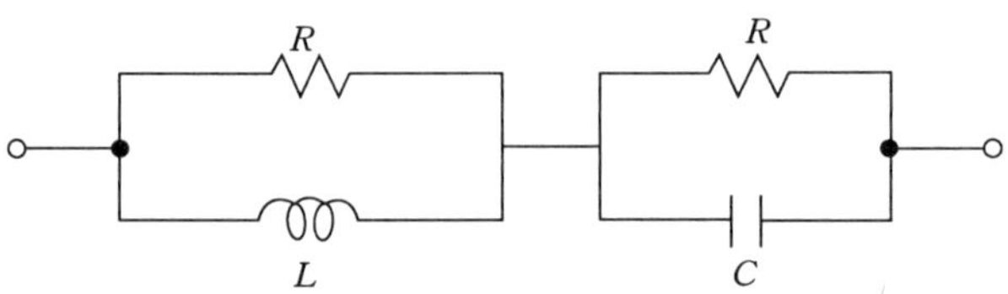

[그림 10-20]

(4) [그림 10−21]과 같은 회로가 정저항회로가 되기 위해서는 ωL 의 값은 몇 [Ω]이어야 하는가?

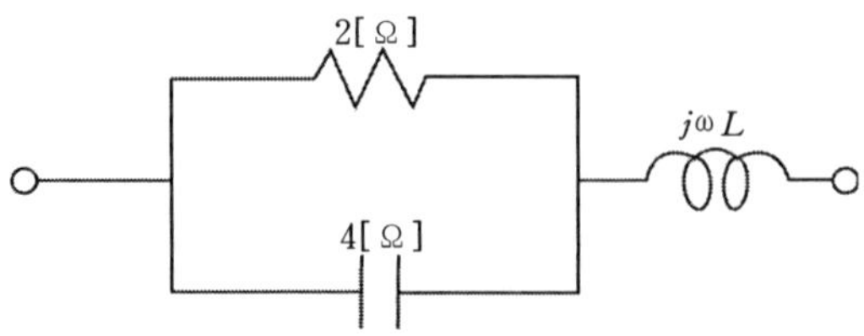

[그림 10-21]

(5) [그림 10−22] (a), (b) 회로가 역회로의 관계가 있으려면 L의 값은 몇 [mH]인가?

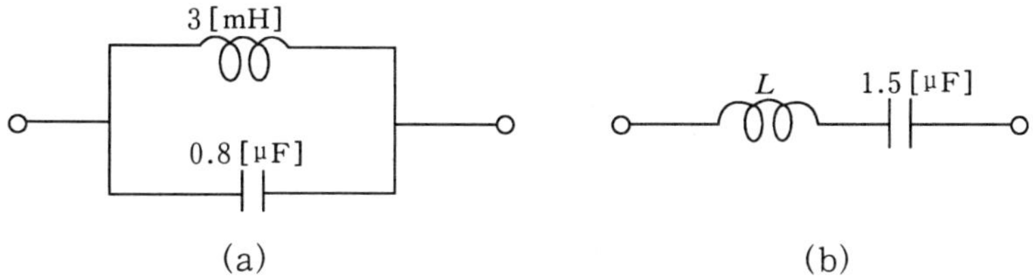

[그림 10-22]

(6) [그림 10−23]에서 $Z(s)$를 구하면?

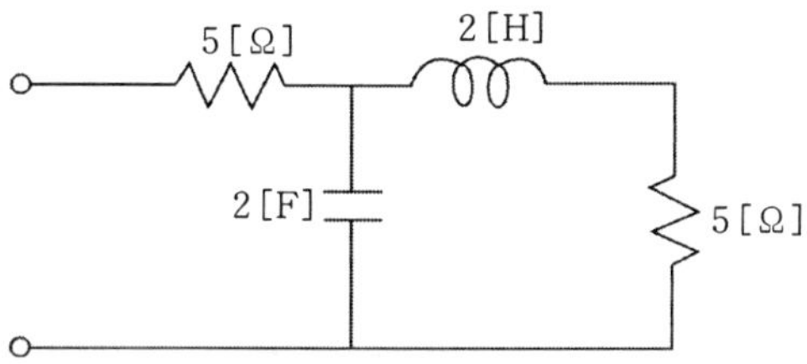

[그림 10-23]

(7) 임피던스 함수가 $Z(s)=\dfrac{6s^2+1}{s(s^2+1)}$로 표시되는 2단자 회로망은 어떻게 되는가?

(8) $Z(s)=\dfrac{s}{s^2+3}$로 주어졌을 때 2단자 회로망은?

(9) 임피던스 함수가 $Z(s)=4s/(s^2+9)$로 표시되는 리액턴스 2단자 회로망은 어떻게 되는가?

(10) [그림 10-24]와 같은 회로의 임피던스 함수 $Z(s)$는?

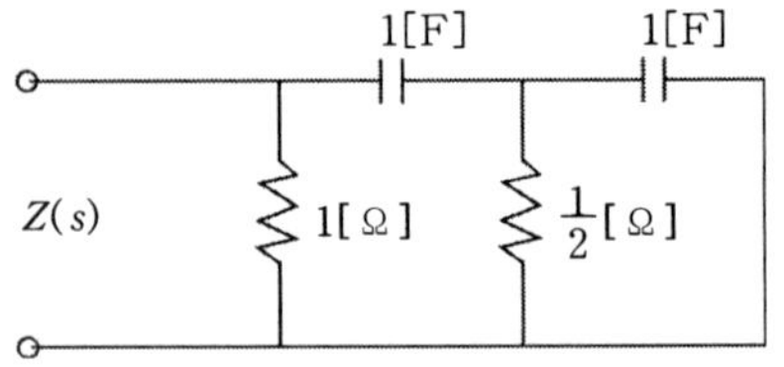

[그림 10-24]

(11) [그림 10-25] 회로망의 구동점 임피던스 $Z(s)$를 구하면?

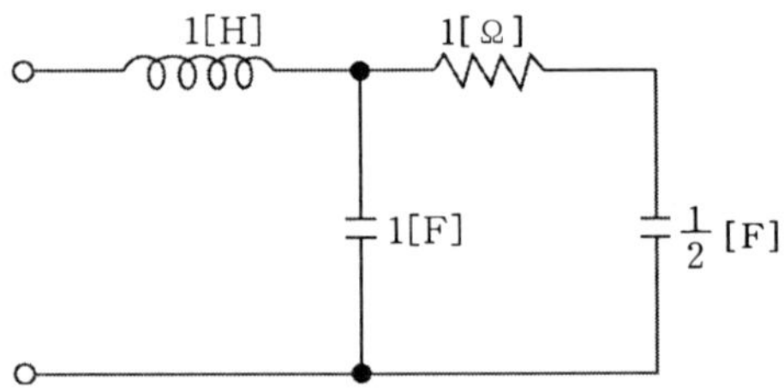

[그림 10-25]

(12) 리액턴스 함수가 $Z(s)=3+\dfrac{s}{s^2+2}$ 로 표시되는 2단자 회로망은?

제 11 장

4단자 회로망

11-1 4단자 회로망의 정의

일반적으로 전송계에서 송신계가 있으면 수신계가 반드시 뒤따르듯이 많은 회로망은 입력단자가 있으면 반드시 출력단자가 필요하게 된다. 회로망을 어떤 목적에 부합되게 사용하고자 할 때, 예를 들면 전원변압기의 입출력단자, 전송선로의 입출력단자, 증폭기의 입출력단자 등과 같이 2개의 단자 쌍을 취급하는 회로를 4단자망이라 한다.

4단자망이 선형회로와 비선형회로, 수동회로와 능동회로, 쌍방향성회로와 단방향성회로 등으로 분류되나, 여기서는 선형이고 또한 내부에 전원을 포함하지 않는, 즉 수동회로망 중에서 쌍방향성이고 유한소자로 구성되며, $R \cdot L \cdot C$ 집중정수로 구성된 회로를 취급한다.

11-2 임피던스 파라미터

[그림 11-1]과 같은 4단자망에서 입력단자 $1-1'$에 입력전압 V_1, 입력전류 I_1이고, 출력단자 $2-2'$에 출력전압 V_2, 출력전류를 I_2라 하고 그림과 같은

[그림 11-1]

방향으로 가정하여 키르히호프의 법칙에 의하여 다음과 같이 표시할 수 있다.

$$\left.\begin{aligned} V_1 &= Z_{11} I_1 + Z_{12} I_2 \\ V_2 &= Z_{21} I_1 + Z_{22} I_2 \end{aligned}\right\} \tag{11-1}$$

또는 행렬식으로 표시하면

$$\begin{bmatrix} V_1 \\ V_2 \end{bmatrix} = \begin{bmatrix} Z_{11} & Z_{12} \\ Z_{21} & Z_{22} \end{bmatrix} \begin{bmatrix} I_1 \\ I_2 \end{bmatrix} \tag{11-2}$$

이다. 식 (11-2)의 행렬을 임피던스 행렬 또는 Z행렬이라 한다. 여기서 Z_{11}, Z_{12}, Z_{21}, Z_{22}는 비례계수로서 모두 임피던스 원을 가지므로 이것을 4단자망의 임피던스 파라미터(Z parameter)라 한다. 즉 식 (11-1)은 임피던스 정수를 사용한 임피던스 파라미터의 기초방정식이 된다. 임피던스 파라미터는 4단자망의 4개의 변수 V_1, I_1, V_2, I_2 중 단자전압 V_1, V_2를 변수로 표시하기 위한 계수이다.

식 (11-1)의 임피던스 파라미터값은 I_1 또는 I_2를 개방($I_1=0$, $I_2=0$)함으로써 구할 수 있다.

① 단자 $2-2'$를 개방하면 $I_2=0$이므로

$Z_{11}=\left.\dfrac{V_1}{I_1}\right|_{I_2=0}$: 단자 $1-1'$에서의 개방 구동점 임피던스 $\left(\dfrac{Y_{22}}{|Y|}\right)$

$Z_{21}=\left.\dfrac{V_2}{I_1}\right|_{I_2=0}$: 개방 순방향 전달 임피던스 $\left(\dfrac{-Y_{12}}{|Y|}\right)$

② 단자 1－1′를 개방하면 $I_1=0$이므로

$$Z_{12}=\frac{V_1}{I_2}\bigg|_{I_1=0}$$: 개방 역방향 전달 임피던스 $\left(\frac{-Y_{21}}{|Y|}\right)$

$$Z_{22}=\frac{V_2}{I_2}\bigg|_{I_1=0}$$: 단자 2－2′에서의 개방 구동점 임피던스 $\left(\frac{-Y_{11}}{|Y|}\right)$

단, $|Y|=Y_{11}Y_{22}-Y_{12}Y_{21}$이 된다. $Z_{12}=Z_{21}$의 극성을 결정하는 방법을 [그림 11-1]의 단자전압과 전류의 경우라면 양(＋)의 값을 갖는다.

【예제 11-1】 [그림 11-2]와 같은 T형 회로망의 임피던스 파라미터값을 구하여라.

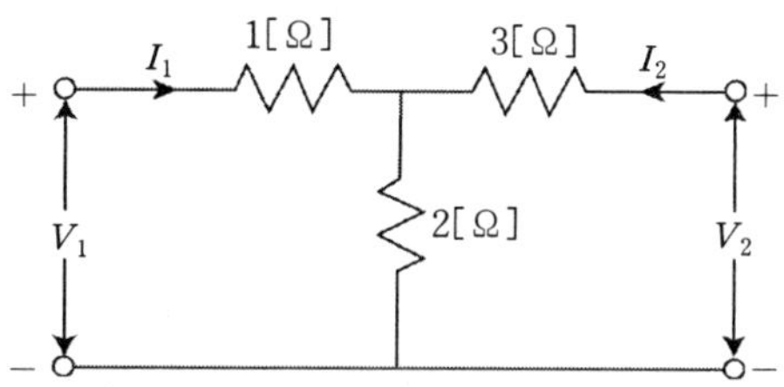

[그림 11-2]

〈풀이〉 ① 단자 2－2′를 개방하면 $I_2=0$이므로

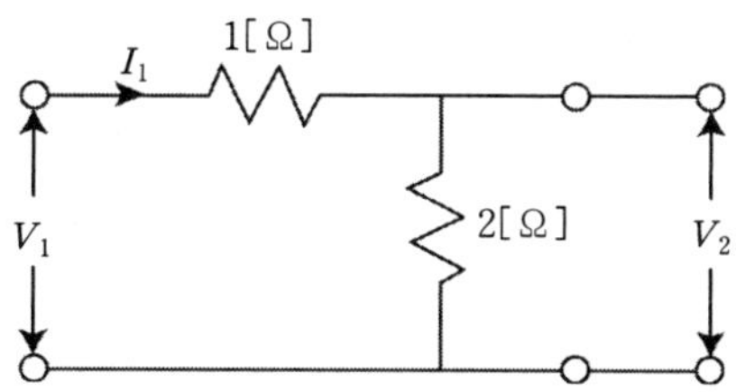

$$Z_{11}=\frac{V_1}{I_1}\bigg|_{I_2=0}=\frac{(1+2)I_1}{I_1}=3[\Omega]$$

$$Z_{21}=\frac{V_2}{I_1}\bigg|_{I_2=0}=\frac{2I_1}{I_1}=2[\Omega]$$

② 단자 $1-1'$를 개방하면 $I_1=0$이므로

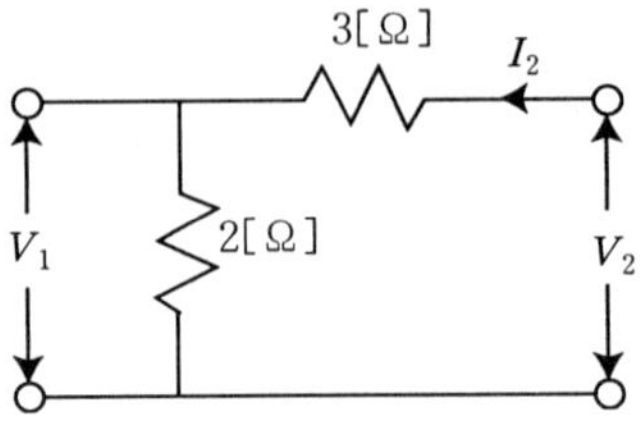

$$Z_{12}=\left.\frac{V_1}{I_2}\right|_{I_1=0}=\frac{2I_2}{I_2}=2[\Omega]$$

$$Z_{22}=\left.\frac{V_2}{I_2}\right|_{I_1=0}=\frac{5I_2}{I_2}=5[\Omega]$$

〈간단한 풀이〉 페로 I_1, I_2에 대한 키르히호프의 전압방정식을 세우면

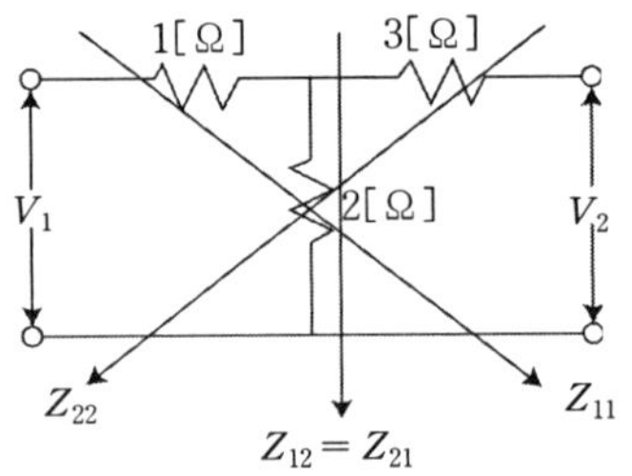

$$(1+2)I_1+2I_2=V_1 \qquad\Rightarrow\qquad Z_{11}I_1+Z_{12}I_2=V_1$$

$$2I_1+(2+3)I_2=V_2 \qquad\qquad Z_{21}I_1+Z_{12}I_2=V_2$$

$\therefore Z_{11}=3[\Omega]$, $Z_{12}=Z_{21}=2[\Omega]$, $Z_{22}=5[\Omega]$

11-3 어드미턴스 파라미터

[그림 11-1]과 같은 4자망에서 두 쌍이 단자 $1-1'$와 $2-2'$에 각각 전압 V_1, V_2가 가해졌을 때 폐로전류 I_1, I_2를 그림과 같은 방향으로 가정하면

I_1, I_2는 키르히호프의 법칙에 의해 다음 식으로 표시할 수 있다.

$$\left.\begin{aligned} I_1 &= Y_{11}V_1 + Y_{12}V_2 \\ I_2 &= Y_{21}V_1 + Y_{22}V_2 \end{aligned}\right\} \tag{11-3}$$

여기서 비례계수 Y_{11}, Y_{12}, Y_{21}, Y_{22}는 모두 어드미턴스의 원(dimension)을 가지므로 4단자망의 어드미턴스 파라미터(Y parameter)라 한다. 어드미턴스 파라미터는 4단자망의 4개 변수 V_1, I_1, V_2, I_2 중 전류 I_1, I_2를 변수로 표시하기 위한 계수이다. 식 (11-3)의 어드미턴스 파라미터는 V_1 또는 V_2를 단락($V_1=0$, $V_2=0$)하므로 구할 수 있다.

① 단자 2-2′를 개방하면 $V_2=0$이므로

$Y_{11}=\left.\dfrac{I_1}{V_1}\right|_{V_2=0}$: 단자 1-1′에서의 단락 구동점 어드미턴스 $\left(\dfrac{Z_{22}}{|Z|}\right)$

$V_{21}=\left.\dfrac{I_2}{V_1}\right|_{V_2=0}$: 단락 순방향 전달 어드미턴스 $\left(\dfrac{-Z_{12}}{|Z|}\right)$

② 단자 1-1′를 개방하면 $V_1=0$이므로

$Y_{12}=\left.\dfrac{I_1}{V_2}\right|_{V_1=0}$: 단락 역방향 전달 어드미턴스 $\left(\dfrac{-Z_{12}}{|Z|}\right)$

$Y_{22}=\left.\dfrac{I_2}{V_2}\right|_{V_1=0}$: 단자 2-2′에서의 단락 구동점 어드미턴스 $\left(\dfrac{Z_{11}}{|Z|}\right)$

(단, $|Z|=Z_{11}Z_{22}-Z_{12}Z_{22}$)

일반적으로 선형회로망에서는 $Y_{12}=Y_{21}$이 되고 대칭 회로망의 경우는 $Y_{11}=Y_{22}$가 된다. $Y_{12}=Y_{21}$의 극성을 결정하는 방법은 임피던스 파라미터의 경우와 반대가 되므로 [그림 11-1]의 경우는 음(-)의 값을 갖는다.

【예제 11-2】 [그림 11-3]과 같은 π형 회로망에서 어드미턴스 파라미터의 값을 구하여라.

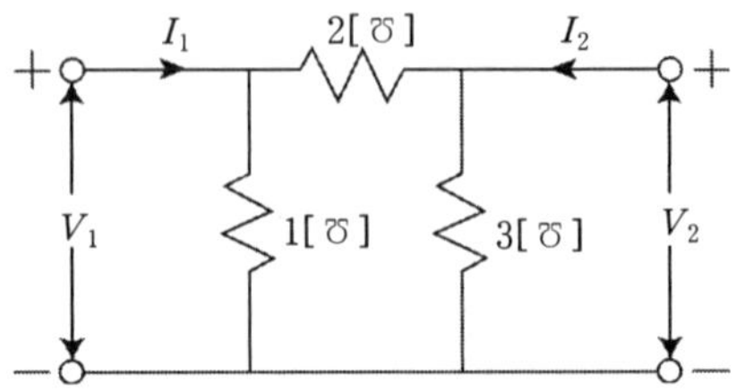

[그림 11-3]

〈풀이〉 ① 단자 2−2′를 단락하면 $V_2=0$이므로

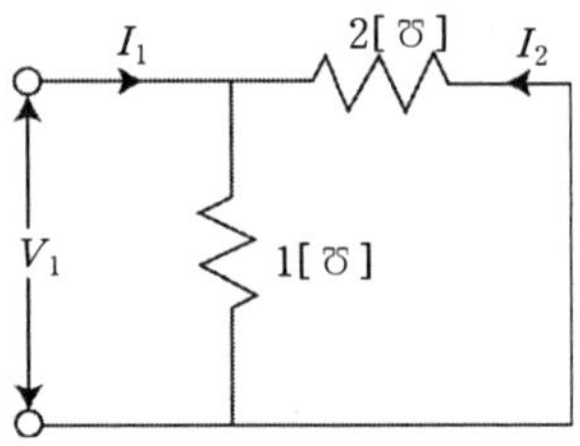

$$Y_{11}=\left.\frac{I_1}{V_1}\right|_{V_2=0}=\frac{(2+1)V_1}{V_1}=3[℧]$$

$$V_{21}=\left.\frac{-I_2}{V_1}\right|_{V_2=0}=\frac{-2V}{V_1}=-2[℧]$$

② 단자 1−1′를 단락하면 $V_1=0$이므로

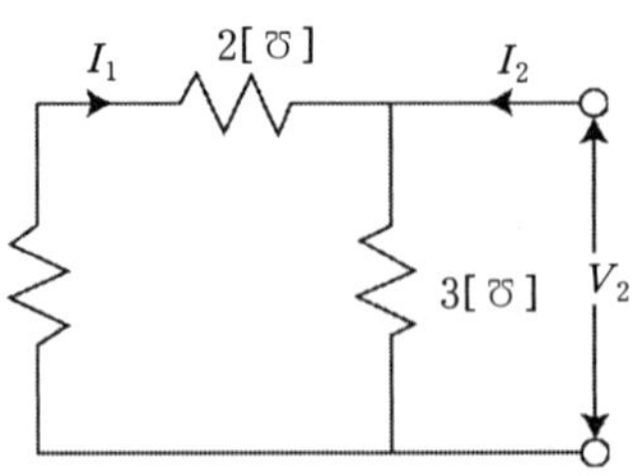

$$Y_{12}=\left.\frac{-I_1}{V_2}\right|_{V_1=0}=\frac{-2V_2}{V_2}=-2[℧]$$

$$Y_{22}=\left.\frac{I_2}{V_2}\right|_{V_1=0}=\frac{(2+3)V_2}{V_2}=5[℧]$$

〈간단한 풀이〉

$$Y_{11}=3[℧]$$

$$Y_{12}=Y_{21}=-2[℧]$$

$$Y_{22}=5[℧]$$

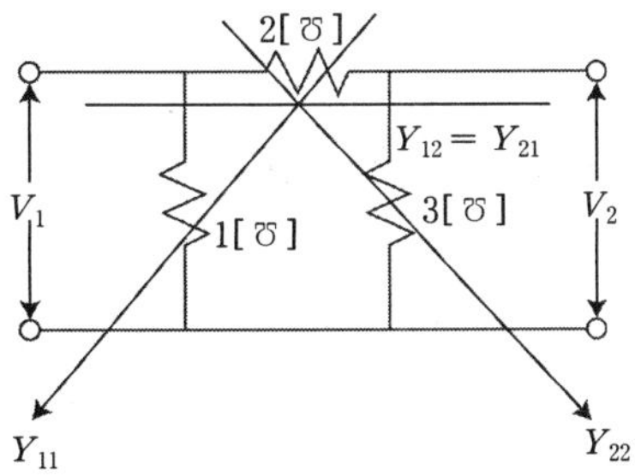

11-4 하이브리드 파라미터

4단자망의 4개 변수 V_1, I_1, V_2, I_2 중 한 쪽의 단자전압과 다른 쪽의 단자전류를 나머지 두 변수로 표시하기 위한 계수를 하이브리드 파라미터(Hybrid parameter, H parameter)라 한다. 식 (11-4)로부터 V_1, I_2 또는 V_2, I_1의 선형결합으로 표시한다.

$$\left.\begin{aligned} V_1 &= H_{11}I_1+H_{12}V_2 \\ I_2 &= H_{21}I_1+H_{22}V_2 \end{aligned}\right\} \qquad (11\text{-}4)$$

여기서 H_{11}, H_{12}, H_{21}, H_{22}를 하이브리드 파라미터 또는 H 파라미터라 한다. 하이브리드 파라미터의 물리적 의미로 Y 파라미터나 Z 파라미터와 같이 한 쪽 단자를 단락 또는 개방하여 생각하면

① 단자 2－2′를 단락하면 $V_2=0$이므로

$$\left.\begin{aligned} H_{11}&=\left.\frac{V_1}{I_1}\right|_{V_2=0} &&: \text{단락 임피던스}\left(\frac{1}{Y_{11}}\right) \\ H_{21}&=\left.\frac{I_2}{I_1}\right|_{V_2=0} &&: \text{단락 순방향 전류이득} \end{aligned}\right\}$$

② 단자 1－1′를 개방하면 $I_1=0$이므로

$$\left.\begin{aligned} H_{12}&=\left.\frac{V_1}{I_2}\right|_{I_1=0} &&: \text{개방 역방향 전압이득} \\ H_{22}&=\left.\frac{I_2}{V_2}\right|_{I_1=0} &&: \text{개방 출력 어드미턴스}\left(\frac{1}{Z_{22}}\right) \end{aligned}\right\} \qquad (11\text{-}5)$$

의 의미를 가진다. 하이브리드 파라미터는 트랜지스터와 같은 능동 4단자망을 취급하는 데 유용하다.

11-5 4단자망의 직렬 및 병렬접속

1. 직렬접속

[그림 11-4]와 같이 4단자망을 접속하는 방법을 직렬접속 방법이라고 한다. [그림 11-4]에서

$$\left.\begin{aligned} V_1 &= V_1' + V_1'', \quad I_1 = I_1' = I_1'' \\ V_2 &= V_2' + V_2'', \quad I_2 = I_2' = I_2'' \end{aligned}\right\} \qquad (11\text{-}6)$$

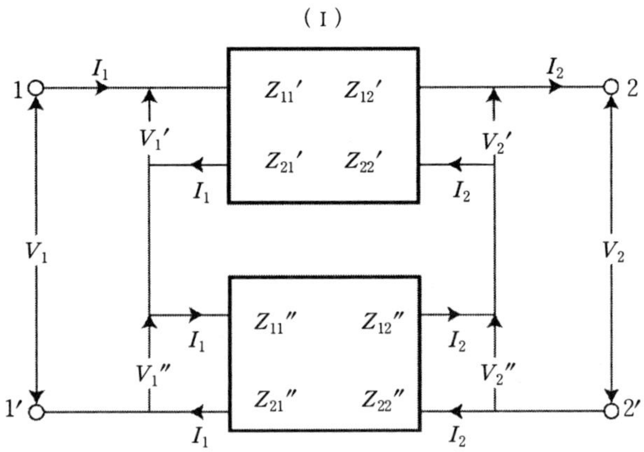

[그림 11-4]

이므로 이를 행렬로 표시하면

$$\begin{bmatrix} V_1 \\ V_2 \end{bmatrix} = \begin{bmatrix} V_1' \\ V_2' \end{bmatrix} + \begin{bmatrix} V_1'' \\ V_2'' \end{bmatrix}$$

$$= \begin{bmatrix} Z_{11}' & Z_{12}' \\ Z_{21}' & Z_{22}' \end{bmatrix} \begin{bmatrix} I_1' \\ I_2' \end{bmatrix} + \begin{bmatrix} Z_{11}'' & Z_{12}'' \\ Z_{21}'' & Z_{22}'' \end{bmatrix} \begin{bmatrix} I_1'' \\ I_2'' \end{bmatrix}$$

그런데

$$\begin{bmatrix} I_1' \\ I_2' \end{bmatrix} = \begin{bmatrix} I_1'' \\ I_2'' \end{bmatrix} = \begin{bmatrix} I_1 \\ I_2 \end{bmatrix}$$

이므로

$$\begin{bmatrix} V_1 \\ V_2 \end{bmatrix} = \begin{bmatrix} Z_{11}' + Z_{11}'' & Z_{12}' + Z_{12}'' \\ Z_{21}' + Z_{21}'' & Z_{22}' + Z_{22}'' \end{bmatrix} \begin{bmatrix} I_1 \\ I_2 \end{bmatrix}$$

$$= \begin{bmatrix} Z_{11} & Z_{12} \\ Z_{21} & Z_{22} \end{bmatrix} \begin{bmatrix} I_1 \\ I_2 \end{bmatrix}$$

로 합성 임피던스 파라미터는 각각의 임피던스 파라미터의 합이 된다. 즉 직렬접속된 4단자망은 임피던스 파라미터를 이용하여 해석하면 편리하다는 것을 알 수 있다.

2. 병렬접속

[그림 11-5]와 같은 4단자망의 접속방법을 병렬접속이라 한다.

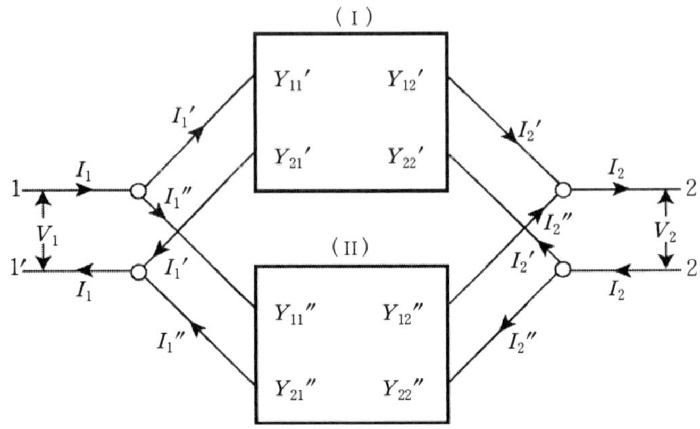

[그림 11-5]

[그림 11-5]에서

$$\left.\begin{array}{ll} V_1 = V_1{}' = V_1{}'', & V_2 = V_2{}' = V_2{}'' \\ I_1 = I_1{}' + I_1{}'', & I_2 = I_2{}' + I_2{}'' \end{array}\right\} \tag{11-8}$$

이므로 이를 직렬접속과 마찬가지로 행렬로서 정리하면

$$\begin{aligned} \begin{bmatrix} I_1 \\ I_2 \end{bmatrix} &= \begin{bmatrix} Y_{11}{}' + Y_{11}{}'' & Y_{12}{}' + Y_{12}{}'' \\ Y_{21}{}' + Y_{21}{}'' & Y_{22}{}' + Y_{22}{}'' \end{bmatrix} \begin{bmatrix} V_1 \\ V_2 \end{bmatrix} \\ &= \begin{bmatrix} Y_{11} & Y_{12} \\ Y_{21} & Y_{22} \end{bmatrix} \begin{bmatrix} V_1 \\ V_2 \end{bmatrix} \end{aligned} \tag{11-9}$$

가 되어 병렬접속의 경우 합성 어드미턴스 파라미터는 각각의 어드미턴스 파라미터의 합이 된다는 것을 알 수 있다. 즉 병렬접속된 회로망의 해석은 어드미턴스 파라미터에 의하여 하는 것이 편리하다.

11-6 4단자정수

입력측의 전압 V_1 및 전류 I_1을 출력측의 전압 V_2 및 전류 I_2의 함수로 표시한다. 특히 전력회로의 경우에는 전력이 왼쪽에서 오른쪽으로 이동시키는 것과 같으므로 [그림 11-6]과 같이 출력측의 전류 I_2가 단자 $2-2'$에서 단자 2로 흘러나가고, 단자 $2'$에 흘러들어오는 전류의 방향을 양으로 택한다. 그렇게 되면 지금까지 기술한 여러 가지 파라미터로 표시한 경우의 전류의 방향과 반대로 된 것을 주의하여야 한다. 지금 전류의 방향을 고려하여 식 (11-2)를 변형하면

$$\begin{bmatrix} V_1 \\ V_2 \end{bmatrix} = \begin{bmatrix} Z_{11} & Z_{12} \\ Z_{21} & Z_{22} \end{bmatrix} \begin{bmatrix} I_1 \\ -I_2 \end{bmatrix} \tag{11-10}$$

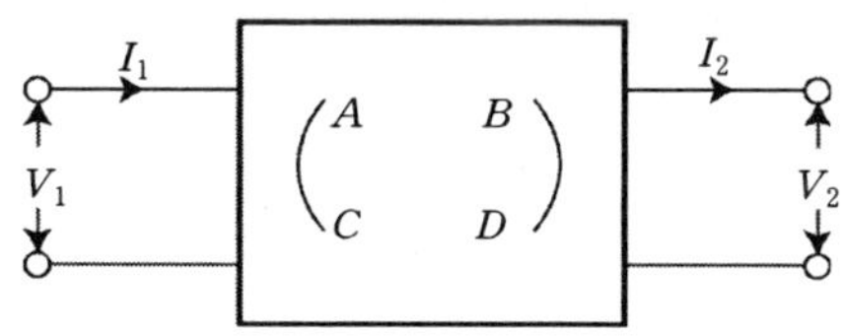

[그림 11-6]

$$\left.\begin{aligned} V_1 &= \frac{Z_{11}}{Z_{21}} V_2 + \frac{Z_{11}Z_{22} - Z_{12}Z_{21}}{Z_{21}} I_2 \\ I_1 &= \frac{1}{Z_{21}} V_2 + \frac{Z_{22}}{Z_{21}} I_2 \end{aligned}\right\} \tag{11-11}$$

이 된다. 여기에서

$$A = \frac{Z_{11}}{Z_{21}},\ B = \frac{Z_{11}Z_{22} - Z_{12}Z_{21}}{Z_{21}},\ C = \frac{1}{Z_{21}},\ D = \frac{Z_{22}}{Z_{21}}$$

라 놓으면

$$\left.\begin{aligned} V_1 &= AV_2 + BI_2 \\ I_1 &= CV_2 + DI_2 \end{aligned}\right\} \tag{11-12}$$

또는

$$\begin{bmatrix} V_1 \\ I_1 \end{bmatrix} = \begin{bmatrix} A & B \\ C & D \end{bmatrix} \begin{bmatrix} V_2 \\ I_2 \end{bmatrix} \tag{11-13}$$

가 된다.

이 A, B, C, D를 4단자정수 또는 전송 파라미터라 한다. 또 이 행렬을 종속행렬 또는 전송행렬이라 한다.

식 (11-12)는 4단자정수를 사용한 4단자망의 기초방정식이며, 4단자망을 취급하는 경우에 가장 많이 사용되고 있다. 4단자정수 사이에는

$$\Delta = \begin{bmatrix} A & B \\ C & D \end{bmatrix} = AD - BC = \frac{Z_{11}Z_{22} - Z_{11}Z_{22} + Z_{12}Z_{21}}{Z_{21}^{\ 2}} = \frac{Z_{12}}{Z_{21}}$$

의 관계가 있으며, 가역 4단자회로에서는 $Z_{12} = Z_{21}$이므로

$$AD - BC = 1 \tag{11-14}$$

이 성립한다. 그러므로 임의의 회로망에 대한 4단자정수를 구한 경우에는 식 (11-14)에 의하여 검사할 수 있으며, 4개의 정수 중 3개를 알면 다른 1개의 값을 구할 수 있다. 또한 4단자회로가 대칭이면 $Z_{11} = Z_{22}(Y_{11} = Y_{22})$이므로 $A = D$가 된다. 식 (11-12)에서

① 단자 2-2′를 개방하면 $I_2=0$이므로

$$\left.\begin{aligned} A&=\left.\frac{V_1}{V_2}\right|_{I_2=0} &&: \text{출력개방 전압이득} \\ C&=\left.\frac{I_1}{V_2}\right|_{I_2=0} &&: \text{출력개방 전달 어드미턴스} \end{aligned}\right.$$

② 단자 2-2′를 단락하면 $V_2=0$이므로

$$\begin{aligned} B&=\left.\frac{V_1}{I_2}\right|_{V_2=0} &&: \text{출력단락 전달 임피던스} \\ D&=\left.\frac{I_1}{I_2}\right|_{V_2=0} &&: \text{출력단락 전류이득} \end{aligned} \qquad (11\text{-}15)$$

의 관계가 된다. 이 A, B, C, D 파라미터와 다른 파라미터와의 관계를 정리하면

$$\begin{aligned} A&=\frac{Z_{11}}{Z_{21}}=-\frac{Y_{22}}{Y_{21}}=\frac{-|H|}{H_{21}} \\ B&=\frac{-|Z|}{Z_{21}}=\frac{1}{Y_{21}}=-\frac{H_{11}}{H_{21}} \\ C&=\frac{1}{Z_{21}}=\frac{-|Y|}{Y_{21}}=\frac{-H_{22}}{H_{21}} \\ D&=\frac{-Z_{22}}{Z_{21}}=\frac{Y_{11}}{Y_{21}}=-\frac{1}{H_{21}} \end{aligned}$$

이 된다. (11-16)

11-7 4단자정수의 종속접속

2개의 4단자회로 N_1과 N_2를 [그림 11-7]과 같이 접속하는 방식을 종속접속이라 한다.

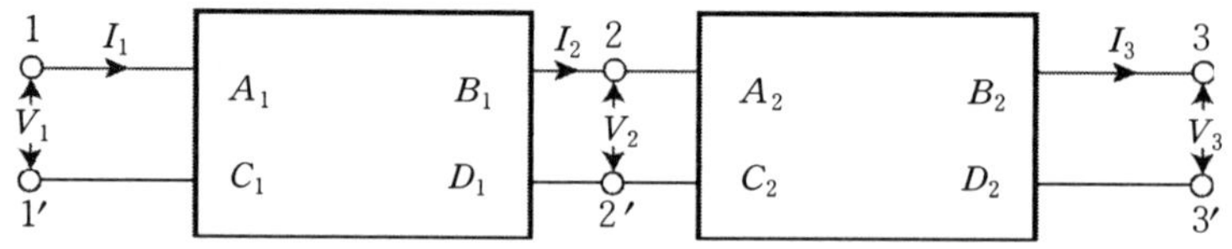

[그림 11-7]

4단자회로 N_1에 대하여는

$$\begin{bmatrix} V_1 \\ I_1 \end{bmatrix} = \begin{bmatrix} A_1 & B_1 \\ C_1 & D_1 \end{bmatrix} \begin{bmatrix} V_2 \\ I_2 \end{bmatrix} \tag{11-17}$$

N_2에 대하여는

$$\begin{bmatrix} V_2 \\ I_2 \end{bmatrix} = \begin{bmatrix} A_2 & B_2 \\ C_2 & D_2 \end{bmatrix} \begin{bmatrix} V_3 \\ I_3 \end{bmatrix} \tag{11-18}$$

식 (11-18)을 식 (11-17)에 대입하면

$$\begin{aligned} \begin{bmatrix} V_1 \\ I_1 \end{bmatrix} &= \begin{bmatrix} A_1 & B_1 \\ C_1 & D_1 \end{bmatrix} \begin{bmatrix} A_2 & B_2 \\ C_2 & D_2 \end{bmatrix} \begin{bmatrix} V_3 \\ I_3 \end{bmatrix} \\ &= \begin{bmatrix} A_1A_2 + B_1C_2 & A_1B_2 + B_1D_2 \\ C_1A_2 + D_1C_2 & C_1B_2 + D_1C_2 \end{bmatrix} \begin{bmatrix} V_3 \\ I_3 \end{bmatrix} \end{aligned} \tag{11-19}$$

이다. 이것을 합성 4단자회로의 방정식

$$\begin{bmatrix} V_1 \\ I_1 \end{bmatrix} = \begin{bmatrix} A & B \\ C & D \end{bmatrix} \begin{bmatrix} V_3 \\ I_3 \end{bmatrix} \tag{11-20}$$

와 비교하면 합성된 4단자회로의 4단자정수는

$$A = A_1 A_2 + B_1 C_2, \quad B = A_1 B_2 + B_1 D_2$$

$$C = A_2 C_1 + C_2 D_1, \quad D = B_2 C_1 + D_1 D_2$$

이다. 그리고 $AD - BC = (A_1 D_1 - B_1 C_1)(A_2 D_2 - B_2 C_2) = 1$이 된다.

【예제 11-3】 [그림 11-8]과 같은 4단자회로의 4단자정수 A, B, C, D를 구하여라.

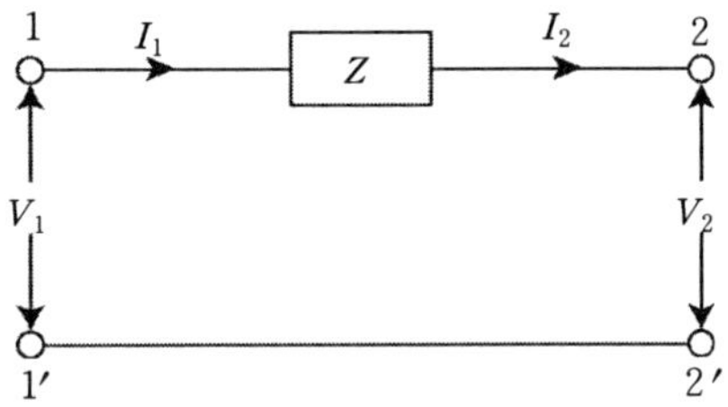

[그림 11-8]

식 (11-7)에서

$$A = \left.\frac{V_1}{V_2}\right|_{I_2=0} = 1$$

$$B = \left.\frac{V_1}{I_2}\right|_{V_2=0} = Z \text{ : 직렬 임피던스 자리}$$

$$C = \left.\frac{I_1}{V_2}\right|_{I_2=0} = 0 \text{ : 병렬 어드미턴스 자리}$$

$$D = \left.\frac{I_1}{I_2}\right|_{V_2=0} = 1$$

그러므로 $\begin{bmatrix} A & B \\ C & D \end{bmatrix} = \begin{bmatrix} 1 & Z \\ 0 & 1 \end{bmatrix}$

[그림 11-8]과 같이 직렬접속이 되어 있으면 대칭이므로 $A = D = 1$, B는 직렬 임피던스이고, Z, C는 병렬 어드미턴스이므로 0이다. 또한 기본적인 4단자망의 4단자정수를 〈표 11-1〉에 표시하였다.

【예제 11-4】 [그림 11-9]와 같은 회로의 4단자정수 A, B, C, D를 구하여라.

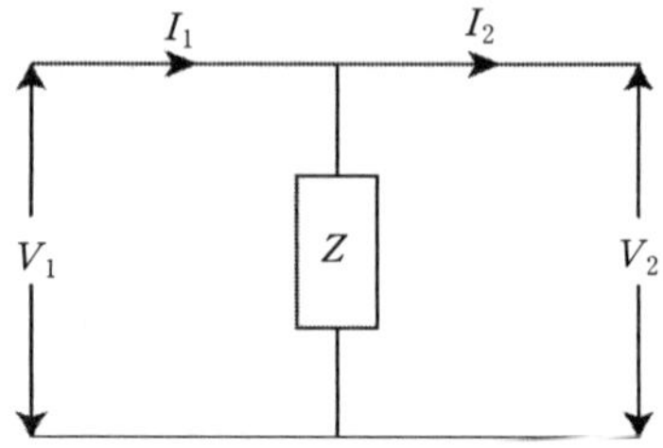

[그림 11-9]

〈풀이〉 $A=\left.\frac{V_1}{V_2}\right|_{I_2=0}=1$, $B=\left.\frac{V_1}{V_2}\right|_{V_2=0}=0$,

$$C=\left.\frac{I_1}{V_2}\right|_{I_2=0}=\frac{1}{Z}, \quad D=\left.\frac{I_1}{I_2}\right|_{V_2=0}=1$$

$$\begin{bmatrix} A & B \\ C & D \end{bmatrix}=\begin{bmatrix} 1 & 0 \\ \frac{1}{Z} & 1 \end{bmatrix}$$

【예제 11-5】 [그림 11-10]과 같은 회로의 4단자정수 A, B, C, D를 구하여라.

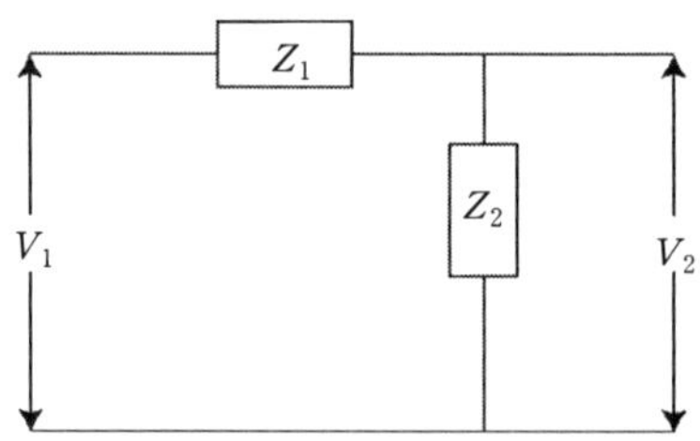

[그림 11-10]

〈풀이〉 종속접속법에 의하여 계산하면

$$\begin{bmatrix} A & B \\ C & D \end{bmatrix}=\begin{bmatrix} 1 & Z_1 \\ 0 & 1 \end{bmatrix}\begin{bmatrix} 1 & 0 \\ \frac{1}{Z_2} & 1 \end{bmatrix}=\begin{bmatrix} 1+\frac{Z_1}{Z_2} & Z_1 \\ \frac{1}{Z_2} & 1 \end{bmatrix}$$

〈표 11-1〉

회로의 종류 \ 4단자정수	A	B	C	D
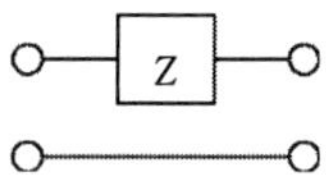	1	Z	0	1
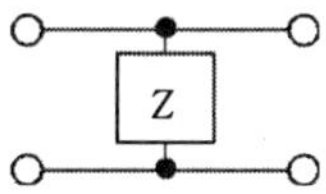	1	0	$\frac{1}{Z}$	1
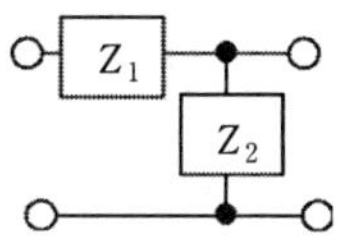	$1+\frac{Z_1}{Z_2}$	Z_1	$\frac{1}{Z_2}$	1
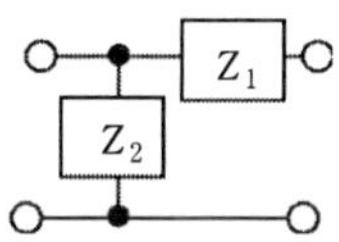	1	Z_1	$\frac{1}{Z_2}$	$1+\frac{Z_1}{Z_2}$
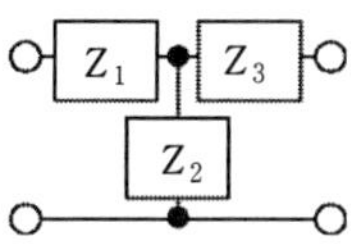	$1+\frac{Z_1}{Z_2}$	$\frac{Z_1Z_2+Z_2Z_3+Z_3Z_1}{Z_2}$	$\frac{1}{Z_2}$	$1+\frac{Z_3}{Z_2}$
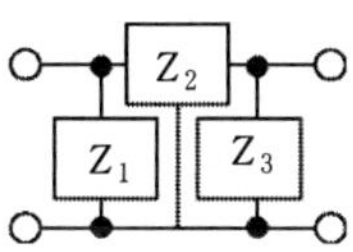	$1+\frac{Z_2}{Z_3}$	Z_2	$\frac{Z_1+Z_2+Z_3}{Z_1Z_3}$	$1+\frac{Z_2}{Z_1}$

11-8 영상 파라미터

1. 영상 파라미터의 정의

[그림 11-11]과 같이 4단자회로의 입력단자 1－1′에 임피던스 Z_{01}을 접속하고, 출력단자 2－2′에 임피던스 Z_{02}를 연결한 경우에 입력단자 1－1′에서 우측으로 본 임피던스나 좌측으로 본 임피던스가 Z_{01}이 되고, 또한 출력단자 2－2′에서 우측 및 좌측으로 본 임피던스가 Z_{02}가 된다고 하면 이들을 영상 임피던스(image impedance)라 하며, 이러한 상태를 입력 및 출력단자가 모두 임피던스 정합(impedance matching)된 상태라고 한다.

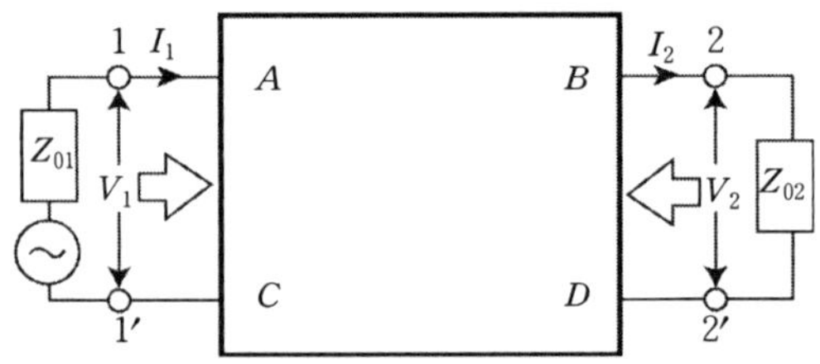

[그림 11-11]

2. 영상 임피던스와 4단자정수와의 관계

4단자회로의 기초방정식

$$\left.\begin{aligned} V_1 &= AV_2 + BI_2 \\ I_1 &= CV_2 + DI_2 \end{aligned}\right\} \tag{11-21}$$

에서 영상 임피던스와 전송 파라미터 간의 관계를 보면 [그림 11-11]에서 I_1

의 방향을 기본으로 하면 $V_1 = Z_{01} I_1$, $V_2 = Z_{02} I_2$가 되므로

$$Z_{01} = \frac{V_1}{I_1} = \frac{AV_2 + BI_2}{CV_2 + DI_2} = \frac{AZ_{02}I_2 + BI_2}{CZ_{02}I_2 + DI_2} = \frac{AZ_{02} + B}{CZ_{02} + D} \tag{11-22}$$

또한 단자 2-2′에서 I_2의 방향을 기본으로 하면

$$V_2 = -Z_{02} I_2, \quad V_1 = -Z_{01} I_1$$

이므로

$$Z_{02} = \frac{-V_2}{I_2} = \frac{-(DV_1 - BI_1)}{-CV_1 + AI_1} = \frac{DZ_{01} + B}{CZ_{01} + A} \tag{11-23}$$

식 (11-22) 및 식 (11-23)에서

$$\left.\begin{aligned} CZ_{01}Z_{02} + DZ_{01} - AZ_{02} - B &= 0 \\ CZ_{01}Z_{02} - DZ_{01} + AZ_{02} - B &= 0 \end{aligned}\right\} \tag{11-24}$$

이므로 두 식을 서로 더하면

$$Z_{01} \cdot Z_{02} = \frac{B}{C} \tag{11-25}$$

두 식을 서로 빼면

$$\frac{Z_{01}}{Z_{02}} = \frac{A}{D} \tag{11-26}$$

식 (11-25), (11-26)으로부터

$$Z_{01} = \sqrt{\frac{AB}{CD}} = \sqrt{\frac{Z_{11}}{Y_{11}}}, \quad Z_{02} = \sqrt{\frac{BD}{AC}} = \sqrt{\frac{Z_{22}}{Y_{22}}} \tag{11-27}$$

이 된다. 만일 대칭 4단자망이면 $A = D$가 되어야 하므로

$$Z_{01} = Z_{02} = Z_0 = \sqrt{\frac{B}{C}} \tag{11-28}$$

가 되며, 여기서 Z_0를 흔히 특성 임피던스라고도 한다.

다음은 영상 임피던스를 간단히 구하는 방법을 보인다.

4단자망(또는 선로)의 출력단자 $2-2'$(수전단)를 단락하고 입력단자 $1-1'$(송전단)에서 본 임피던스를 Z_{1s}라 하면, 식 (11-22)에서 $V_2 = 0$으로 하여

$$Z_{1s} = \left.\frac{V_1}{I_1}\right|_{V_2=0} = \left.\frac{AV_2 + BI_2}{CV_2 + DI_2}\right|_{V_2=0} = \frac{B}{D} \tag{11-29}$$

을 얻는다. 또한 출력단자 $2-2'$를 개방하고, 입력단자 $1-1'$에서 본 임피던스 Z_{10}라고 하면 식 (11-22)에서 $I_2 = 0$으로 하여

$$Z_{10} = \left.\frac{V_1}{I_1}\right|_{I_2=0} = \frac{A}{C} \tag{11-30}$$

가 된다. 역으로 입력단자 $1-1'$를 단락($V_1 = 0$), 개방($I_1 = 0$)하였을 때의 출력단자 $2-2'$에서 본 임피던스를 Z_{2s}, Z_{20}라고 하면, 식 (11-23)으로부터

$$Z_{2s} = -\left.\frac{V_2}{I_2}\right|_{V_1=0} = -\left.\frac{DV_1 - BI_1}{-CV_1 + AI_1}\right|_{V_1=0} = \frac{B}{A} \tag{11-31}$$

$$Z_{20} = -\left.\frac{V_2}{I_2}\right|_{I_1=0} = \frac{D}{C} \tag{11-32}$$

로 되며, 따라서

$$\left.\begin{aligned} Z_{01} &= \sqrt{Z_{1s} \cdot Z_{10}} \\ Z_{02} &= \sqrt{Z_{2s} \cdot Z_{20}} \end{aligned}\right\} \tag{11-33}$$

으로 된다. 결국 영상 임피던스는 입력 및 출력단자를 단락 또는 개방하였을 때 상대단자에서 본 임피던스의 기하평균으로 주어짐을 알 수 있다.

3. 전달정수

[그림 11-11]의 단자 2－2′에 영상 임피던스 Z_{02}를 접속했을 때 V_1, V_2 및 I_1, I_2의 비를 각각

$$\frac{V_1}{V_2} = e^{\Theta 1},\quad \frac{I_1}{I_2} = e^{\Theta 2} \tag{11-34}$$

라 놓으면 식 (11-21)로부터

$$\begin{aligned} e^{\Theta 1} &= \frac{AV_2 + BI_2}{V_2} = A + \frac{B}{Z_{02}} \\ &= A + \frac{B}{\sqrt{\frac{BD}{AC}}} = \sqrt{\frac{A}{D}}(\sqrt{AD} + \sqrt{BC}) \end{aligned} \tag{11-35}$$

$$e^{\Theta 2} = \frac{CV_2 + DI_2}{I_2} = CZ_{02} + D = \sqrt{\frac{D}{A}}(\sqrt{AD} + \sqrt{BC}) \tag{11-36}$$

지금 Θ_1 및 Θ_2의 산술평균을 구하면

$$\begin{aligned} \Theta &= \frac{\Theta_1 + \Theta_2}{2} \\ e^{\Theta} &= e^{\frac{\Theta 1 + \Theta 2}{2}} = \sqrt{e^{\Theta 1} \cdot e^{\Theta 2}} \\ &= \sqrt{\frac{V_1 I_1}{V_2 I_2}} = \sqrt{AD} + \sqrt{BC} \end{aligned} \tag{11-37}$$

가 되므로 Θ는 식 (11-37)의 양변에 ln을 취하면

$$\Theta = \ln\ (\sqrt{AD} + \sqrt{BC}) \tag{11-38}$$

가 된다. 이 Θ는 전달정수(transfer constant) 또는 영상전파정수(image propagation constant)라 한다. 또한 Θ는 일반적으로 복소수이므로

$$\Theta = \alpha + j\beta \tag{11-39}$$

라 하면 식 (11-37)에서

$$\left.\begin{aligned} \alpha &= \frac{1}{2}\, l\,\mathrm{n} \left| \frac{V_1 I_1}{V_2 I_2} \right| [\mathrm{neper}] \\ \beta &= \frac{1}{2}\ \mathrm{Arg} \left| \frac{V_1 I_1}{V_2 I_2} \right| [\mathrm{rad}] \end{aligned}\right\} \tag{11-40}$$

이다. 이 α를 감쇠정수(attenuation)라 하며, 단위는 네퍼(neper) 또는 데시벨(decibel)이며, β는 위상정수(phase constant)라고 하며, 단위는 라디안(radian) 또는 도(degree)를 사용한다. 데시벨의 경우에는

$$\alpha = 10 \log_{10} \left| \frac{V_1 I_1}{V_2 I_2} \right| = 20 \log_{10} \sqrt{\frac{V_1 I_1}{V_2 I_2}}\ [\mathrm{dB}] \tag{11-41}$$

이다. 또한

$$e^{-\Theta} = \sqrt{AD} - \sqrt{BC} \tag{11-42}$$

이므로 식 (11-37)과 식 (11-42)로부터

$$\begin{aligned} \cos h\Theta &= \frac{1}{2}(e^{\Theta} + e^{-\Theta}) = \sqrt{AD} \\ \sin h\Theta &= \frac{1}{2}(e^{\Theta} - e^{-}\Theta) = \sqrt{BC} \\ \tan h\Theta &= \sqrt{\frac{BC}{AD}} \end{aligned} \tag{11-43}$$

이다. 또 식 (11-27)로부터

$$\sqrt{\frac{Z_{01}}{Z_{02}}} = \sqrt{\frac{A}{D}},\ \sqrt{Z_{01} \cdot Z_{02}} = \sqrt{\frac{B}{C}} \tag{11-44}$$

이므로 4단자정수 A, B, C, D는

$$\left.\begin{aligned} A &= \sqrt{\frac{Z_{01}}{Z_{02}}}\cosh\Theta, \quad B = \sqrt{Z_{01}\cdot Z_{02}}\sinh\Theta \\ C &= \frac{1}{\sqrt{Z_{01}Z_{02}}}\sinh\Theta, \quad D = \sqrt{\frac{Z_{02}}{Z_{01}}}\cosh\Theta \end{aligned}\right\} \tag{11-45}$$

가 된다. 그러므로 4단자정수 A, B, C, D가 주어지면 식 (11-27) 및 식 (11-37)로부터 영상 임피던스 Z_{01}, Z_{02} 및 전달상수 Θ가 정해지고, 반대로 Z_{01}, Z_{02}, Θ가 주어지면 4단자회로의 특성을 구할 수 있으며 이들을 영상 파라미터(image parameter)라 한다. 식 (11-21)에 식 (11-45)를 대입하면

$$\left.\begin{aligned} V_1 &= \sqrt{\frac{Z_{01}}{Z_{02}}}\,(V_2\cosh\Theta + I_2 Z_{02}\sinh\Theta) \\ I_1 &= \sqrt{\frac{Z_{02}}{Z_{01}}}\left(\frac{V_2}{Z_{02}}\sinh\Theta + I_2\cosh\Theta\right) \end{aligned}\right\} \tag{11-46}$$

이며, 대칭 4단자회로의 경우에는 $Z_{01}=Z_{02}=Z_0$이므로

$$\left.\begin{aligned} V_1 &= V_2\cosh\Theta + I_2 Z_0\sinh\Theta \\ I_1 &= \frac{V_2}{Z_0}\sinh\Theta + I_2\cosh\Theta \end{aligned}\right\} \tag{11-47}$$

이다.

4. 영상 파라미터의 종속접속

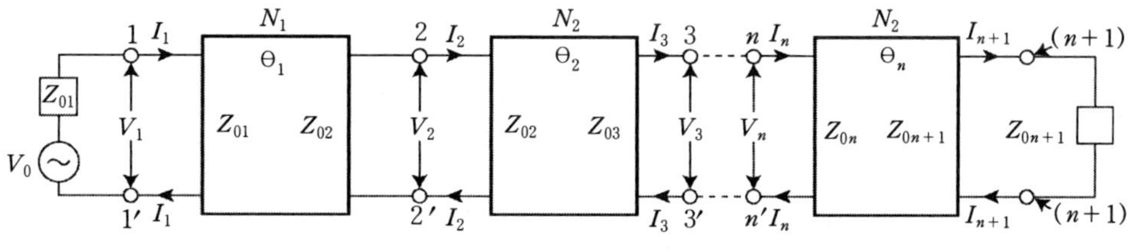

[그림 11-12]

[그림 11-12]와 같이 영상 파라미터가 Z_{01}, Z_{02}, Θ_1; Z_{02}, Z_{03}, Θ_2;

Z_{03}, Z_{04}, Θ_3 ; …… ; Z_{0n}, Z_{0n+1}, Θ_n인 n개의 4단자망을 종속접속하고 처음과 나중에 각각 Z_{01}, Z_{0n+1}인 임피던스를 접속했을 경우 전체의 영상 파라미터는

$$\left.\begin{aligned} \frac{V_1}{V_2}=\sqrt{\frac{Z_{01}}{Z_{02}}}\,e^{\Theta 1},\ \frac{V_2}{V_3}=\sqrt{\frac{Z_{02}}{Z_{03}}}\,e^{\Theta 2},\ \cdots,\ \frac{V_n}{V_{n+1}}=\sqrt{\frac{Z_{0n}}{Z_{0n+1}}}\,e^{\Theta n} \\ \frac{I_1}{I_2}=\sqrt{\frac{Z_{02}}{Z_{01}}}\,e^{\Theta 1},\ \frac{I_2}{I_3}=\sqrt{\frac{Z_{03}}{Z_{02}}}\,e^{\Theta 2},\ \cdots,\ \frac{I_n}{I_{n+1}}=\sqrt{\frac{Z_{0n+1}}{Z_{0n}}}\,e^{\Theta n} \end{aligned}\right\} \tag{11-48}$$

이 되므로

$$\left.\begin{aligned} \frac{V_1}{V_{n+1}}=\sqrt{\frac{Z_{01}}{Z_{0n+1}}}\,e^{\Theta 1+\Theta 2+\cdots+\Theta n} \\ \frac{I_1}{I_{n+1}}=\sqrt{\frac{Z_{0n+1}}{Z_{01}}}\,e^{\Theta 1+\Theta 2+\cdots+\Theta n} \end{aligned}\right\} \tag{11-49}$$

이 된다. 즉 합성 4단자망의 영상 임피던스는 Z_{01}, Z_{0n+1}과 같고 전달정수 Θ는 n개의 전달정수의 합인 $\Theta=\Theta_1+\Theta_2+\cdots+\Theta_n$이 된다는 것을 알 수 있다.

【예제 11-6】 [그림 11-13]과 같은 π형회로망의 영상 파라미터를 구하여라.

〈풀이〉 이 회로망의 전송 파라미터는

$$\begin{bmatrix} A & B \\ C & D \end{bmatrix}=\begin{bmatrix} 1 & 0 \\ \frac{1}{Z_1} & 1 \end{bmatrix}\begin{bmatrix} 1 & Z_3 \\ 0 & 1 \end{bmatrix}\begin{bmatrix} 1 & 0 \\ \frac{1}{Z_2} & 1 \end{bmatrix}$$

$$=\begin{bmatrix} \frac{Z_2+Z_3}{Z_2} & Z_3 \\ \frac{Z_1+Z_2+Z_3}{Z_1Z_2} & \frac{Z_1+Z_3}{Z-1} \end{bmatrix}$$

이므로 식 (11-27)과 식 (11-43)으로부터

$$Z_{01}=\sqrt{\frac{AB}{CD}}=Z_1\sqrt{\frac{Z_3(Z_2+Z_3)}{(Z_1+Z_3)(Z_1+Z_2+Z_3)}}$$

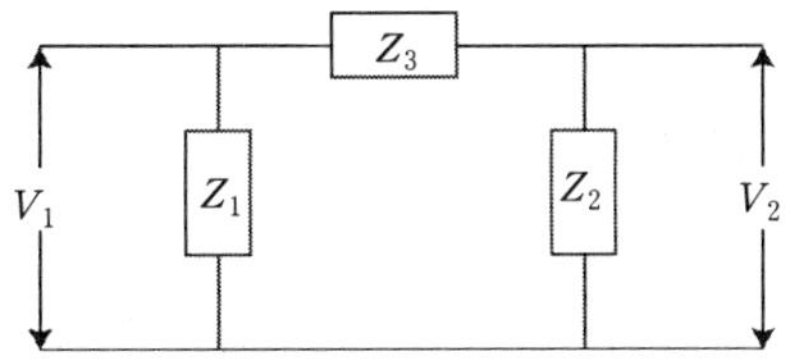

[그림 11-13]

$$Z_{02} = \sqrt{\frac{BD}{AC}} = Z_2\sqrt{\frac{Z_3(Z_1+Z_2)}{(Z_2+Z_3)(Z_1+Z_2+Z_3)}}$$

$$\Theta = \tanh^{-1}\sqrt{\frac{BC}{AD}} = \tanh^{-1}\sqrt{\frac{Z_3(Z_1+Z_2+Z_3)}{(Z_1+Z_3)(Z_2+Z_3)}}$$

11-9 여파기

1. 여파기의 특성 및 종류

저항감쇠기는 [그림 11-14]의 (a)와 같이 넓은 주파수에 걸쳐서 균일한 감쇠를 하는 4단자망을 나타내며, 그림 (b)에서와 같이 어떤 주파수 f_c[Hz] 이상의 주파수 대역에서는 전송전력에 큰 감쇠를 주어서 통과를 방지하고, f_c 이하의 주파수 대역에서는 감쇠량 α는 0으로서 자유로 전송전력을 통과시키는 특성을 나타내고 있다. 이와 같은 주파수 선택성을 가지는 4단자망을 여파기(filter)라 한다.

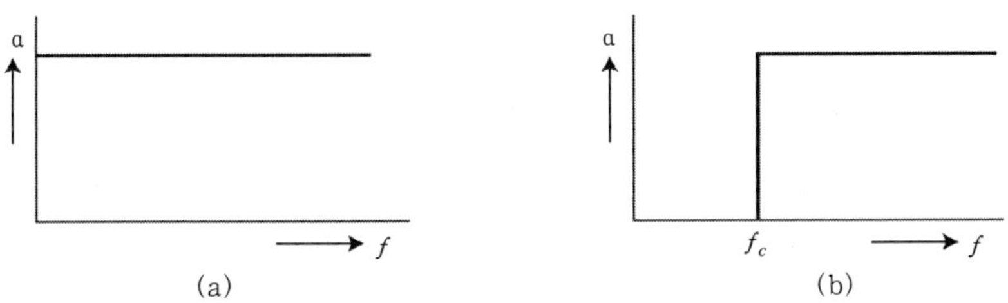

[그림 11-14]

여파기에 전송전력이 자유로 통과할 수 있는 주파수 대역을 감쇠역(attenuation)이라고 한다. 통과역과 감쇠역의 한계주파수를 차단주파수(cut-off frequency)라고 한다.

[그림 11-15]는 여파기를 주파수특성에 따라 분류한 것을 나타낸 것이다. 그림 (a)와 같이 f_c보다도 낮은 주파수 대역이 통과역이고, f_c보다 높은 주파수 대역이 감쇠역인 여파기를 저역여파기(low pass filter)라고 하고, 그림 (b)와 같이 저역여파기와 역특성을 가지는 여파기를 고역여파기(high pass filter)라고 한다. 그림 (c)와 같이 2개의 차단주파수 f_{c1}, f_{c2} 사이의 주파수 대역은 통과역이고, 다른 주파수 대역은 감쇠역으로 된 여파기를 대역여파기(band pass filter)라고 하며, 그림 (d)와 같이 대역여파기의 역특성을 가지는 여파기는 대역소거여파기(band rejection filter)라고 한다.

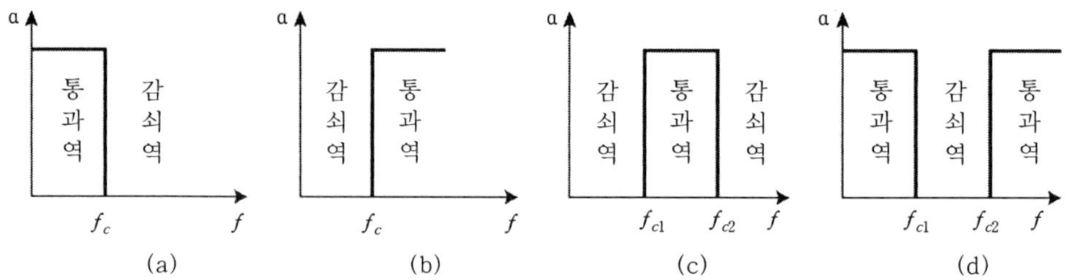

[그림 11-15]

2. 정K형 여파기

[그림 11-16]과 같은 여파기의 기본회로를 생각한다.

Z_1, Z_2가 역회로, 즉

$$Z_1 Z_2 = K^2 \tag{11-50}$$

의 관계가 있을 때, 이것을 정K형 여파기(constant K type filter)라 하며, 여파기에서는 K를 공칭 임피던스(nominal impedance)라 한다.

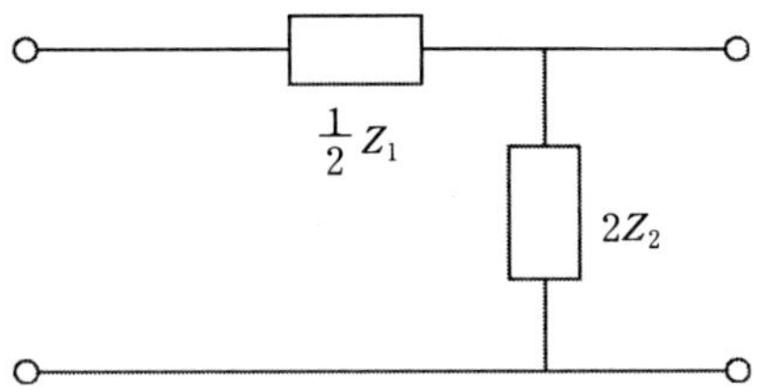

[그림 11-16]

3. 저역여파기

[그림 11-16]에서 Z_1을 인덕턴스 L이라고 하면 $Z_1 = j\omega L$, Z_2는 역회로이므로

$$Z_2 = \frac{1}{j\omega C},\quad \frac{L}{C} = K^2 \qquad (11\text{-}51)$$

으로 놓을 수 있으므로 [그림 11-23]과 같은 정K형여파기를 생각할 수 있다.

$$\frac{X_1(\omega)}{2K} = \frac{\omega L}{2K} \qquad (11\text{-}52)$$

에서 ω가 0에서 ∞까지 변화할 때 식 (11-52)는 항상 양이므로 $0 \leq \frac{\omega L}{2K} < 1$을 만족시키는 주파수 대역이 통과역이다. 차단주파수 f_1은

$$\frac{\omega_1 L}{2K} = \frac{2\pi f_1 L}{2K} = 1$$

즉

$$f_1 = \frac{K}{\pi L},\quad \omega_1 = \frac{2K}{L} \qquad (11\text{-}53)$$

이다.

① $0 \leq \omega \leq \omega_1$일 때

$$\alpha = 0, \ \beta = \sin^{-1}\frac{\omega L}{2K} = \sin^{-1}\frac{\omega}{\omega_1}$$

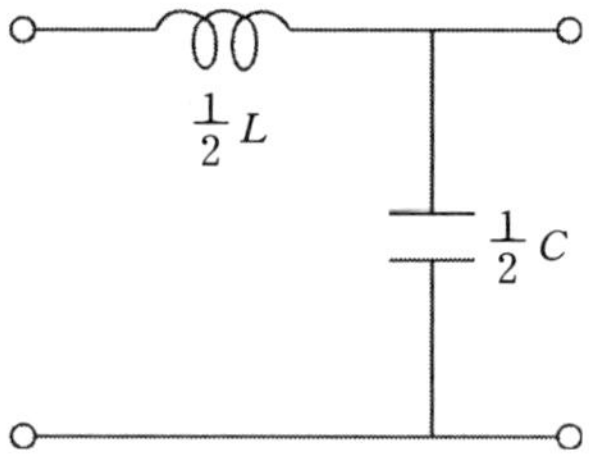

[그림 11-17]

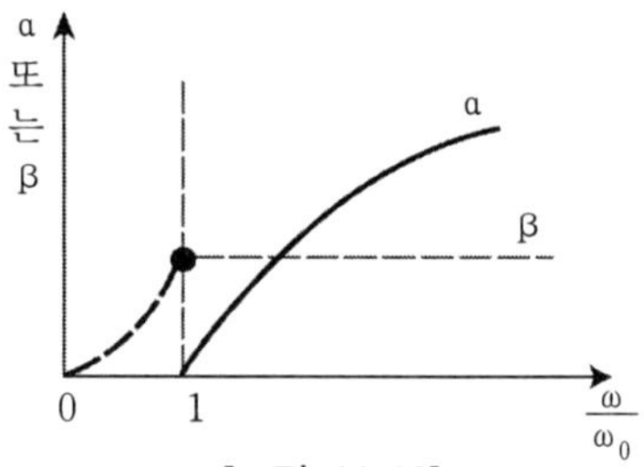

[그림 11-18]

② $\omega \geq \omega_1$일 때

$$\alpha = \cosh^{-1}\frac{\omega L}{2K} = \cosh^{-1}\frac{\omega}{\omega_1}, \ \beta = \frac{\pi}{2}$$

이때의 α와 β의 주파수특성은 [그림 11-18]과 같다. 이와 같이 어떤 주파수 이하를 통과시키는 여파기를 저역여파기라 하며, 차단주파수 f_1과 공칭 임피던스 K가 주어지면 L, C는 식 (11-51) 및 식 (11-53)으로부터

$$L = \frac{K}{\pi f_1}, \ C = \frac{1}{\pi f_1 K} \tag{11-54}$$

4. 고역여파기

[그림 11-19]와 같이 $Z_1 = \frac{1}{j\omega C}$, $Z_2 = j\omega L$ 이라고 하면, 정K형 여파기가 되고, 공칭 임피던스는

$$K^2 = \frac{L}{C} = Z_1 \cdot Z_2$$

$$\frac{X_1(\omega)}{2K} = \frac{-1}{2K\omega C} \qquad (11\text{-}55)$$

ω가 0에서 ∞까지 변할 때 식 (11-55)는 $-\infty$에서 0까지 변화한다. 여기서 차단주파수는 $X_1(\omega)/2K = -1$에 의하여 정해지므로

$$\omega_1 = \frac{1}{2KC} \text{ 또는 } f_1 = \frac{1}{4\pi KC} \qquad (11\text{-}56)$$

이다.

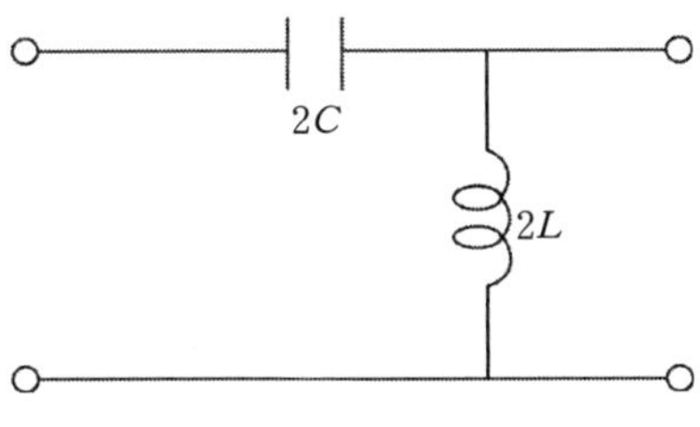

[그림 11-19]

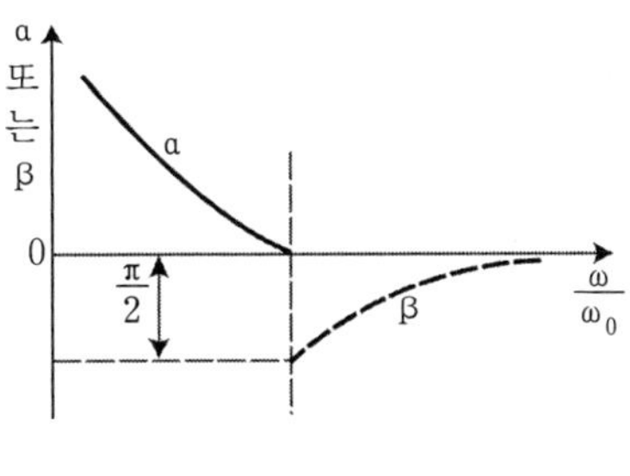

[그림 11-20]

① $0 \le \omega \le \omega_1$일 때 $\frac{X(\omega)}{2K} \le -1$이므로

$$\alpha = \cos h^{-1}\frac{1}{2K\omega C} = \cos h^{-1}\frac{\omega_1}{\omega}, \quad \beta = -\frac{\pi}{2} \tag{11-57}$$

② $\omega \ge \omega_1$일 때 $O \ge \frac{X_1(\omega)}{2K} \ge -1$이므로

$$\alpha = 0, \quad \beta = -\sin^{-1}\frac{\omega_1}{\omega} \tag{11-58}$$

이때의 α와 β의 주파수특성은 [그림 11-20]과 같다. 이와 같이 어떤 주파수 이상을 통과시키는 여파기를 고역여파기라 하며, 차단주파수 f_1과 공칭 임피던스 K가 주어지면 식 (11-55), (11-56) 및 (11-57)로부터

$$C = \frac{1}{4\pi f_1 K}, \quad L = \frac{K}{4\pi f_1} \tag{11-59}$$

이다.

5. 대역여파기

[그림 11-21]과 같이 Z_1, Z_2를

$$Z_1 = j\omega L_1 + \frac{1}{j\omega C_1}, \quad Z_2 = \frac{1}{j\omega C_2 + \frac{1}{j\omega L_2}} \tag{11-60}$$

이라 하고, 공칭 임피던스가

$$\frac{L_1}{C_2} = \frac{L_2}{C_1} = K^2 \tag{11-61}$$

이면 Z_1, Z_2는 역회로가 된다.

$$\frac{X_1(\omega)}{2K} = \frac{1}{2K}\left(\omega L_1 - \frac{1}{\omega C_1}\right)$$

$$= \frac{L_1}{2K}\left(\omega - \frac{1}{\omega L_1 C_1}\right) = \frac{L_1}{2K}\left(\omega - \frac{\omega_0{}^2}{\omega}\right)$$

$$= \frac{L_1}{2K}\left(\frac{\omega^2 - \omega_0{}^2}{\omega}\right) \qquad (11\text{-}62)$$

$$\left(\text{단, } \omega_0 = \frac{1}{\sqrt{L_1 C_1}} = \frac{1}{\sqrt{L_2 C_2}}\right)$$

이며, $\frac{X_1(\omega)}{2K} = \pm 1$일 때의 주파수를 $f_1 = \frac{\omega_1}{2\pi}$, $f_2 = \frac{\omega_2}{2\pi}$라 하면

$$\frac{L_1}{2K}\left(\frac{\omega_1{}^2 - \omega_0{}^2}{\omega_1}\right) = -1, \quad \frac{L_1}{2K}\left(\frac{\omega_2{}^2 - \omega_0{}^2}{\omega_2}\right) = 1 \qquad (11\text{-}63)$$

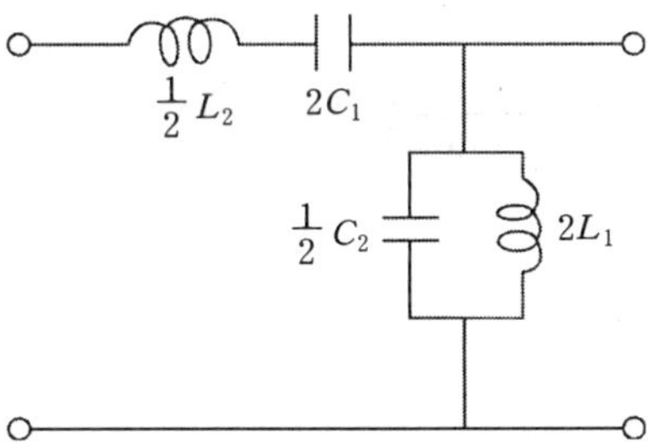

[그림 11-21]

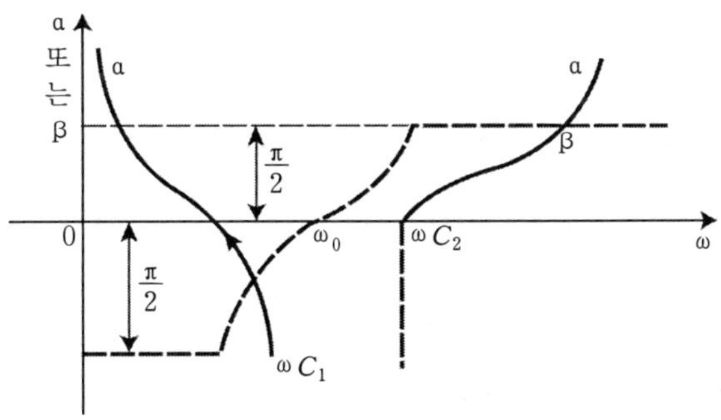

[그림 11-22]

식 (11-64)에서

$$\omega_1\omega_2 = \omega_0{}^2, \quad \frac{L_1}{2K} = \frac{1}{\omega_2 - \omega_1} \tag{11-64}$$

이다. 식 (11-65)를 식 (11-63)에 대입하면

$$\frac{X_1(\omega)}{2K} = \frac{\omega_0}{\omega_2 - \omega_1}\left(\frac{\omega}{\omega_0} - \frac{\omega_0}{\omega}\right) \tag{11-65}$$

① $0 \leq \omega \leq \omega_1$일 때 $\frac{X_1(\omega)}{2K} \leq -1$이므로

$$\alpha = \cos h^{-1}\frac{\omega_0}{\omega_2 - \omega_1}\left(\frac{\omega}{\omega_0} - \frac{\omega_0}{\omega}\right), \quad \beta = -\frac{\pi}{2} \tag{11-66}$$

② $\omega_1 \leq \omega \leq \omega_2$일 때 $-1 \leq \frac{X_1(\omega)}{2K} \leq 1$이므로

$$\alpha = 0, \quad \beta = \sin^{-1}\frac{\omega_0}{\omega_2 - \omega_1}\left(\frac{\omega}{\omega_0} - \frac{\omega_0}{\omega}\right) \tag{11-67}$$

③ $\omega \geq \omega_2$일 때 $\frac{X_1(\omega)}{2K} \geq 1$이므로

$$\alpha = \cos h^{-1}\frac{\omega_0}{\omega_2 - \omega_1}\left(\frac{\omega}{\omega_0} - \frac{\omega_0}{\omega}\right), \quad \beta = \frac{\pi}{2} \tag{11-68}$$

이때의 α, β의 주파수특성은 [그림 11-22]와 같다. 이와 같이 두 주파수 사이의 주파수를 통과시키는 여파기를 대역여파기라 하며, K, ω_0 및 $\omega_2 - \omega_1$이 주어지면 L_1, L_2, C_1 및 C_2는 다음 식으로 구해진다.

$$\left.\begin{aligned} L_1 &= \frac{2K}{\omega_2 - \omega_1}, \quad L_2 = \frac{K(\omega_2 - \omega_1)}{2\omega_0{}^2} \\ C_1 &= \frac{\omega_2 - \omega_1}{2K\omega_0}, \quad C_2 = \frac{2}{K(\omega_2 - \omega_1)} \end{aligned}\right\} \tag{11-69}$$

연·습·문·제

(1) [그림 11-23]과 같은 회로의 임피던스 파라미터를 구하여라.

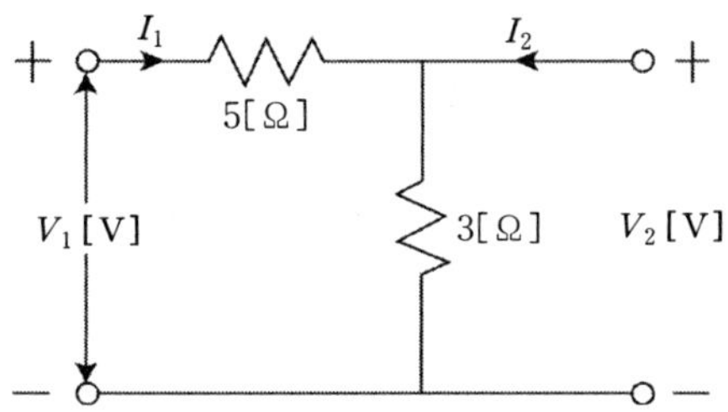

[그림 11-23]

(2) [그림 11-24]와 같은 4단자망을 어드미턴스 파라미터로 나타내어라.

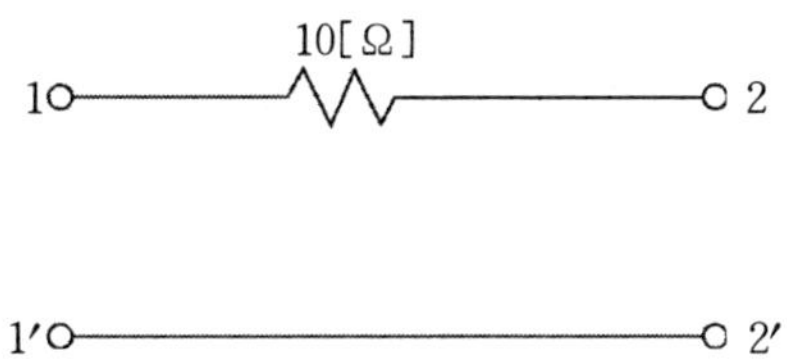

[그림 11-24]

(3) [그림 11-25]와 같은 회로의 임피던스 행렬에서 임피던스 파라미터는?

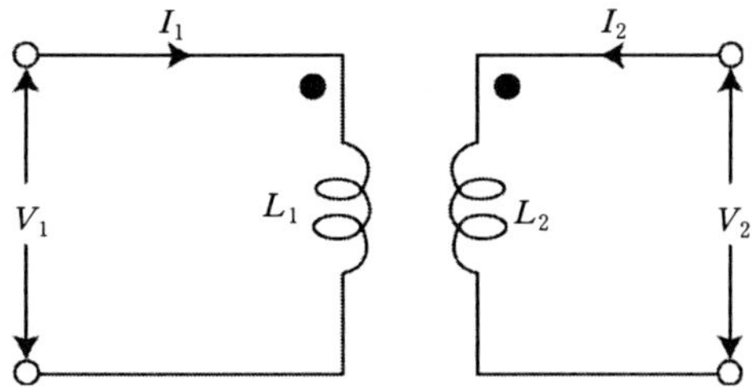

[그림 11-25]

(4) [그림 11-26]과 같은 L형 회로의 4단자정수를 구하여라.

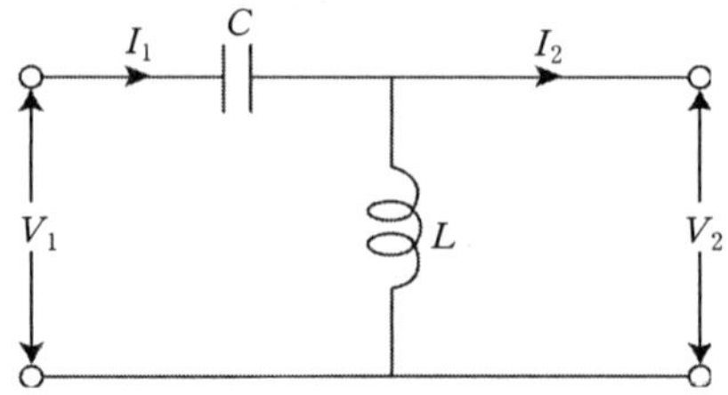

[그림 11-26]

(5) [그림 11-27]과 같은 T형 회로의 A, B, C, D 파라미터를 구하여라.

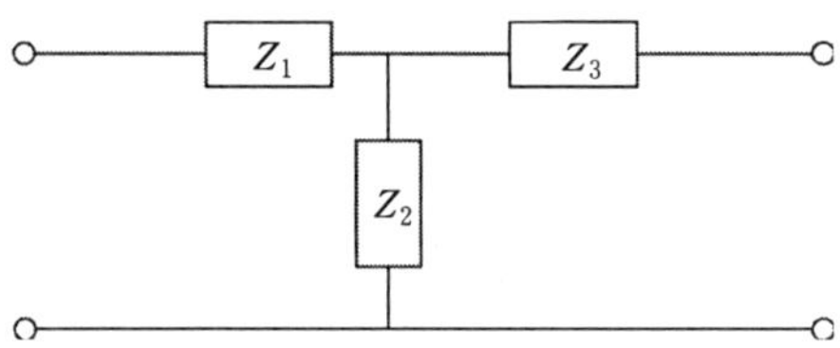

[그림 11-27]

(6) [그림 11-28]의 4단자 회로망에서 $\dfrac{n_1}{n_2} = a$ 일 때 4단자 파라미터 행렬은?

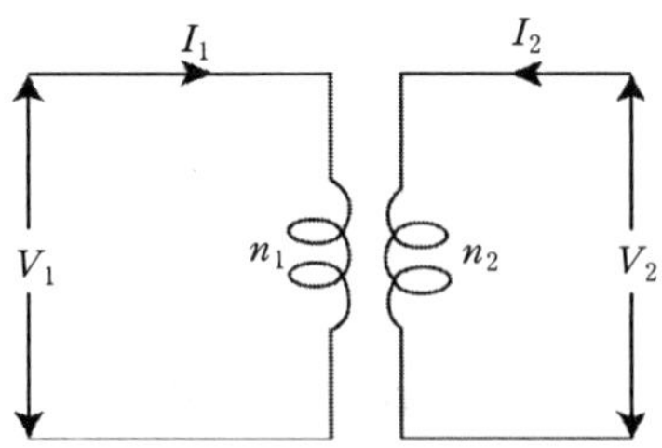

[그림 11-28]

(7) [그림 11-29]와 같은 회로의 4단자정수 A, B, C, D를 구하면?

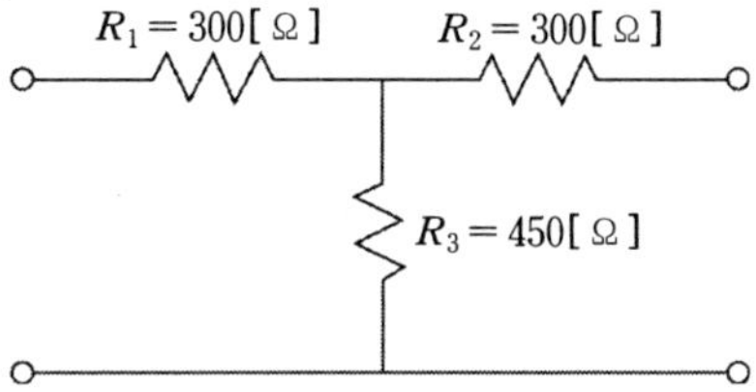

[그림 11-29]

(8) L형 4단자회로망에서 4단자정수가 $B = \frac{5}{3}$, $C = 1$이고 영상 임피던스 $Z_{01} = \frac{20}{3}[\Omega]$일 때 영상 임피던스 $Z_{02}[\Omega]$의 값은?

(9) [그림 11-30]과 같은 회로의 영상 임피던스 Z_{01}, Z_{02}는?

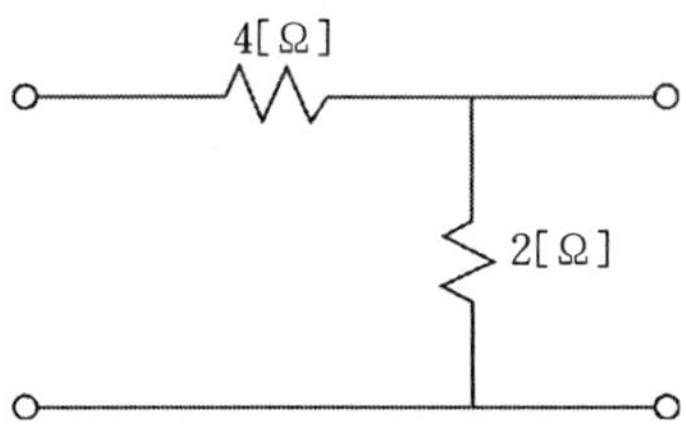

[그림 11-30]

(10) [그림 11-31]과 같은 T형 4단자망의 전달정수 Θ는?

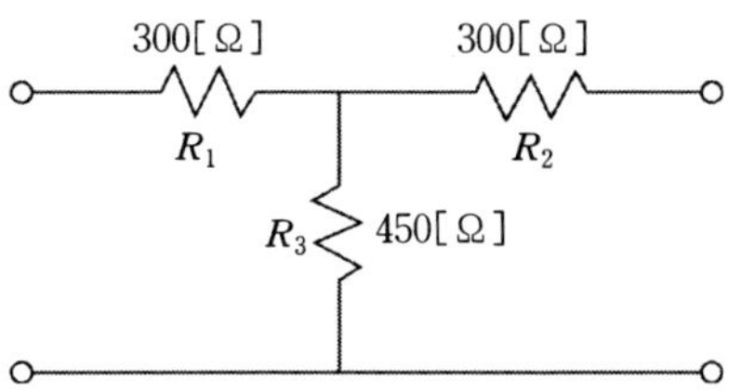

[그림 11-31]

(11) [그림 11-32]와 같은 정K형 고역여파기에서 공칭 임피던스가 600[Ω]이고, 차단 주파수가 40[kHz]일 때 L[mH], C[μF]은?

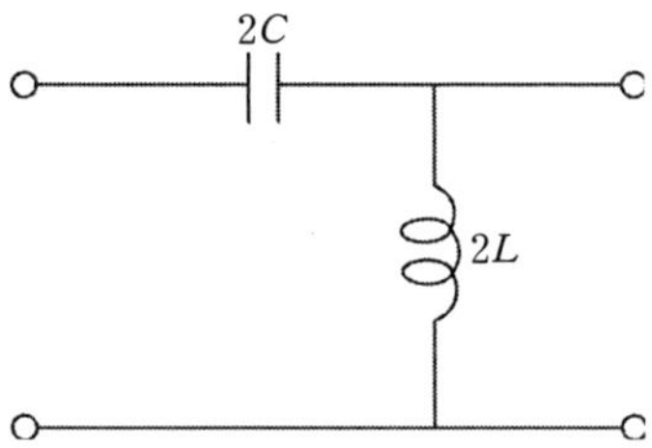

[그림 11-32]

(12) [그림 11-33]과 같은 회로망의 영상 임피던스는?

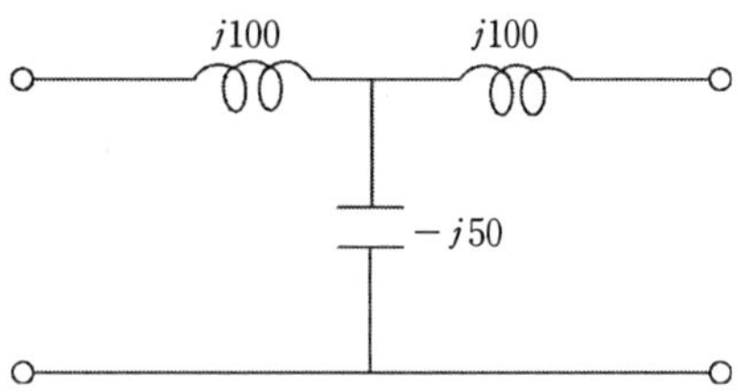

[그림 11-33]

제 12 장

과도현상

12-1 정상상태와 과도상태

지금까지 다룬 회로는 회로에 흐르는 전류, 전압이 시간에 대하여 항상 같은 상태를 반복하며 일정한 시간에 일정한 전력을 소비하는 것으로 이와 같은 상태를 정상상태라 한다.

그러나 수동소자인 R, L, C 중 L, C는 정상상태에서 다른 정상상태로 바뀔 때 에너지를 유입 또는 유출하므로 회로소자나 전원의 상태를 순간적으로 변화하는 경우에는 각 부의 전압, 전류 등에 에너지가 순간적으로 정상상태에 도달하지 못하고 정상상태에 이를 때까지 어느 시간을 요한다.

이와 같이 정상상태로 변화할 때까지의 상태를 과도상태라 하고, 이러한 현상을 과도현상이라 한다. 따라서 전기회로를 해석할 때는 키르히호프의 전류법칙 및 전압법칙에 의해 순시전류, 전압에 대한 미분방정식을 세워서 주어진 초기상태를 고려하여 그 일반해를 구하면 일반해 $i(t)$는 정상해 i_s와 과도해 i_t와의 합으로 주어진다.

12-2 직류회로

1. $R \cdot L$ 직렬회로

[그림 12-1]에 나타낸 바와 같이 저항 R과 자기 인덕턴스 L에 직렬연결된 회로에 $t=0$ 순간에 스위치 S를 ON하여 직류전압 V를 인가할 때 흐르는 전류 i는 시간경과에 따라 어떤 값을 갖게 되는지 알아보자.

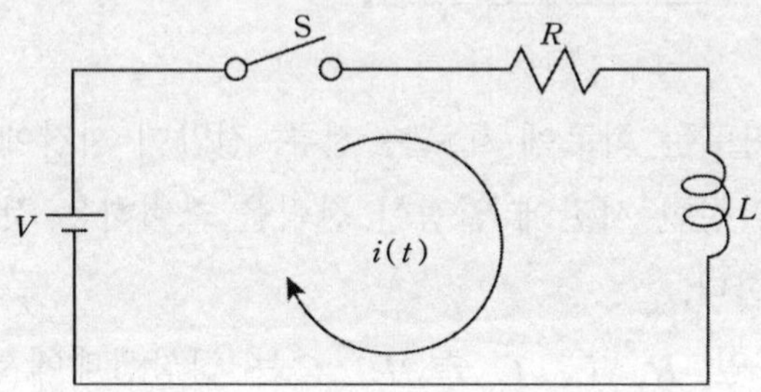

[그림 12-1]

1) S : ON시

키르히호프의 전압법칙에 의하여 방정식을 세우면 식 (12-1)과 같다.

$$Ri(t)+L\frac{di(t)}{dt}=V \tag{12-1}$$

다음 초기값 $i(0_+)$를 설정한다. 초기값 설정은 스위치 동작상태 바로 직전 상태이므로 초기값 설정을 할 경우 스위치 S는 OFF 상태이므로 초기값 전류는 $t=0$이 될 때 $i(0_+)=0$이 된다. 식 (12-1)의 방정식의 해를 구하는 방법은 여러 가지가 있지만 적분인자법으로 해를 구한다.

$$i(t)=e^{-Pt}\left[\int Qe^{Pt}dt+K\right] \tag{12-2}$$

가 된다. 식 (12-1)을 적분인자법으로 구하기 위하여 양변을 L로 나누면

$$\frac{di(t)}{dt}+\frac{R}{L}i(t)=\frac{V}{L} \tag{12-3}$$

여기서 $P=\frac{R}{L}$(인자항), $Q=\frac{V}{L}$(상수항)이 된다.

따라서

$$i(t)=e^{-\frac{R}{L}t}\left[\int\frac{V}{L}e^{\frac{R}{L}t}dt+K\right]$$

$$=\frac{V}{L}e^{-\frac{R}{L}t}\cdot\frac{L}{R}e^{\frac{R}{L}t}+Ke^{-\frac{R}{L}t}$$

$$=\frac{V}{R}+Ke^{-\frac{R}{L}t} \tag{12-4}$$

가 된다. 적분상수 K는 초기조건에 의해 결정된다. 이 회로의 초기조건은

$$t=0\text{일 때 } i(0_+)=0 \tag{12-5}$$

이므로

$$0=\frac{V}{R}+Ke^{-0} \qquad \therefore\ K=-\frac{V}{R} \tag{12-6}$$

로 되어 식 (12-6)을 식 (12-4)에 대입하면

$$i(t)=\frac{V}{R}-\frac{V}{R}e^{-\frac{R}{L}t}=\frac{V}{R}\left(1-e^{-\frac{R}{L}t}\right) \tag{12-7}$$

이 구해진다.

그러므로 일반해 $i(t)=i_s$(정상해) $+\,i_t$(과도해)이므로 정상전류 $i_s=\frac{V}{R}$, 과도전류 $i_t=\frac{V}{R}e^{-\frac{R}{L}t}$가 된다. 식 (12-7)의 전류가 시간 t와 함께 변화하는

상태는 [그림 12-2]에 나타낸 바와 같이 i가 최종값(정상값)의 $I=\frac{V}{R}$에 도달할 때까지는 $t=\infty$인 시간이 필요하게 된다. 일반적으로 $\frac{L}{R}$이 극히 작을 때 전류는 짧은 시간 내에 최종값에 접근한다.

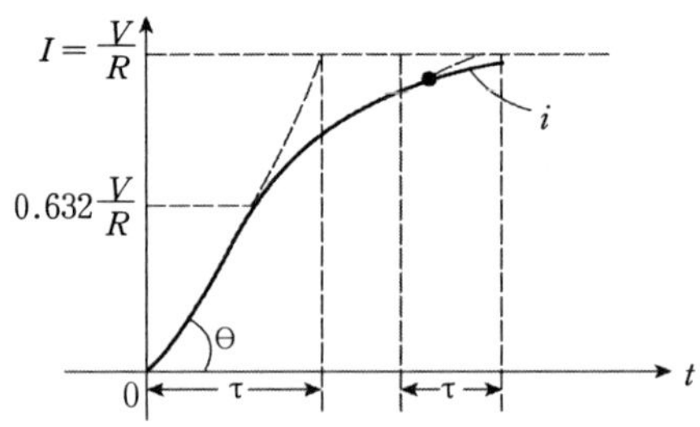

[그림 12-2]

그러므로 [그림 12-2]에서 $t=0$에서의 $i(t)$곡선의 접선을 그어서 접선이 정상전류 I와 만나는 시간의 길이를 τ라 하며 접선을 구하기 위해 식 (12-7)을 미분하여 $t=0$을 대입하면

$$\left.\frac{di(t)}{dt}\right|_{t=0}=\frac{V}{L}e^{-\frac{R}{L}t}=\frac{V}{L}=\tan\Theta \tag{12-8}$$

또 [그림 12-2]에서 알 수 있는 바와 같이 $\tan\Theta=\frac{\frac{V}{R}}{\tau}$이므로

$$\tau=\frac{L}{R} \tag{12-9}$$

이 되며 이 τ를 회로의 시정수(time constant)라 한다.

2) S : OFF시

[그림 12-1]에서 스위치 S를 OFF하면 전압방정식은

$$Ri(t)+L\frac{di(t)}{dt}=0 \tag{12-10}$$

초기값 설정은 스위치 동작상태의 전상태이므로 여기서는 스위치가 ON상태에서 옴의 법칙을 이용하여 초기값을 설정하면 되므로

$$t=0\text{일 때}\quad i(0_+)=\frac{V}{R} \tag{12-11}$$

가 된다.

따라서 일반해 $i(t)$는 식 (12-2)를 이용하여 구하면

$$\begin{aligned} i(t)&=e^{-\frac{R}{L}t}\left[\int Q\cdot e^{\frac{R}{L}t}dt+K\right] \\ &=Ke^{-\frac{R}{L}t} \end{aligned} \tag{12-12}$$

식 (12-12)에 초기값을 대입하면

$$\frac{V}{R}=Ke^{-0}\qquad \therefore\ K=\frac{V}{R} \tag{12-13}$$

따라서

$$i(t)=\frac{V}{R}e^{-\frac{R}{L}t} \tag{12-14}$$

로 구해진다.

그러므로 S를 OFF시키는 경우에는 정상항 $i_s=0$이 되고 과도항 $i_t=\frac{V}{R}e^{-\frac{R}{L}t}$만 존재한다. 1), 2)에서 보는 바와 같이 회로방정식과 초기값을 설정하면 즉시 일반해 $i(t)$를 구할 수 있다. 예를 들면 1)과 같이 전압방정식

에 기전력 V가 존재하고 초기값 전류 $i(0_+)$가 0이면 정상해와 과도해가 존재한다. 2)에서는 전압방정식에 기전력 V가 없고 초기값 전류 $i(0_+)$가 존재하면 과도해만 존재한다.

상기 내용을 기억해 두면 병렬회로시 바로 일반해를 구할 수 있다. 1)과 2) 경우의 전류변화를 [그림 12-3]에 표시한다.

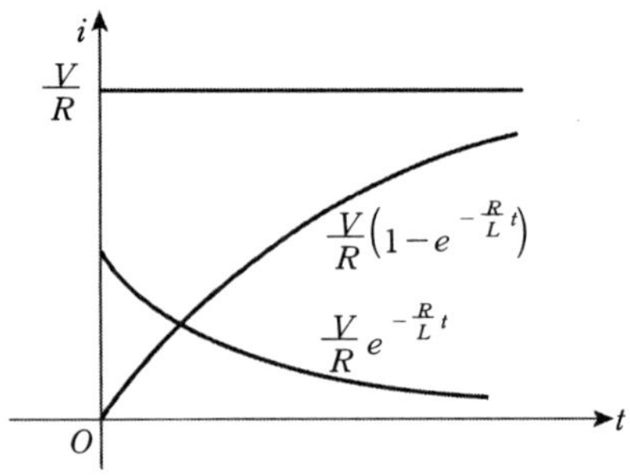

[그림 12-3]

【예제 12-1】 시정수 τ을 갖는 $R \cdot L$ 직렬회로에 직류전압을 가할 때 $t=3\tau$ 되는 시간의 회로에 흐르는 전류는 최종값의 몇 [%]가 되는가?

〈풀이〉 직류전압을 가하는 경우는 S를 ON하는 경우이므로

$$i(t)=\frac{V}{R}\left(1-e^{-\frac{R}{L}t}\right)$$

가 된다. 따라서

$$i_{3\tau}=\frac{V}{R}\left(1-e^{-\frac{1}{\tau}3\tau}\right)$$

$$=\frac{V}{R}(1-e^{-3})=I(1-0.049)$$

$$\fallingdotseq 0.95I$$

즉 95[%]가 된다.

2. $R \cdot C$ 직렬회로

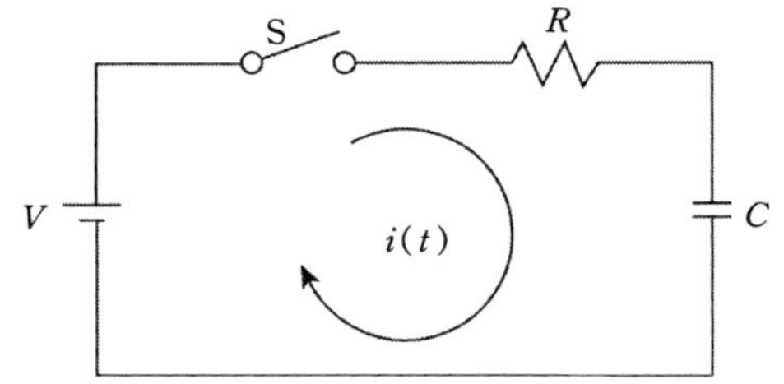

[그림 12-4]

[그림 12-4]와 같은 $R \cdot C$ 직렬회로에 직류전압 V를 $t=0$시간에 가할 때의 유입하는 전류를 고찰하여 본다.

1) S : ON시

$$Ri(t)+\frac{1}{C}\int i(t)dt = V \qquad (12\text{-}15)$$

또는 전류와 전하 사이에는 $i=\frac{dq(t)}{dt}$의 관계가 있으므로 이것을 사용하면

$$R\frac{dq(t)}{dt}+\frac{1}{C}q(t)=V \qquad (12\text{-}16)$$

초기값 설정은 스위치를 OFF하는 경우에 구하면 되므로

$$t=0\text{일 때} \quad q(0_+)=0 \qquad (12\text{-}17)$$

이 된다.

따라서 식 (12-2)의 적분인자공식에 대입하기 위하여 양변을 R로 나누면

$$\frac{dt(t)}{dt}+\frac{1}{RC}q(t)=\frac{V}{R} \qquad (12\text{-}18)$$

여기서 $P=\frac{1}{RC}$, $Q=\frac{V}{R}$이다.

$$q(t)=e^{-\frac{1}{RC}t}\left[\int \frac{V}{R}e^{\frac{1}{RC}t}dt+K\right]$$

$$=\frac{V}{R}\cdot e^{-\frac{1}{RC}t}\cdot RCe^{\frac{1}{RC}t}+Ke^{-\frac{1}{RC}t}$$

$$=CV+Ke^{-\frac{1}{RC}t} \tag{12-19}$$

식 (12-19)에 초기값을 대입하면

$$0=CV+K \quad \therefore \quad K=-CV \tag{12-20}$$

그러므로

$$q(t)=CV\left(1-e^{-\frac{1}{RC}t}\right) \tag{12-21}$$

로 되어 이 식의 일반해 $q(t)$는 정상해 q_s와 과도해 q_t의 합으로 나타낸다. 그러므로 $q_s=CV$가 되고 $q_t=CVe^{-\frac{1}{RC}t}$가 된다.

그리고 전류 $i(t)=\frac{dp}{dt}(t)$이므로

$$i(t)=\frac{d}{dt}\left[CV\left(1-e^{-\frac{1}{RC}t}\right)\right]=-CV\cdot\left(-\frac{1}{RC}\right)e^{-\frac{1}{RC}t}$$

$$=\frac{V}{R}e^{-\frac{1}{RC}t} \tag{12-22}$$

이 된다. [그림 12-5] (a)에서 q의 곡선에 $t=0$에서 그린 접선이 횡축과 교차하는 시간 τ가 시정수이므로

$$\tan\Theta=\left(\frac{dq(t)}{dt}\right)_{t=0}=\frac{V}{R}=\frac{CV}{\tau} \qquad \therefore \ \tau=RC$$

또는 [그림 12-5](b)에서 전류 i의 곡선에 $t=0$에서 접선을 그으면 횡축과 교차하는 시각이 마찬가지로 시정수 τ가 되므로

$$\tan\Theta = \left(\frac{di(t)}{dt}\right)_{t=0} = -\frac{I}{RC} = -\frac{I}{\tau}$$

$$\therefore \quad \tau = RC \tag{12-23}$$

가 된다.

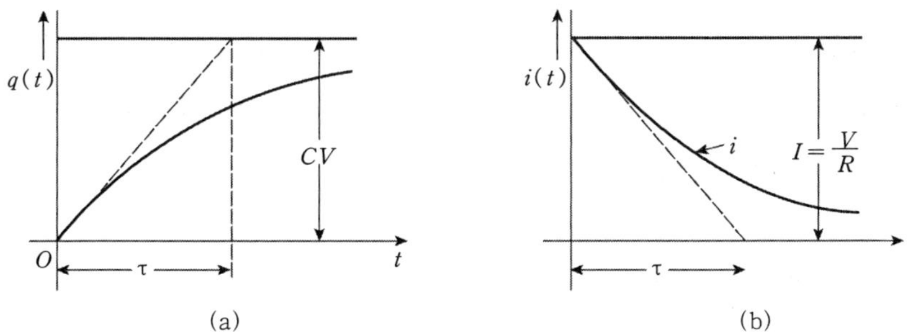

[그림 12-5]

3. $R \cdot L \cdot C$ 직렬회로

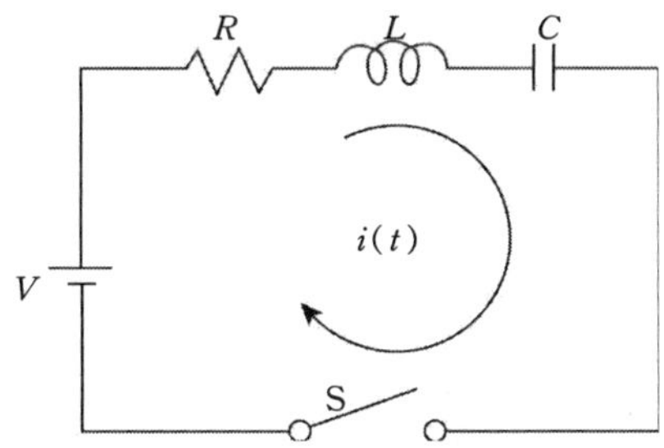

[그림 12-6]

정상상태에 있는 [그림 12-6]과 같은 $R \cdot L \cdot C$ 직렬회로에 $t=0$에서 전원 전압 V를 가하는 경우 다음 식이 성립한다.

$$Ri(t) + L\frac{di(t)}{dt} + \frac{1}{C}\int i(t)dt = V \tag{12-24}$$

그런데 $i(t) = \frac{dq(t)}{dt}$이므로 t에 관한 미분방정식으로 바꾸면 다음과 같이 된다.

$$L\frac{d^2q(t)}{dt^2}+R\frac{dq(t)}{dt}+\frac{1}{C}q(t)=V \tag{12-25}$$

이 식의 해 $q(t)$는 정상해 q_s와 과도해 q_t의 합이 되는 것은 이미 설명한 바 있다. 정상해 q_s는 $t=\infty$에서 C 양단의 전압은 V[V]로 충전되므로 $q_s=CV$가 된다. 또한 과도해 q_t를 구하기 위하여 식 (12-25)의 우변을 0으로 하는 특성방정식을 세우면

$$Lx^2+Rx+\frac{1}{C}=0 \tag{12-26}$$

이고, 2차 방정식의 근을 구하면

$$\therefore\ x=-\frac{R}{2L}\pm\sqrt{\left(\frac{R}{2L}\right)^2-\frac{1}{LC}} \tag{12-27}$$

또는

$$x_1=-\frac{R}{2L}+\frac{1}{2L}\sqrt{R^2-\frac{4L}{C}}=-\alpha+\beta$$

$$x_2=-\frac{R}{2L}-\frac{1}{2L}\sqrt{R^2-\frac{4L}{C}}=-\alpha-\beta$$

여기서 $\alpha=\frac{R}{2L}$, $\beta=\frac{1}{2L}\sqrt{\frac{4L}{C}}$이 되며 2개의 근 x_1, x_2는 R, L, C의 값에 따라 다음 3가지의 다른 현상이 발생한다.

i) $R^2-\frac{4L}{C}>0 \rightarrow R^2>\frac{4L}{C} \rightarrow R>2\sqrt{\frac{L}{C}}$ 인 경우 : 비진동식

ii) $R^2-\frac{4L}{C}=0 \rightarrow R^2=\frac{4L}{C} \rightarrow R=2\sqrt{\frac{L}{C}}$ 인 경우 : 임계적

iii) $R^2-\frac{4L}{C}<0 \rightarrow R^2<\frac{4L}{C} \rightarrow R<2\sqrt{\frac{L}{C}}$ 인 경우 : 진동식

i), ii), iii)의 특성을 그래프로 표시하면 [그림 12-7]과 같으며 (a)는 비진동적, (b)는 임계적, (c)는 진동적이다.

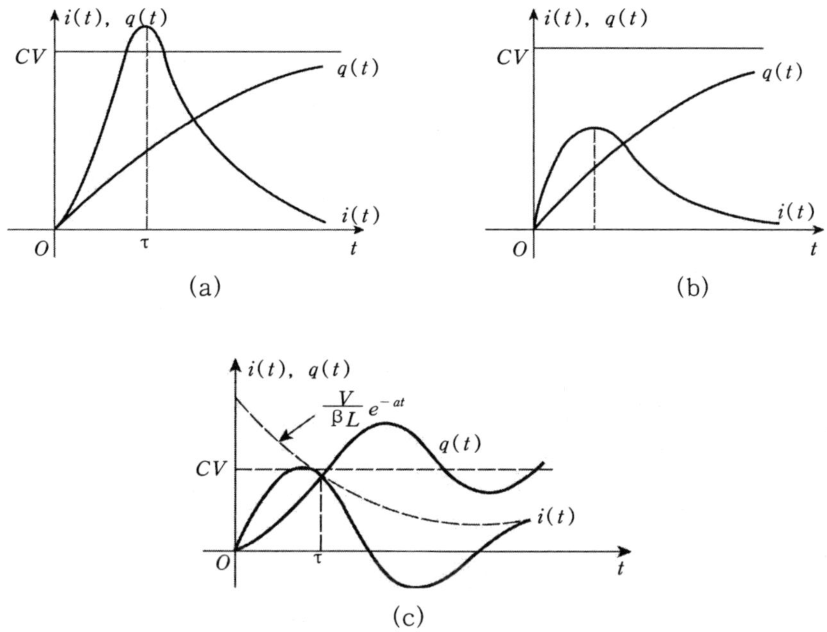

[그림 12-7]

【예제 12-2】 [그림 12-8]과 같은 회로에 정상상태일 때 $t=0$에서 스위치 S를 열 때 흐르는 전류 $i(t)$를 구하여라.

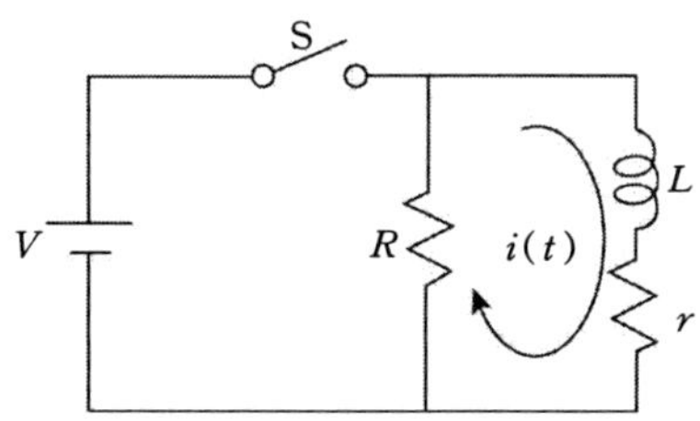

[그림 12-8]

〈풀이〉 스위치 S를 OFF하면 전압방정식은 $Ri(t)=ri(t)+L\frac{di(t)}{dt}=0$

초기값 전류 $i(0_+)$는 스위치 S를 ON했을 경우에 구하므로 $t=0$ 일 때 $i(0_+)=\frac{V}{r}$가 된다.

따라서 $R\cdot L$ 직렬회로를 설명하는 ii)에 해당하므로 과도항만 존재한다. 그러므로 $i(t)=\frac{V}{r}e^{-\frac{R+r}{L}t}$가 된다. 여기서 $\frac{V}{r}$는 초기값이 되며, 시정수 τ는 회로방정식에서 구하므로 $\frac{L}{R+r}$이 된다.

12-3 교류회로

1. $R\cdot L$ 직렬회로

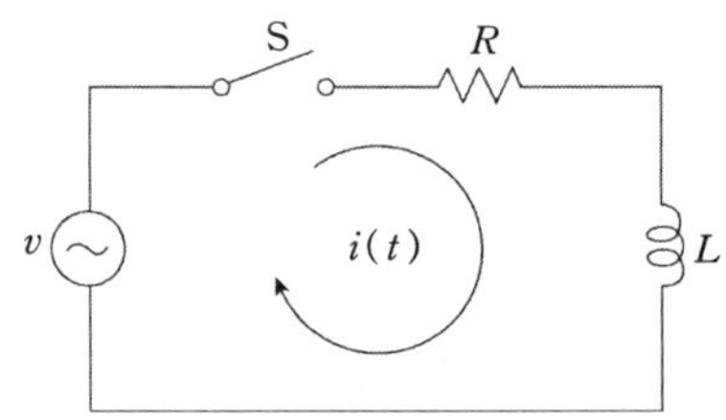

[그림 12-9]

[그림 12-9]와 같이 $R\cdot L$ 직렬회로에 시간 $t=0$에서 정현파 전압 $v=V_m\sin(\omega t+\Theta)$ [V]를 가할 때 회로에 전류를 구하여 보자.

식 (12-1)과 같이 전압방정식을 세우면

$$Ri(t)+L\frac{di(t)}{dt}=V_m\sin(\omega t+\Theta) \tag{12-28}$$

이 미분방정식의 일반해는 식 (12-28)의 우변을 0으로 할 때 과도항 i_t와

정상상태에서 정상항 i_s의 합이므로

$$i(t)=i_s+i_t \tag{12-29}$$

로 된다.

여기서 과도항 i_t는 식 (12-12)와 같이

$$i(t)=Ke^{-\frac{R}{L}t} \tag{12-30}$$

또 정상항 i_s는

$$I_m=\frac{V_m}{Z}=\frac{V_m}{\sqrt{R^2+(\omega L)^2}},\quad \phi=\tan^{-1}\frac{\omega L}{R}$$

이라고 하면

$$i_s=I_m\sin(\omega t+\Theta-\phi) \tag{12-31}$$

가 되고 식 (12-29)에서

$$i(t)=I_m\sin(\omega+\Theta-\phi)+Ke^{-\frac{R}{L}t} \tag{12-32}$$

적분정수 K에 대한 초기조건은 $t=0$일 때 $i=0$이므로

$$0=I_m\sin(\Theta-\phi)+K$$

$$\therefore\ K=-I_m\sin(\Theta-\phi) \tag{12-33}$$

그러므로 식 (12-33)을 식 (12-32)에 대입하면

$$i(t)=I_m\sin(\omega t+\Theta-\phi)-I_m\sin(\Theta-\phi)e^{-\frac{R}{L}t} \tag{12-34}$$

가 된다. 이 전류 $i(t)$는 정상전류 $I_m\sin(\omega t+\Theta-\phi)$에 시정수 $\tau=\frac{L}{R}$에서

$t=0$ 순간에 $-I_m \sin(\Theta-\Phi)$의 값을 갖는 시간과 함께 지수함수적으로 감쇠하는 과도항과 중복되어 있다.

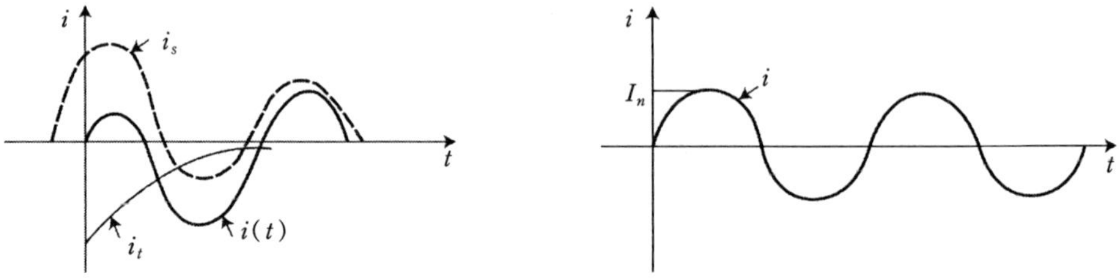

(a) $0<\Theta-\Phi<\frac{\pi}{2}$ (b) $\Theta-\Phi=0$

[그림 12-10]

여기서 만일 $\Theta=\Phi=\tan^{-1}\frac{\omega L}{R}$ 이면 과도항이 0이 되므로 과도상태로 없어지고 $t=0$에서 정상상태가 된다. 식 (12-34)를 그림으로 표시하면 [그림 12-10]과 같이 되며 흔히 과도항 i_t를 직류분, 정상항 i_s를 교류분이라 한다.

2. $R \cdot C$ 교류회로

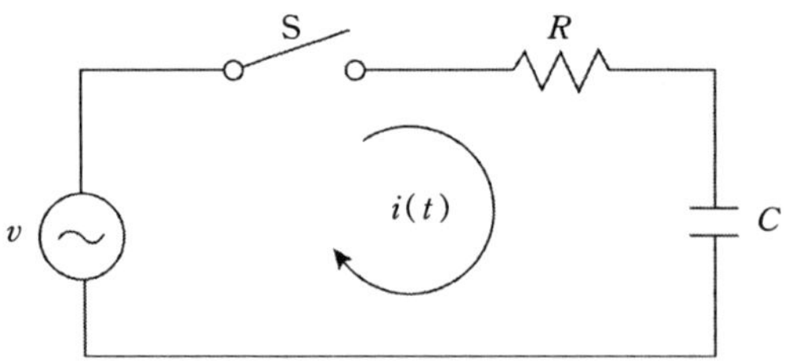

[그림 12-11]

[그림 12-11]과 같이 $R \cdot C$ 직렬회로에 $t=0$에서 교류전압 $v=V_m \sin(\omega t+\Theta)$를 가하는 경우 전압방정식을 세우면

$$Ri(t)+\frac{1}{C}\int i(t)dt=V_m \sin(\omega t+\Theta) \tag{12-35}$$

또는

$$\frac{dq(t)}{dt}+\frac{1}{RC}q(t)=\frac{V_m}{R}\sin(\omega t+\Theta)$$

윗식의 우변을 0으로 할 때의 해, 즉 과도항 q_t는

$$q_t=Ke^{-\frac{1}{RC}t} \tag{12-36}$$

다음에 정상항 q_s는

$$q_s=\frac{V_m}{\omega\sqrt{R^2+\left(\frac{1}{\omega C}\right)^2}}\cos(\omega t+\Theta+\Phi) \tag{12-37}$$

그러므로

$$q(t)=q_s+q_t=\frac{-V_m}{\omega\sqrt{R^2+\left(\frac{1}{\omega C}\right)^2}}\cos(\omega t+\Theta+\Phi)+Ke^{-\frac{1}{RC}t} \tag{12-38}$$

적분정수 K는 초기조건이 $t=0$일 때 $q=0$이므로

$$0=\frac{-V_m}{\omega\sqrt{R^2+\left(\frac{1}{\omega C}\right)^2}}\cos(\Theta+\Phi)+K$$

$$\therefore\ K=\frac{V_m}{\omega\sqrt{R^2+\left(\frac{1}{\omega C}\right)^2}}\cos(\Theta+\Phi)=\frac{I_m}{\omega}\cos(\Theta+\Phi) \tag{12-39}$$

$$\left(\text{단, } I_m=\frac{V_m}{Z}=\frac{V_m}{\sqrt{R^2+\left(\frac{1}{\omega C}\right)^2}}\right)$$

그러므로 식 (12-38)를 식 (12-39)에 대입하면

$$q(t) = -\frac{I_m}{\omega}\cos(\omega t + \Theta + \Phi) + \frac{I_m}{\omega} e^{-\frac{1}{RC}t}\cos(\Theta + \Phi) \tag{12-40}$$

따라서 전류 $i(t)$는

$$i(t) = -\frac{dq(t)}{dt}$$

$$= I_m \sin(\omega t + \Theta + \Phi) - \frac{I_m}{\omega cR} e^{-\frac{1}{RC}t}\cos(\Theta + \Phi) \tag{12-41}$$

이 관계를 그래프로 표시하면 [그림 12-2]와 같이 되고 $\cos(\Theta + \Phi) = 0$일 때 과도현상은 발생하지 않으므로 $\Theta = \frac{\pi}{2} - \Phi = \frac{\pi}{2}\tan^{-1}\frac{1}{\omega cR}$에서 과도현상은 발생하지 않는다.

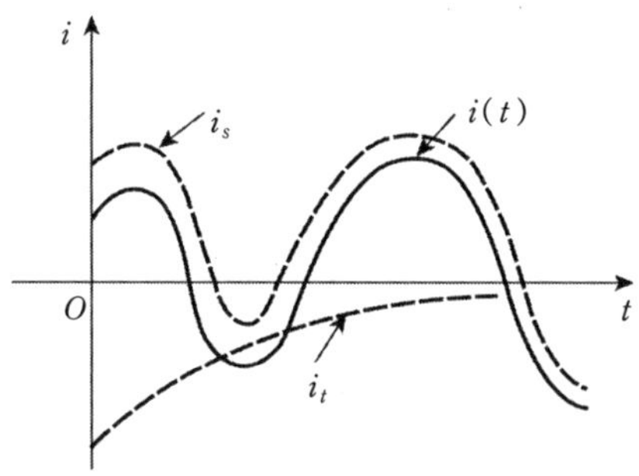

[그림 12-12]

연·습·문·제

(1) 그림 [12-13]과 같은 회로에서 정상전류값 i_s[A]는? (단, $t=0$에서 스위치 S를 닫았다.)

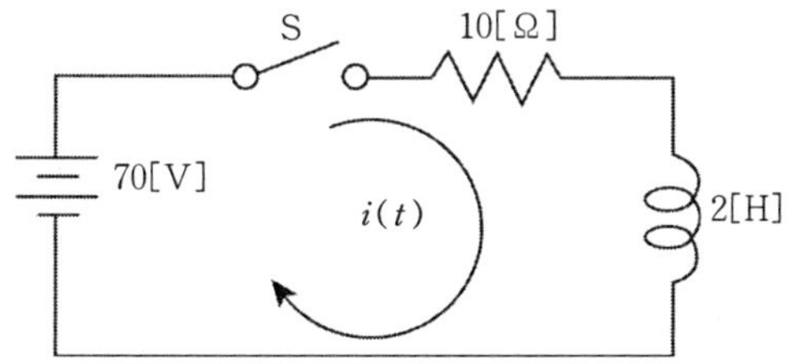

[그림 12-13]

(2) [그림 12-14]와 같은 회로에서 스위치 S를 닫았을 때 시정수의 값 [s]는? (단 $L=10$ [mH], $R=10$[Ω]이다.)

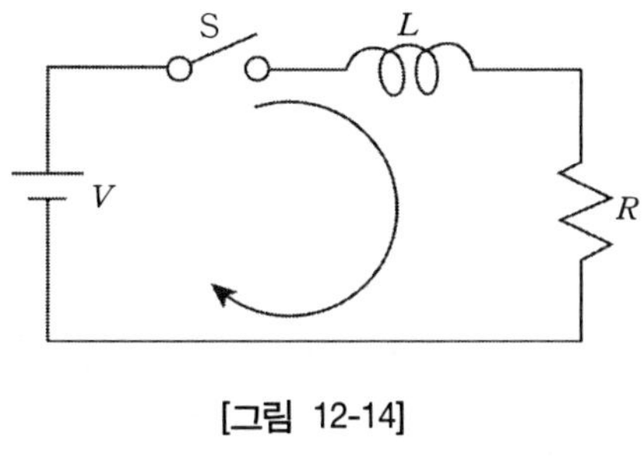

[그림 12-14]

(3) [그림 12-15]의 회로에서 스위치 S를 닫은 후 $t=2$ [s]일 때 회로에 흐르는 전류 [A]는?

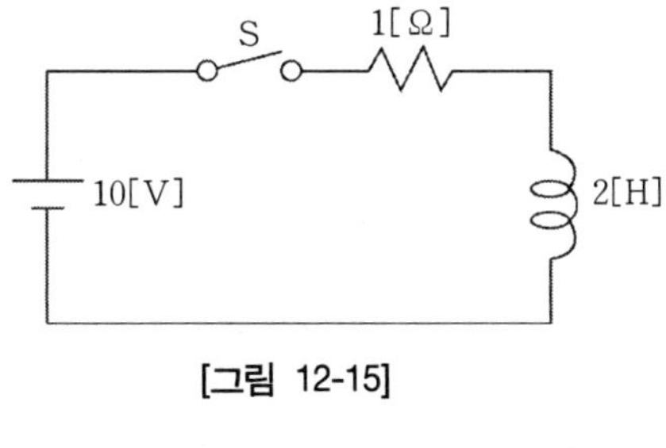

[그림 12-15]

(4) [그림 12-16] 회로에서 스위치 S를 $t=0$에서 닫을 때

$(V_L)_{t=0}=50\,[\text{V}]$, $\left(\dfrac{di(t)}{dt}\right)_{t=0}=100\,[\text{A/s}]$라면 L의 값[H]은?

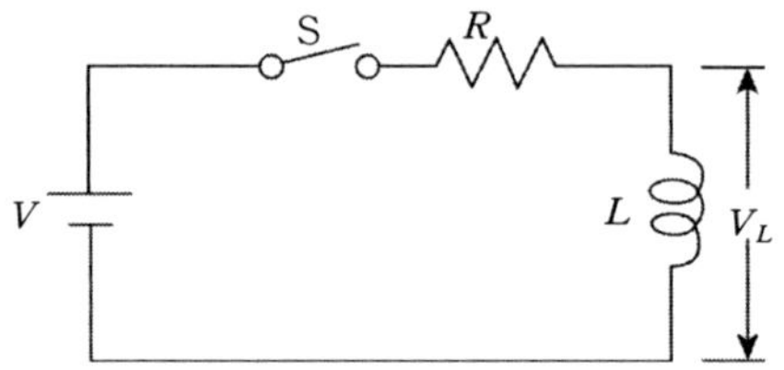

[그림 12-16]

(5) [그림 12-17] 회로는 스위치 1의 위치에서 정상상태에 있었다. $t=0$에서 순간적으로 스위치를 2로 할 때 자연응답 $i(t)$는?

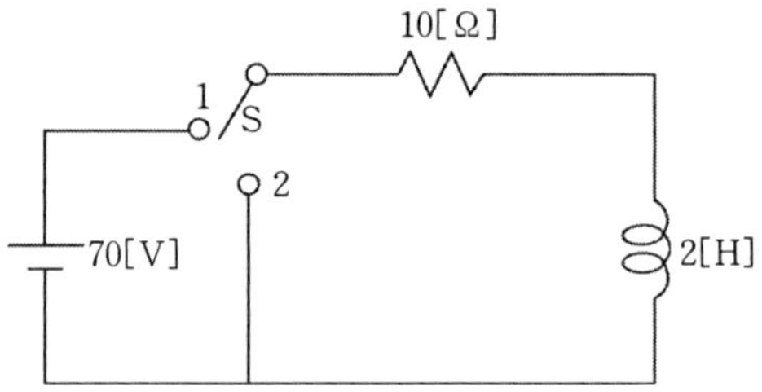

[그림 12-17]

(6) [그림 12-18]의 회로에서 릴레이의 동작전류는 10[mA], 코일의 저항은 1200[Ω], 인덕턴스 L[H]이다. 스위치 S가 닫히고 0.015[s] 이내로 이 릴레이가 작동하려면 L[H]의 값은 얼마인가?

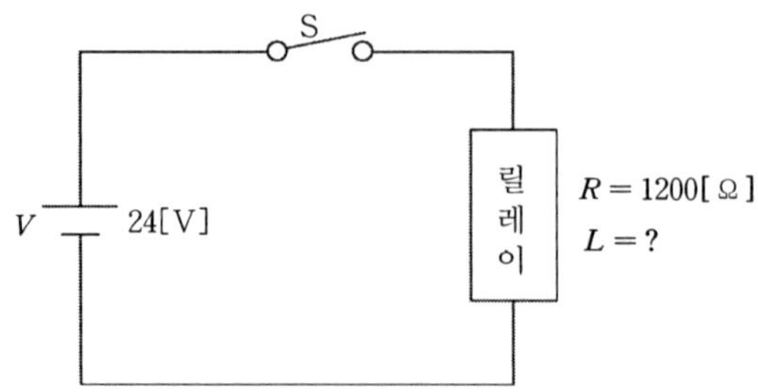

[그림 12-18]

(7) [그림 12-19]의 회로가 정상상태로 있을 때 스위치 S를 닫은 후 인덕턴스 L의 전위차 $v(t)$는 몇 [V]인가?

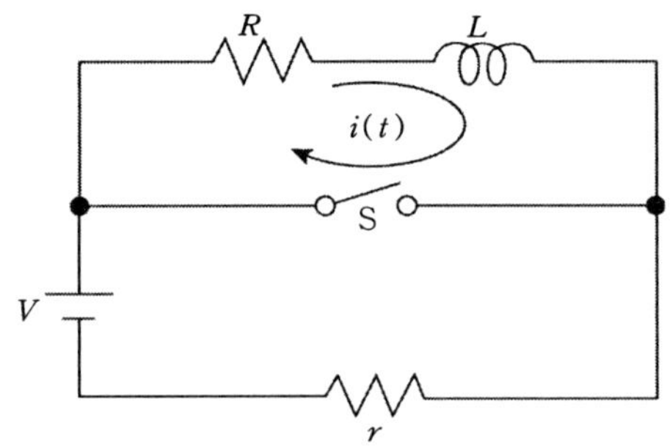

[그림 12-19]

(8) [그림 12-20]의 회로는 스위치 S를 닫은 정상상태이다. $t=0$에서 스위치를 연 후 저항 R_2에 흐르는 과도전류는? $\left(\text{단, 초기조건 } i(0)=\dfrac{E}{R_1}\text{ 이다.}\right)$

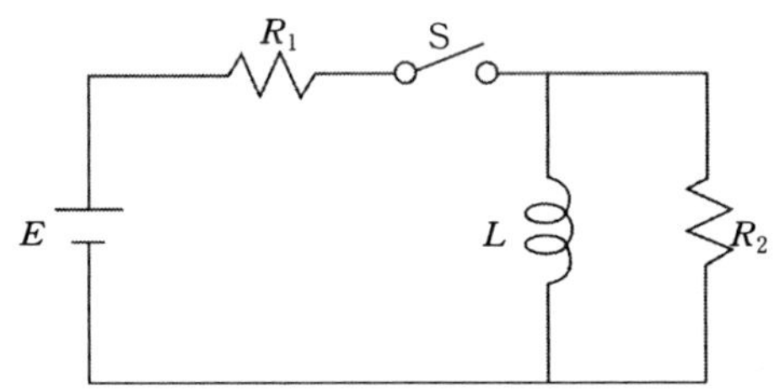

[그림 12-20]

(9) [그림 12-21]과 같은 회로에서 스위치 S가 닫힌 상태에서 회로에 정상전류가 흐르고 있다. 지금 $t=0$에서 스위치 S를 열 때 회로의 전류는?

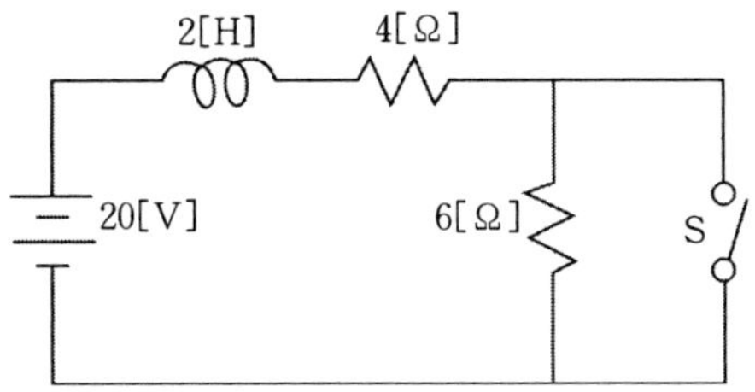

[그림 12-21]

(10) [그림 12-22]와 같은 회로에 있어서 스위치 S를 닫을 때 1−1′ 단자에 발생하는 전압은?

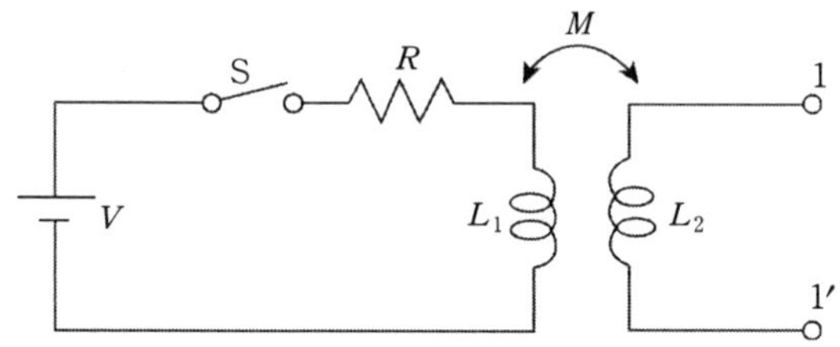

[그림 12-22]

(11) [그림 12-23]의 회로를 $t=0$에서 스위치 S를 닫았다. 초기값이 0일 때 $i(t)$는?

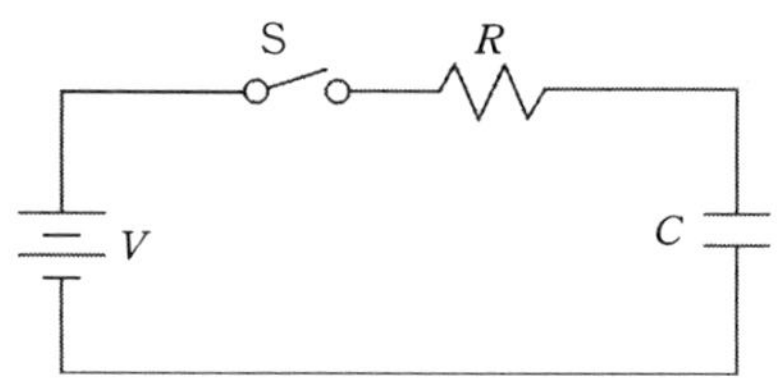

[그림 12-23]

(12) [그림 12-24]와 같은 회로에서 스위치 S를 닫을 때 방전전류 $i(t)$는?

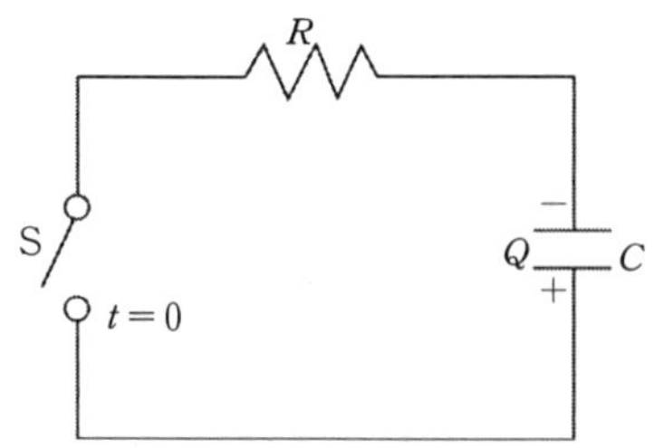

[그림 12-24]

(13) [그림 12-25]의 회로에서 $t=0$에서 스위치 S를 닫았다. 이 회로의 완전 응답 $i(t)$는? (단, 커패시턴스 C는 그림의 극성으로 $\frac{V}{2}$의 초기전압을 갖고 있었다.)

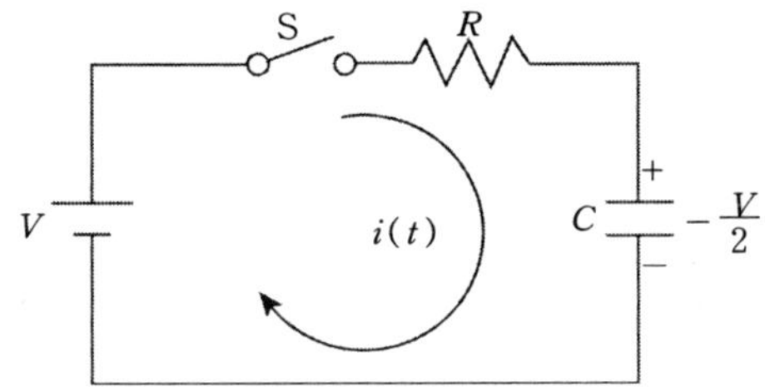

[그림 12-25]

(14) $R \cdot L \cdot C$ 직렬회로에서 임계제동이 되는 회로 저항값은?

(15) [그림 12-26]의 회로에서 $t=0$일 때 스위치 S를 닫았다.
$i_1(0_+)$, $i_2(0_+)$의 값은? (단, $t<0$에서 C전압, L전압은 0이다.)

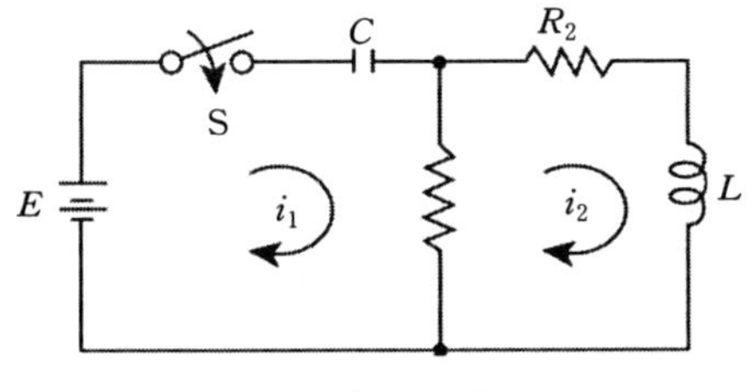

[그림 12-26]

(16) [그림 12-27]에서 시정수 $\tau = L/R$일 때 $\tan\theta$를 바르게 나타낸 것은?

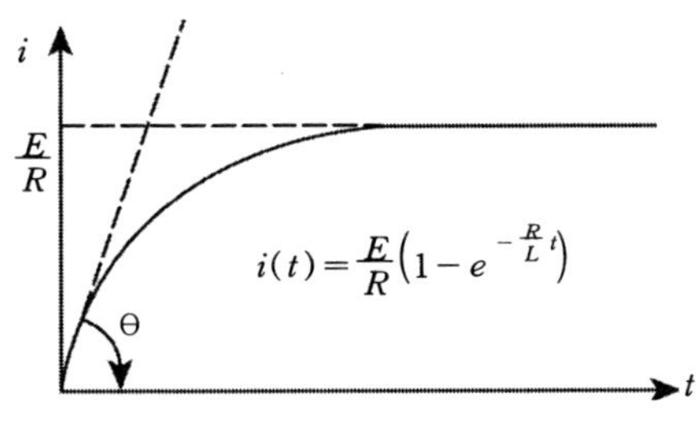

[그림 12-27]

(17) [그림 12-28]의 회로를 $t=0$에서 스위치 S를 닫았다. 초기값이 0일 때 $i(t)$는?

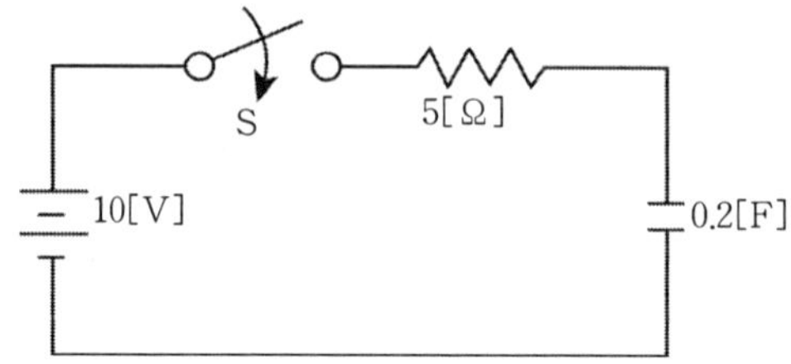

[그림 12-28]

(18) [그림 12-29]의 회로에서 콘덴서에 축적된 전하를 Q_0이라 할 때 시간 $t=0$에서 스위치 S를 닫았을 때 저항 R에서 소비되는 전력은?

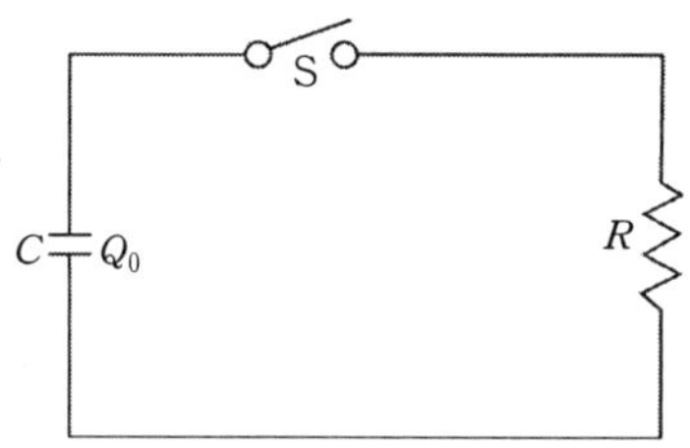

[그림 12-29]

제 13 장

라플라스 변환

13-1 라플라스 변환의 정의

어느 시간 t에 대한 함수 $f(t)$를 $0<t<\infty$에서 정의된 함수라고 하자. 이 함수 $f(t)$에 감쇠정수 e^{-st}를 곱하고 시간 t에 대하여 0에서 ∞까지 적분하면 그 결과를 $f(t)$ 라플라스 변환(Laplace transformation)이라 하며, $F(s)$로 쓴다. 즉 주어진 시간함수 $f(t)$ 라플라스 변환을 수학적으로 표시하면 다음과 같다.

$$F(s)=\int_0^\infty f(t)\cdot e^{-st}dt \qquad (0>t) \tag{13-1}$$

일반적으로 라플라스 변환은 $\mathcal{L}$의 기호로 표시하므로 식 (13-1)은 다음과 같다.

$$\mathcal{L}[f(t)]=F(s)=\int_0^\infty f(t)e^{-st}dt \tag{13-2}$$

라플라스 변환에서 취급하는 시간함수 $f(t)$는 $t=0$ 이전에서는 0이고, $t=0$ 이후에서는 어떤 유한 값을 가지는 것으로 한다. 여기서 s는 라플라스 연산자라 하며, 복소함수로서 $s=\sigma+j\omega$를 뜻하고, σ와 ω는 실수변, $j=\sqrt{-1}$이다.

또 $f(t)$는 t함수라 하며, $F(s)$를 s함수라 하고, s의 함수를 다시 시간함수(t함수)로 변환시키는 과정을 라플라스 역변환이라 하며, 기호는 $\pounds^{-1}$로 표시한다.

$$\text{시간함수} \underset{\text{라플라스 역변환}}{\overset{\text{라플라스 변환}}{\rightleftarrows}} s\text{함수}$$

라플라스 역변환은 다음과 같은 복소적분으로 주어진다.

$$f(t) = \pounds^{-1}[F(s)] = \frac{1}{2\pi j}\int_{C-j\infty}^{C+j\infty} F(s)e^{-st}ds \qquad (13\text{-}3)$$

여기서 C는 정수이다.

식 (13-3)의 계산은 복소함수론에 있어 급수의 계산이 되지만, 적분계산이 매우 복잡하므로 하나하나 풀 필요없이 라플라스 변환표에 의해서 $f(t)$에 대한 $F(s)$를 찾으면 된다.

13-2 주요한 함수의 라플라스 변환

1. 단위계단함수

단위계단함수(unit step function)는 [그림 13-1]과 같이 $t<0$에서는 $f(t)$가 0이고, $t=0$에서 $f(t)=-1$로 된 후 일정한 값을 유지하는 함수를 말하며, 기호는 $u(t)$를 쓰고 식으로 표시하면 다음과 같다.

$$u(t) = \begin{cases} 0 & (t<0) \\ 1 & (t\geq 0) \end{cases}$$

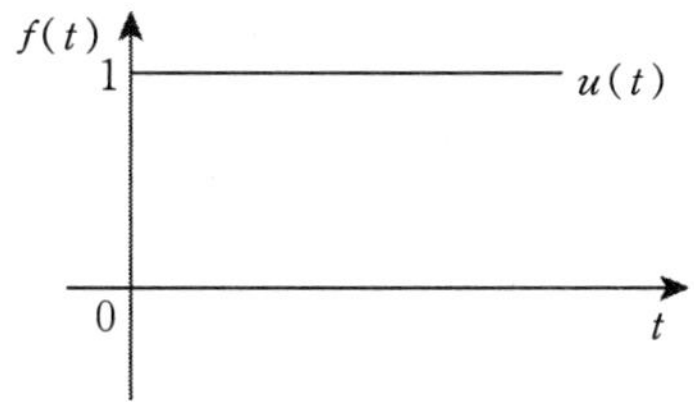

[그림 13-1]

이 단위계단함수를 라플라스 변환하면

$$£[F(t)] = F(s) = \int_0^\infty 1 \cdot e^{-st}dt = \left[-\frac{1}{s}e^{-st}\right]_0^\infty$$

$$= -\frac{1}{s}(e^{-\infty} - e^{-0}) = \frac{1}{s}$$

여기서 $e^{-\infty}=0$, $e^{-0}=1$이므로

$$£[u(t)] = \frac{1}{s} \tag{13-4}$$

$$u(t-a) = \begin{cases} 0 & (t<a) \\ 1 & (t \geq a) \end{cases}$$

$$u(t+a) = \begin{cases} 0 & (t<-a) \\ 1 & (t \geq -a) \end{cases}$$

$$u(a-t) = \begin{cases} 0 & (t \leq a) \\ 1 & (t>a) \end{cases}$$

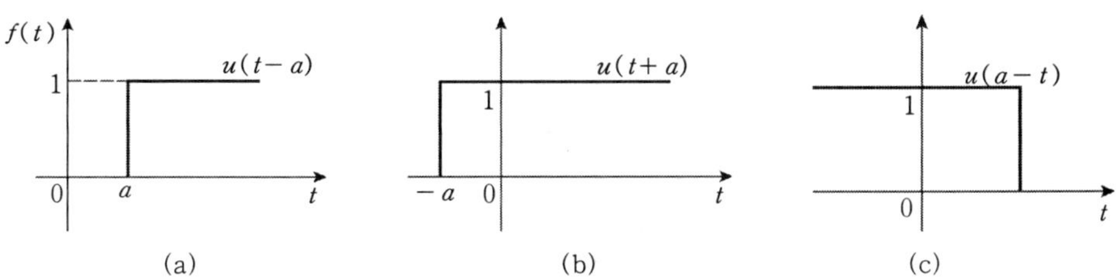

[그림 13-2]

단위계단함수는 물리적으로 $t=0$에서 스위치를 넣는 것과 똑같으며, [그림 13-2]는 시간이동 단위계단함수이다. 따라서 [그림 13-2] (a)를 라플라스 변환하면

$$F(s)=\int_0^{\infty} u(t-a)e^{-st}dt=\int_0^{a} 0\cdot e^{-st}dt+\int_0^{\infty} 1\cdot e^{-st}dt$$

$$=\left[-\frac{1}{s}e^{-st}\right]_0^{\infty}=-\frac{1}{s}(e^{-\infty}-e^{-as})=\frac{1}{s}\cdot e^{-as} \qquad (13\text{-}5)$$

가 되므로 시간의 이동함수는 원함수 $u(t)$의 라플라스 변환 $\frac{1}{s}$에 시간에 대한 반대 이동상수의 지수함수 e^{-as}를 곱하면 된다. 따라서 [그림 13-2] (b) $u(t+a)$를 라플라스 변환하면 $\frac{1}{s}e^{as}$가 된다.

2. 단위 램프 함수

단위 램프 함수(unit ramp function)는 등속함수라 하며, 단위계단함수를 적분하여 얻을 수 있고 [그림 13-3]과 같이 기울기 1인 직선이다.

$$f(t)=t\cdot u(t)=\begin{cases} 0 & (t\leq 0) \\ 1 & (t>0) \end{cases}$$

이며, 라플라스 변환하면

$$\pounds[f(t)]=F(s)=\int_0^{\infty} t\cdot e^{-st}dt$$

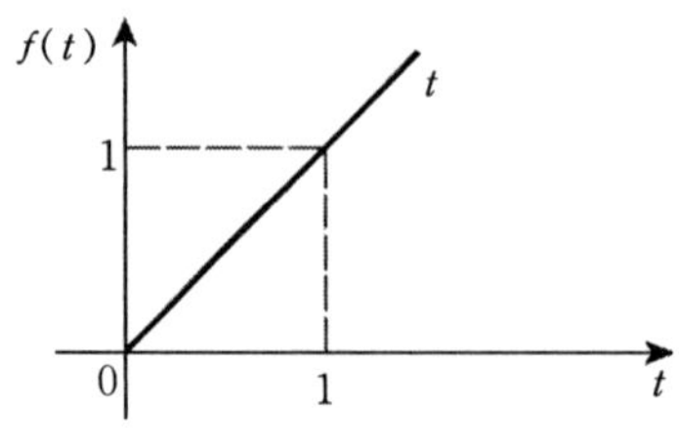

[그림 13-3]

이다. 부분적분에 의하면

$$\int_a^b u\,dv = \Big[\; uv \;\Big]_b^a - \int_a^b v \cdot du$$

에서 $u = t,\ dv = e^{-st}dt$로 놓으면

$$\int_0^{\infty} t \cdot e^{-st}dt = \left[t \cdot \frac{e^{-st}}{-s}\right]_0^{\infty} - \int_0^{\infty} \frac{e^{-st}}{-s}\,dt = \left[-\frac{1}{s^2}\,e^{-st}\right]_0^{\infty} = \frac{1}{s^2}$$

그러므로

$$\pounds\,[\,tu(t)\,] = \frac{1}{s^2} \qquad (13\text{-}6)$$

일반적으로 $\pounds\,[At^n] = \dfrac{A \cdot n!}{s^{n+1}}$ 가 되며 시간이동함수는 $u(t)$함수의 정의와 같다.

【예제 13-1】 [그림 13-4]의 함수 $f(t)$를 라플라스 변환하여라.

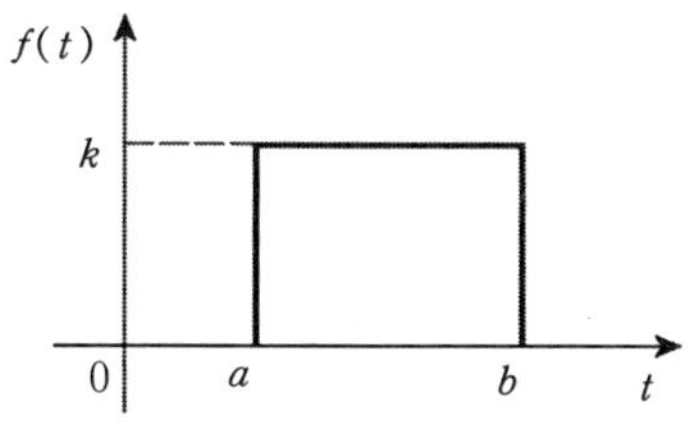

[그림 13-4]

〈풀이〉 [그림 13-4]를 단위계단함수로 분해하여 [그림 13-5] (a)와 (b)를 합성하면

$f(t) = K[\,u\,(t-a) - u\,(t-b)]$

이 식을 라플라스 변환하면

$$F(s) = K\left[\int_0^{\infty} u(t-a)e^{-st}dt - \int_0^{\infty} u(t-b)e^{-st}dt\right]$$

$$= K\left[\frac{1}{s}e^{-at} - \frac{1}{s}e^{bt}\right] = \frac{K}{s}[e^{as} - e^{-bs}]$$

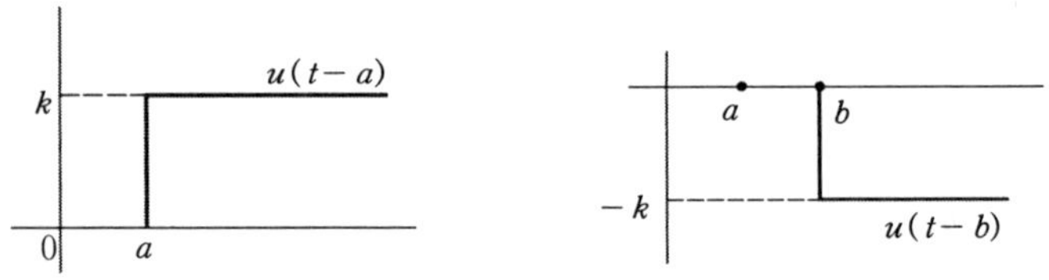

(a) (b)

[그림 13-5]

3. 지수함수

$f(t) = e^{-at}$의 라플라스 변환은

$$\pounds[f(t)] = F(s) = \int_0^\infty e^{-at} \cdot e^{-st}dt = \int_0^\infty e^{-(s+a)t}dt$$

$$= \left[-\frac{1}{s+a}e^{-(s+a)t}\right]_0^\infty = \frac{1}{s+a}$$

여기서 $e^x \cdot e^y = e^{x+y}$이므로 $e^{-at} \cdot e^{-st} = e^{-(s+a)t}$가 된다.
그러므로

$$\pounds[e^{-at}] = \frac{1}{s \mp a} \qquad (13\text{-}7)$$

지수함수를 라플라스 변환하면 s함수에 대한 시간상수의 반대이동변위가 된다.

4. 삼각함수

먼저 $\cos\omega t$를 지수함수로 고치면 $\cos\omega t = \frac{1}{2}(e^{-j\omega t} + e^{j\omega t})$가 되므로

$\cos\omega t$의 라플라스 변환하면

$$\pounds[f(t)] = \pounds[\cos\omega t] = \int_0^{\infty}(\cos\omega t)\cdot e^{-st}dt$$

$$= \frac{1}{2}\int_0^{\infty}(e^{j\omega t} + e^{-j\omega t})\cdot e^{-st}dt$$

$$= \frac{1}{2}\int_0^{\infty}[e^{-(s-j\omega)t} + e^{-(s+j\omega)t}]dt$$

$$= \frac{1}{2}\left(\frac{1}{s-j\omega} + \frac{1}{s+j\omega}\right) = \frac{s}{s^2+\omega^2}$$

그러므로

$$\pounds[\cos\omega t] = \frac{s}{s^2+\omega^2} \tag{13-8}$$

다음 $\sin\omega t$를 지수함수로 고치면

$\sin\omega t = \frac{1}{2j}(e^{j\omega t} - e^{-j\omega t})$이므로 이에 대한 라플라스 변환은

$$\pounds[f(t)] = \int_0^{\infty}[\sin\omega t] = \int_0^{\infty}(\sin\omega t)\cdot e^{-st}dt$$

$$= \frac{1}{2j}\int_0^{\infty}(e^{j\omega t} - e^{-j\omega t})\cdot e^{-st}dt$$

$$= \frac{1}{2j}\int_0^{\infty}(e^{-(s-j\omega)t} - e^{-(s+j\omega)t})dt$$

$$= \frac{1}{2j}\left(\frac{1}{s-j\omega} - \frac{1}{s+j\omega}\right) = \frac{\omega}{s^2+\omega^2}$$

그러므로

$$\pounds[\sin\omega t] = \frac{\omega}{s^2+\omega^2} \tag{13-9}$$

많이 사용되고 있는 중요한 함수의 라플라스 변환은 〈표 13-1〉과 같다.

〈표 13-1〉

$f(t)$	$F(s)$	$f(t)$	$F(s)$
$\delta(t)$	1	$t^n \cdot e^{-at}$	$\frac{n!}{(s+a)^{n+1}}$
$u(t)$, 1	$\frac{1}{s}$	$t \cdot \sin\omega t$	$\frac{2\omega s}{(s^2+\omega^2)^2}$
t	$\frac{1}{s^2}$	$t \cdot \cos\omega t$	$\frac{s^2-\omega^2}{(s^2+\omega^2)^2}$
t^n	$\frac{n!}{s^{n+1}}$	$e^{-at} \cdot \sin\omega t$	$\frac{\omega}{(s+a)^2+\omega^2}$
$\sin\omega t$	$\frac{\omega}{s^2+\omega^2}$	$e^{-at} \cdot \cos\omega t$	$\frac{s+a}{(s+a)^2+\omega^2}$
$\cos\omega t$	$\frac{s}{s^2+\omega^2}$	$\sin h\omega t$	$\frac{\omega}{s^2-\omega^2}$
e^{-at}	$\frac{1}{s+a}$	$\cos h\omega t$	$\frac{s}{s^2-\omega^2}$

13-3 라플라스 변환의 기본적인 정리

라플라스 변환은 여러 가지 일반적인 성질을 가지고 있다. 주어진 함수의 변환식을 간단히 얻는 경우에 유리하다.

1. 선형정리

$f_1(t)$와 $f_2(t)$가 다같이 시간함수로 a와 b가 정수이면

$$\pounds\,[af_1(t) \pm bf_2(t)] = aF_1(s) \pm bF_2(s) \qquad (13\text{-}10)$$

가 된다.

| 증명 | $\pounds[af_1(t) \pm bf_2(t)] = \int_0^\infty [af_1(t) \pm bf_2(t)]e^{-st}dt$

$$= a\int_0^\infty f_1(t) \cdot e^{-st}dt \pm b\int_0^\infty f_2(t) \cdot e^{-st}dt$$

$$= aF_1(s) \pm bF_2(s)$$

【예제 13-2】 $f(t) = 3 + e^{-2t} + 2t$의 라플라스 변환을 구하여라.

〈풀이〉 $\pounds[f(t)] = \pounds[3 + e^{-2t} + 2t]$

$$= \frac{3}{s} + \frac{1}{s+2} + \frac{2}{s^2}$$

2. 상이정리

$\pounds[f(t)] = F(s)$일 때 $f(at)$의 라플라스 변환은 다음과 같다.

$$\pounds[f(at)] = \frac{1}{a}F\left(\frac{s}{a}\right) \tag{13-11}$$

| 증명 | $\pounds[f(at)] = \int_0^\infty f(at) \cdot e^{-st}dt$

여기서 $at = \tau$ 라 놓으면 $t = \frac{\tau}{a}$, $dt = a^{-1}d\tau$ 이므로

$$\pounds[f(at)] = \int_0^\infty f(at) \cdot e^{-st}dt$$

$$= \frac{1}{a}\int_0^\infty f(\tau) \cdot e^{-\left(\frac{s}{a}\right)\tau}d\tau$$

$$= \frac{1}{a}F\left(\frac{s}{a}\right)$$

3. 시간이동정리

$\pounds[f(t)] = F(s)$라 하고 $t < 0$일 때 $f(t) = 0$이면

$$\pounds[f(t-a)] = e^{-as} \cdot F(s) \tag{13-12}$$

이다.

| 증명 | 지금 $f(t)$의 파형이 $f(t-a)$의 파형으로 이동하였다면

$\pounds[f(t-a)] = \int_0^\infty f(t-a) \cdot e^{-st} dt$에서

$t-a=\tau$ 라 놓으면 $dt = d\tau$, $t = \tau + a$ 이므로

$$\pounds[f(t-a)] = \int_0^\infty f(\tau) e^{-s(\tau+a)} d\tau$$

$$= \int_0^\infty f(\tau) \cdot e^{-s\tau} \cdot e^{-as} d\tau = e^{-as} F(s)$$

가 된다. 그러므로 $\pounds[f(t-a)] = e^{-as} F(s)$

【예제 13-3】 $f(t) = (t-2)$의 라플라스 변환식을 구하여라.

〈풀이〉 $\pounds[t \cdot u(t)] = \frac{1}{s^2}$ 이므로

$\pounds[t-2] = \frac{1}{s^2} \cdot e^{-2s} = \frac{e^{-2s}}{s^2}$ (단, $(t-2)=0$, $t<2$)

4. 복소이동정리

$\pounds[f(t)] = F(s)$일 때 $e^{\pm at} f(t)$의 라플라스 변환은 다음과 같다.

$$\pounds[e^{\pm at} f(t)] = F(s \mp a) \tag{13-13}$$

| 증명 | $\pounds[e^{\pm at} f(t)] = \int_0^\infty f(t) \cdot e^{\pm at} \cdot e^{-st} dt$

$$= \int_0^\infty f(t) \cdot e^{-(s \mp a)t} dt$$

$$= F(s \mp a)$$

가 되므로 변환식 $F(s)$에서 s 대신에 $(s \mp a)$를 대입한 것이다.

【예제 13-4】 $f(t)=e^{-t}\sin\omega t$의 라플라스 변환을 구하여라.

〈풀이〉 $\pounds[\sin\omega t]=\dfrac{\omega}{s^2+\omega^2}$ 이므로

$a=1$이므로 식 (13-13)에서 s 대신에 $s+a$를 대입하면

$\pounds[e^{-t}\sin\omega t]=\dfrac{\omega}{(s+1)^2+\omega^2}$

5. 미분정리

$\pounds[f(t)]=F(s)$라 하고 $t<0$일 때 $f(t)=0$으로 하면

$$\pounds\left[\frac{d}{dt}f(t)\right]=sF(s)-f(0_+) \tag{13-14}$$

이다.

| 증명 | $\pounds\left[\dfrac{d}{dt}f(t)\right]=\displaystyle\int_0^\infty \frac{d}{df}f(t)\cdot e^{-st}dt$

이 식은 부분적분 공식에 의해서 치환하면

$$\int_0^\infty u\,dv=\Big[\,uv\,\Big]_0^\infty-\int_0^\infty v\,du$$

$u=e^{-st}$, $dv=d\,f(t)$로 놓으면 $du=-se^{-st}dt$, $v=f(t)$이므로

$$\pounds\left[\frac{d}{dt}f(t)\right]=\Big[\,e^{-st}f(t)\Big]_0^\infty+s\int_0^\infty f(t)e^{-st}dt=sF(s)-f(0_+)$$

가 된다. 여기서 $f(0_+)$는 $f(t)$의 초기값이다.

같은 방법으로 n차 도함수의 라플라스 변환은 다음과 같다.

$$\pounds\left[\frac{d^n}{dt^n}f(t)\right]=s^nF(s)-s^{n-1}f(0_+)\;-s^{n-2}\frac{d}{ds}f(0_+)\cdots-\frac{d^{n-1}}{d^{n-1}}f(0_+)$$

$$= s^n F(s) - s^{n-1} f(0_+) - s^{n-2} f'(0_+) \cdots - f'^{(n-1)}(0_+)$$

【예제 13-5】 $\frac{dy(t)}{dt} + y(t) = 3$의 라플라스 변환을 구하여라(단, 초기값은 0이다).

〈풀이〉 $£\left[\frac{d^n}{dt^n} + y\right] = £[3]$에서 식 (13-14)를 적용하면

$$SY(s) - y(0_+) + Y(s) = \frac{3}{s}$$

여기서 초기값 $y(0_+) = 0$이므로 $SY(s) + Y(s) = \frac{3}{s}$

$$\therefore \quad Y(s) = \frac{3}{s(s+1)}$$

6. 적분정리

$£[f(t)] = F(s)$이면

$$£\left[\int_0^t f(u)du\right] = \frac{F(s)}{s} \tag{13-15}$$

| 증명 | $g(t) = \int_0^t f(u)\,du$라 놓으면 $g'(t) = f(t)$이고 $g(0_+) = 0$이므로 도함수의 정리에 의하여

$$£\, g'(t) = s£[g(t) - g(0_+)] = s£[g(t)] = F(s)$$

$$\therefore \quad £[g(t)] = \frac{F(s)}{s}$$

【예제 13-6】 $\int_0^t (t^2 + e^{-2t})dt$의 라플라스 변환을 구하여라.

〈풀이〉 $£[t^2 + e^{-2t}] = \frac{2}{s^3} + \frac{1}{s+2}$ 이므로

$$\pounds\left[\int_0^t (t^2+e^{-2t})dt\right]=\frac{1}{s}\left(\frac{2}{s^3}+\frac{1}{s+2}\right)=\frac{1}{s}\left(\frac{s^3+2s+4}{s^3(s+2)}\right)$$
$$=\frac{s^3+2s+4}{s^4(s+2)}$$

7. 초기값정리

$\pounds[f(t)]=F(s)$일 때 $f(t)$의 초기값 $f(0_+)$는 다음과 같다.

$$f(0_+)=\lim_{t\to 0} f(t)=\lim_{S\to\infty} S\cdot F(s) \quad (t>0) \tag{13-16}$$

| 증명 | $\pounds\left[\frac{d}{dt}f(t)\right]=SF(s)-f(0_+)$에 의해서

$$\lim_{S\to\infty}\left[\int_0^\infty \frac{d}{dt}f(t)\cdot e^{-st}dt\right]=\lim_{S\to\infty}[SF(s)-f(0_+)]$$

여기서 $S\to\infty$이면, $e^{-st}\to 0$이므로 좌변은 0이 된다. 그러므로

$$f(0_+)=\lim_{t\to 0} f(t)=\lim_{S\to\infty} SF(s)$$

이 정리는 미분방정식의 해를 구하는 초기값을 아는 데 매우 유용하다. 그리고 초기값정리는 $F(s)$의 최고차수가 된다.

【예제 13-7】 $F(s)=\frac{s+3}{s(s+2)}$일 때 $f(t)$의 초기값을 구하여라.

〈풀이〉 식 (13-16)에 의해서

$$\lim_{t\to 0} f(x)=\lim_{S\to\infty} SF(s)=\lim_{S\to\infty}\frac{s+3}{s+2}$$
$$=\lim_{S\to\infty}\frac{1+\frac{3}{s}}{1+\frac{2}{s}}=1$$

8. 최종값 정리

$\pounds[f(t)]=F(s)$이고 $\lim_{t\to\infty} f(t)$가 존재하면 $\lim_{t\to\infty} f(t)=f(\infty)$는 다음과 같다.

$$f(\infty) = \lim_{t\to\infty} f(t) = \lim_{S\to 0} SF(s) \tag{13-17}$$

| 증명 | $\lim_{S\to 0} \int_0^\infty \left[\frac{d}{dt} f(t)\right] \cdot e^{-st} dt = \lim_{S\to 0} SF(s) - f(0_+)$

여기서 $s\to 0$이면 $e^{-st}\to 1$이므로

$$\lim_{S\to 0} \int_0^\infty \left[\frac{d}{dt} f(t)\right] \cdot e^{-st} dt = \int_0^\infty dt(f) = f(\infty) - f(0_+)$$

$$\lim_{S\to 0} SF(s) - f(0_+) = f(\infty) - f(0_+)$$

$$\therefore \ f(\infty) = \lim_{t\to\infty} f(t) = \lim_{S\to 0} SF(s)$$

【예제 13-8】 $F(s) = \dfrac{10s+2}{s^3+s^2+3s}$ 일 때 $f(t)$의 최종값을 구하여라.

〈풀이〉 식 (13-7)에 의해

최종값 $f(\infty) = \lim_{S\to 0} SF(s) = \lim_{S\to 0} \dfrac{10s+2}{s^2+2s+3} = \dfrac{2}{3}$

따라서 최종값 정리는 $F(s)$ 함수의 상수가 된다.

13-4 부분분수에 의한 라플라스 역변환

$F(s)$가 s의 분수다항식인

$$F(s) = \frac{A(s)}{B(s)} = \frac{a_m s^m + a_{m-1} s^m + \cdots + a_1 s + a_0}{b_n s^n + b_{n-1} s^{n-1} + \cdots + b_1 s + b_0} (n > m) \tag{13-18}$$

으로 표시된다고 하자. 지금 s_1, s_2, …, s_n을 $B(s)$

즉 $b_n s^n + b_{n-1} s^{n-1} + \cdots + b_1 s + b_0 = 0$의 근이라 하면 $F(s)$는 다음과 같다.

$$F(s)=\frac{A(s)}{B(s)}=\frac{a_m s^m + a_{m-1}s^m + \cdots + a_1 s + a_0}{(s-s_1)(s-s_2)\cdots(s-s_n)} \qquad (13\text{-}19)$$

여기서 s_1, s_2, …, s_n은 $B(s)=0$의 근(root)들이며 실수 또는 복소수이다. $B(s)=0$의 근을 만족하는 근은

① 전부 단근으로 실수인 경우

② 전부 단근이지만 공액복소근을 포함하는 경우

③ 다중근을 포함하는 경우 등이 있지만 ①, ②는 근만 실근과 허근의 차이점을 가지고 있으므로 같은 방법으로 구하면 되므로 2가지 경우만 취급한다.

1. 실수 단근인 경우

$$\begin{aligned} F(s) &= \frac{A(s)}{(s-s_1)(s-s_2)\cdots(s-s_n)} \\ &= \frac{K_1}{s-s_1}+\frac{K_2}{s-s_2}+\cdots+\frac{K_n}{s-s_n} \qquad (13\text{-}20) \end{aligned}$$

(단, s_1, s_2, s_n은 실수이고 $A(s)<n$이다.)

정수 K_1은 각 변에다 $(s-s_1)$을 곱하고 s에다 s_1을 대입하면 K_1, …, K_n값을 구한다. 즉

$$\begin{aligned} K_1 &= F(s)(s-s_1)|_{s=s_1} \\ &\vdots \\ K_n &= F(s)\cdot(s-s_n)|_{s=s_n} \qquad (13\text{-}21) \end{aligned}$$

【예제 13-9】 $F(s)=\dfrac{2s+1}{(s+1)(s+2)}$의 라플라스 역변환을 구하여라.

〈풀이〉 식 (13-20)과 같이 부분분수를 전개한 후 식 (13-21)을 사용하면

$$F(s)=\frac{K}{s+1}+\frac{K}{s+2}$$

$$K_1=F(s)\cdot(s+1)\Big|_{s=-1}=\frac{2s+1}{(s+1)(s+2)}\cdot(s+1)\Big|_{s=-1}=-1$$

$$K_2=F(s)\cdot(s+2)\Big|_{s=-2}=\frac{2s+1}{(s+1)(s+2)}\cdot(s+2)\Big|_{s=-2}=3$$

이 되므로 K_1, K_2를 부분분수식에 대입하면

$$F(s)=\frac{-1}{s+1}+\frac{3}{s+2}$$

이 된다. 따라서 구하고자 하는 $f(t)$는 다음과 같다.

$$\begin{aligned}\pounds^{-1}F(s)=f(t)&=\pounds^{-1}\left[\frac{1}{s+1}\right]+\pounds^{-1}\left[\frac{3}{s+2}\right]\\&=-e^{-t}+3e^{-2t}\end{aligned}$$

2. 중근의 경우

$Q(s)$가 r차의 중근을 가진다면

$$\begin{aligned}F(s)&=\frac{P(s)}{(s-s_1)(s-s_2)\cdots(s-s_i)^r\cdots(s-s_n)}\\&=\frac{K_1}{(s-s_1)}+\frac{K_2}{(s-s_2)}+\cdots+\frac{A(s)}{(s-s_i)^r}+\cdots+\frac{K_n}{(s-s_n)}\end{aligned} \tag{13-22}$$

로 전개될 수 있으며 K_1, K_2, …, K_n은 식 (13-21)에 의해 구하면 되고 중근을 포함한 $Y(s)=A(s)/(s-si)^r$만을 고려하여 별도로 전개하면

$$\begin{aligned}Y(s)&=\frac{A(s)}{(s-s_1)^r}\\&=\frac{Ki_1}{(s-s_i)}+\frac{Ki_2}{(s-s)^2}+\cdots+\frac{Ki_n}{(s-s_i)^n}+\frac{ki_r}{(s-s_i)^r}\end{aligned} \tag{13-23}$$

이 되고 Ki_1, Ki_2, …, Ki_r 중 Ki_n은 다음과 같이 구한다.

$$Ki_n = \frac{1}{(r-n)!} \frac{d^{r-n}A(s)}{ds^{r-n}}\bigg|s=s_i$$

$$= \frac{d^{r-n}}{(r-n)!\,ds^{r-n}}[A(s)(s-s_i)^r]\bigg|s=s_i \qquad (13\text{-}24)$$

【예제 13-10】 $F(s)=\dfrac{s-1}{s(s+2)^2}$ 를 라플라스 역변환을 구하여라.

〈풀이〉 먼저 부분분수 전개한 후 식 (13-21), (13-24)의 방법을 이용한다.

$$F(s)=\frac{K_1}{s}+\frac{K_2}{(s+2)}+\frac{K_3}{(s+2)^2}$$

$$K_1=F(s)\cdot s\Big|_{s=0}=\frac{s-1}{s(s+2)}\cdot s\Big|_{s=0}=\frac{-1}{4}$$

$$K_3=F(s)\cdot(s+2)^2\Big|_{s=0}=\frac{s-1}{s(s+2)^2}\cdot(s+2)^2\Big|_{s=0}=\frac{-3}{-2}=\frac{3}{2}$$

$$K_2=\frac{1}{(2-1)!}\frac{d^{2-1}}{ds^{2-1}}\left[\frac{s-1}{s(s+2)^2}\cdot(s+2)^2\right]\Bigg|_{s=-2}$$

$$=\frac{d}{ds}\left(\frac{s-1}{s}\right)\Bigg|_{s=-2}=\frac{s-(s-1)}{s^2}=\frac{1}{s^2}\Big|_{s=-2}=\frac{1}{4}$$

따라서 $F(s)$는 다음과 같다.

$$F(s)=\frac{-\frac{1}{4}}{s}+\frac{\frac{1}{4}}{(s+1)}+\frac{\frac{3}{2}}{(s+2)^2}$$

이 된다. $\mathcal{L}^{-1}F(s)=f(t)$를 구하면 다음과 같이 된다.

$$\mathcal{L}^{-1}F(s)=f(t)$$

$$=-\frac{1}{4}\mathcal{L}^{-1}\left(\frac{1}{s}\right)+\frac{1}{4}\mathcal{L}^{-1}\left(\frac{1}{s+1}\right)+\frac{3}{2}\mathcal{L}^{-1}\frac{1}{(s+1)^2}$$

$$=-\frac{1}{4}+\frac{1}{4}e^{-t}+\frac{3}{2}te^{-t}$$

13-5 라플라스 변환에 의한 해를 구하는 방법

12장에서는 해를 구할 때는 적분인자법에 의해 구하였지만 라플라스 변환에 의해서도 해를 구할 수 있다.

따라서 $R \cdot L$ 직렬회로의 예를 들어 해를 구하여 본다.

[그림 13-6]과 같은 $R \cdot L$ 직렬회로에서 $t=0$에서 스위치 S를 ON하는 경우 키르히호프의 전압법칙에 의하여 방정식을 세우면

$$Ri(t)+L\frac{di(t)}{dt}=V \tag{13-25}$$

초기값 설정은 $t=0$일 때 $i(0_+)=0$이다.

식 (13-25)를 라플라스 변환하면

$$RI(s)+L(SI(s)-i(0_+))\frac{V}{s} \tag{13-26}$$

식 (13-26)에 초기값을 대입하여 정리하면

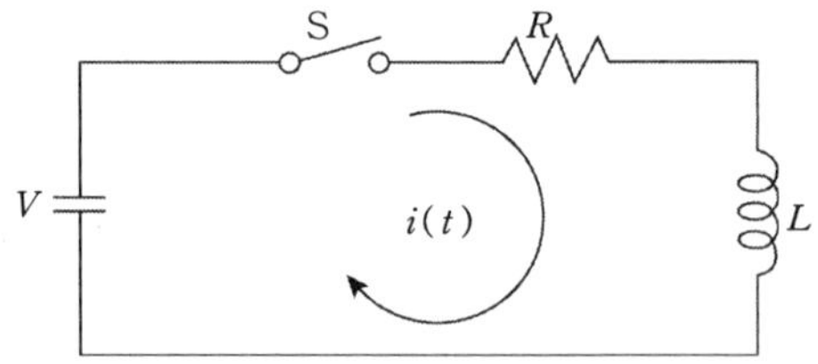

[그림 13-6]

$$I(s)=\frac{\frac{V}{L}}{s\left(s+\frac{R}{L}\right)} \tag{13-27}$$

식 (13-27)을 부분분수로 전개하면

$$I(s) = \left(\frac{K_1}{s} + \frac{K_2}{s+\frac{R}{L}}\right)$$

$$K_1 = I(s) \cdot s \Big|_{s=0} = \frac{\frac{V}{L}}{s\left(s+\frac{R}{L}\right)} \cdot s \Bigg|_{s=0} = \frac{\frac{V}{L}}{s+\frac{R}{L}} \Bigg|_{s=0} = \frac{V}{R}$$

$$K_2 = I(s) \cdot \left(s+\frac{R}{L}\right) \Big|_{s=-\frac{R}{L}} = \frac{\frac{V}{L}}{s\left(s+\frac{R}{L}\right)} \cdot \left(s+\frac{R}{L}\right) \Bigg|_{s=-\frac{R}{L}} = -\frac{V}{R}$$

따라서

$$I(s) = \frac{V}{R}\left(\frac{1}{s} - \frac{1}{s+\frac{R}{L}}\right) \tag{13-28}$$

이므로 일반해 $i(t)$를 구하기 위하여 라플라스 역변환하면

$$i(t) = \pounds^{-1}[I(s)] = \frac{V}{R}\left(1 - e^{-\frac{R}{L}t}\right) \tag{13-29}$$

그러므로 12-2절의 $R \cdot L$ 직렬회로에서 적분인자법으로 구한 식 (12-7)과 같다.

13-6 전달함수

전달함수는 자동제어계에서 취급하는 모든 물리계 중 선형시불변(time invariable) 시스템에 적용되고, 제어계에 가해지는 입력신호(reference input)에 대하여 출력신호(controlled variagble)가 어떤 모양으로 나오는가 하는 신호전달 특성을 제어요소에 따라 개별적으로 취급하는 것으로 선형미분방정식의 초

기값을 0으로 했을 때 입력변수의 라플라스 변환과 출력변수의 라플라스 변환의 비로소 정의된다. 이를 수식적으로 표현하면

$$\text{전달함수}\quad G(s)=\frac{\text{초기값을 0으로 하는 출력의 라플라스 변환}}{\text{초기값을 0으로 하는 입력의 라플라스 변환}}$$

$$=\frac{\mathcal{L}[c(t)]}{\mathcal{L}[r(t)]}=\frac{C(s)}{R(s)} \tag{13-30}$$

[그림 13-7]과 같이 간단한 선형계의 블록선도를 이용한 전달함수를 구하면 다음과 같다.

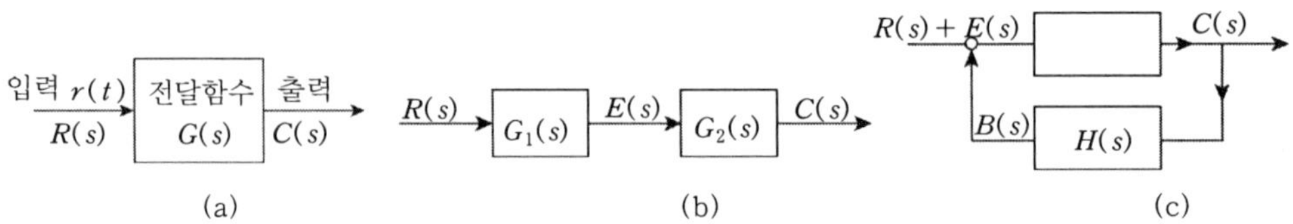

[그림 13-7]

[그림 13-7] (b)와 같은 블록선도를 개루프(open loop)라 하며 $R(s)$와 $C(s)$와의 관계를 나타내면 다음과 같은 전달함수를 얻는다.

$$E(s)=R(s)\cdot G_1(s) \tag{13-31}$$

$$C(s)=E(s)\cdot G_2(s) \tag{13-32}$$

식 (13-31)을 식 (13-32)에 대입하면

$$C(s)=R(s)\ G_1(s)\cdot G_2(s)$$

이므로

$$\frac{C(s)}{R(s)}=G_1(s)\cdot G_2(s) \tag{13-33}$$

이 된다.

그러므로 전달함수는 각 요소의 전달함수의 곱이라는 것을 알 수 있다. [그

림 13-7] (c)는 폐루프(closed loop) 또는 귀환루프(feedback loop)라 하며, $C(s)/R(s)$의 전달함수는 다음과 같다.

$$E(s) = R(s) - B(s) \tag{13-34}$$

$$C(s) = E(s) \cdot G(s) \tag{13-35}$$

$$B(s) = H(s) \cdot C(s) \tag{13-36}$$

식 (13-29), (13-35), (13-36)의 관계로부터

$$\frac{C(s)}{R(s)} = \frac{G(s)}{1 + G(s)H(s)} \tag{13-37}$$

가 된다.

위의 설명된 전달함수의 특성을 요약하면 다음과 같다.

① 전달함수는 선형시불변계에서만 적용된다.

〈표 13-2〉

순위	요소의 종류	입력과 출력의 관계	전달함수	비고
1	비례요소	$y(t) = Kx(t)$	$G(s) = \frac{Y(s)}{X(s)} = K$	K : 비례감도 또는 이득정수
2	적분요소	$y(t) = K\int x(t)dt$	$G(s) = \frac{Y(s)}{X(s)} = \frac{K}{s}$	
3	미분요소	$y(t) = K\frac{d}{dt}x(t)$	$G(s) = \frac{Y(s)}{X(s)} = Ks$	
4	1차 지연요소	$b_1\frac{d}{dt}y(t) + b_0 y(t) = a_0 x(t)$	$G(s) = \frac{Y(s)}{X(s)} = \frac{a_0}{b_1 s + b_0} = \frac{\frac{a_0}{b_0}}{\frac{b_1}{b_0}s+1} = \frac{K}{Ts+1}$	$K = \frac{a_0}{b_0}$ $T = \frac{b_1}{b_0}$ ($T = \tau$: 시정수)
5	2차 지연요소	$b_2\frac{d^2}{dt^2}y(t) + b_1\frac{d}{dt}y(t) + b_0 y(t) = a_0 x(t)$	$G(s) = \frac{Y(s)}{X(s)} = \frac{K\omega_n^2}{s_2 + 2\zeta\omega_n s + \omega_n^2} = \frac{K}{1 + 2\zeta Ts + Ts^2}$	$K = \frac{a_0}{b_0}$, $T^2 = \frac{b_2}{b_0}$ $2\zeta T = \frac{b_1}{b_0}$, $\omega_n = \frac{1}{T}$ ζ : 감쇠계수 ω_n : 고유 각주파수

② 선형계의 초기값은 0으로 가정한다.

③ 전달함수의 입력의 라플라스 변환에 대한 출력의 라플라스 변환의 비로 정의된다.

④ 어떤 계의 전달함수는 그 계에 대한 임펄스 응답의 라플라스 변환과 같다. 또한 각종 요소의 전달함수는 〈표 13-2〉와 같다.

입력신호가 $x(t)$, 출력신호가 $y(t)$일 때 각 요소의 전달함수는 〈표 13-2〉와 같다.

【예제 13-11】 [그림 13-8]과 같은 회로의 전달함수를 구하여라.

〈풀이〉 키르히호프의 제2법칙으로부터 전압방정식을 세우면

$$Ri(t)+\frac{1}{c}\int i(t)dt=v_i$$

$$\frac{1}{c}\int i(t)dt=v_o$$

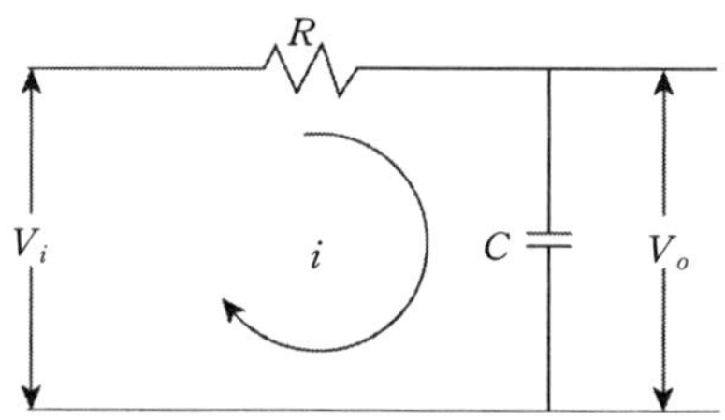

[그림 13-8]

위의 두 식의 초기값을 0으로 하는 라플라스 변환은

$$RI(s)+\frac{1}{CS}I(s)=V_i(s)$$

$$\frac{1}{CS}I(s)=V_o(s)$$

전달함수 $G(s)$는 $\dfrac{V_o(s)}{V_i(s)}$로 구하면 다음과 같다.

$$G(s)=\frac{V_o(s)}{V_i(s)}=\frac{\frac{1}{CS}I(s)}{\left(R+\frac{1}{CS}\right)I(s)}=\frac{\frac{1}{CS}}{\frac{RCS+1}{CS}}=\frac{1}{RCS+1}$$

연·습·문·제

(1) 다음 함수들의 라플라스 변환을 구하여라.

① $f(t)=3t^2$

② $f(t)=te^{-at}$

③ $f(t)=t^2e^{at}$

④ $f(t)=1-e^{-at}$

⑤ $f(t)=3u(t)+2e^{-t}$

⑥ $f(t)=\cos t\sin t$

⑦ $f(t)=1-\cos\omega t$

⑧ $f(t)=\sin(\omega t+\Theta)$

⑨ $f(t)=t\cos\omega t$

⑩ $f(t)=e^{-at}\cos\omega t$

(2) 다음의 파형에 대한 라플라스 변환을 구하여라.

①

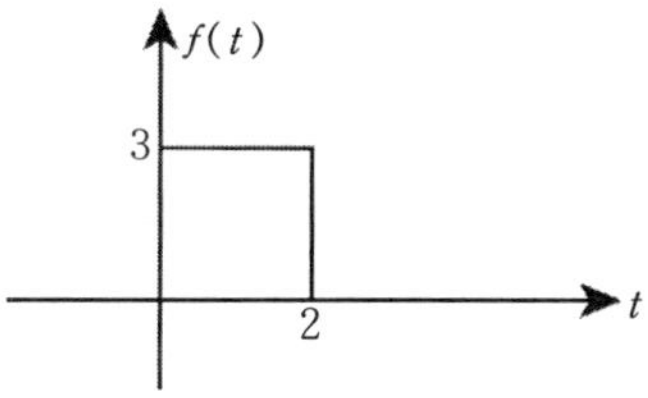

②

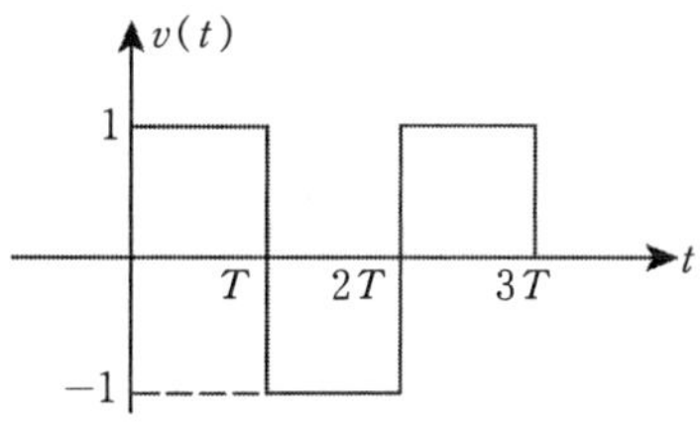

③

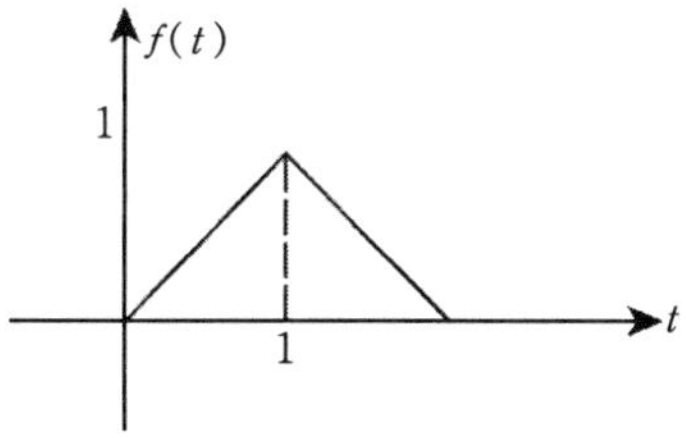

④

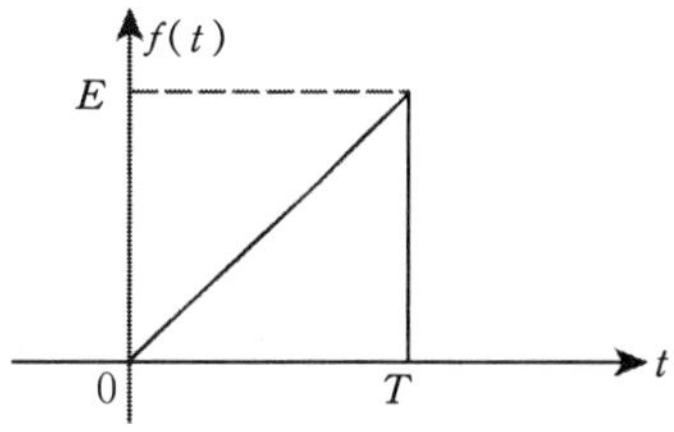

⑤

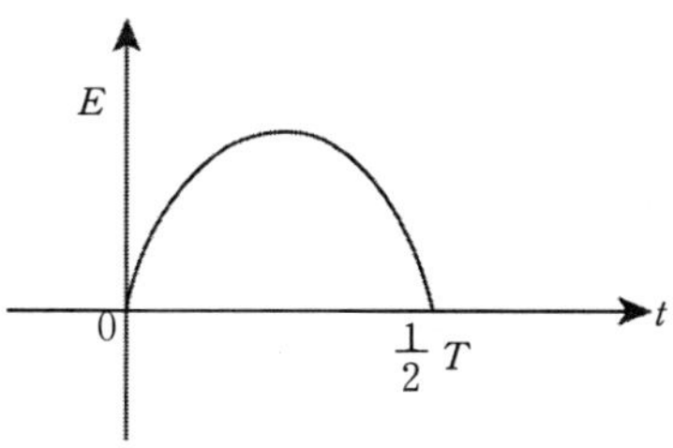

(3) 다음과 같은 2개의 전류의 초기값 $i_1(0_+)$, $i_2(0_+)$를 구하여라.

$$I_1(s) = \frac{12(s+8)}{4s(s+8)}, \quad I_2(s) = \frac{12}{s(s+6)}$$

(4) 다음 함수들의 최종값은?

$$F_1(s) = \frac{3s+10}{s^3+2s^2+5s}, \quad F_2(s) = \frac{2s+15}{s^3+s^2+3s}$$

(5) 다음 함수들의 역라플라스 변환을 구하여라.

① $F(s) = \dfrac{1}{s^2+6s+10}$ ② $F(s) = \dfrac{1}{s^{n+1}}$

③ $F(s) = \dfrac{5}{s+2}$ ④ $F(s) = \dfrac{1}{s^2+2s+5}$

⑤ $F(s) = \dfrac{2s+3}{s^2+3s}$ ⑥ $F(s) = \dfrac{1}{s(s+1)}$

⑦ $F(s) = \dfrac{(s+2)}{(s+1)^2}$ ⑧ $F(s) = \dfrac{2s^2+13s+17}{s^2+4s+3}$

⑨ $F(s) = \dfrac{s}{(s-1)^2-4}$ ⑩ $F(s) = \dfrac{1}{(s+1)^2(s+2)}$

(6) 라플라스 변환을 이용하여 다음의 미분방정식의 일반해를 구하여라.

① $\dfrac{d^2}{dt^2}x(t) + 2\dfrac{d}{dt}x(t) - 3x(t) = 4$, $x'(0) = x(0) = 0$

② $\dfrac{d^2}{dt^2}x(t) + 2\dfrac{d}{dt}x(t) + x(t) = 1$, $x'(0) = x(0) = 0$

③ $\dfrac{d^2}{dt^2}x(t) + x(t) = t$, $x'(0) = -2$, $x(0) = 1$

④ $\dfrac{d^2}{dt^2}x(t) + 3\dfrac{d}{dt}x(t) + 2x(t) = 4u(t)$, $x'(0) = 0$, $x(0) = 1$

(7) [그림 13-9]와 같은 회로망의 전달함수 $G(s)$는? (단, $s=j\omega$)

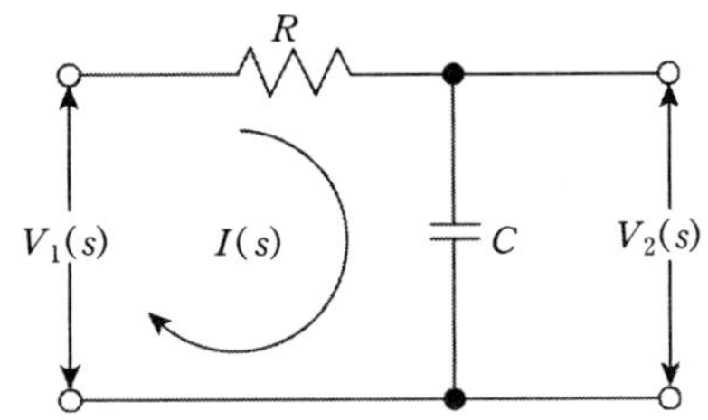

[그림 13-9]

(8) [그림 13-10]과 같은 $L \cdot C$브리지 회로의 전달함수는?

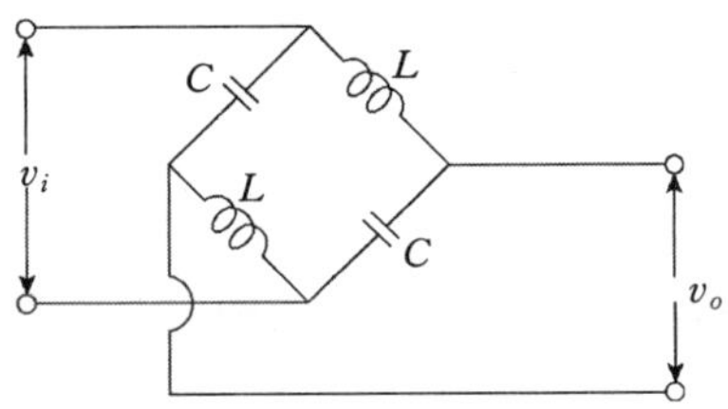

[그림 13-10]

(9) [그림 13-11]과 같은 회로의 전달함수는? $\left(\text{단, } \tau = \dfrac{L}{R} \text{ : 시정수이다}\right)$

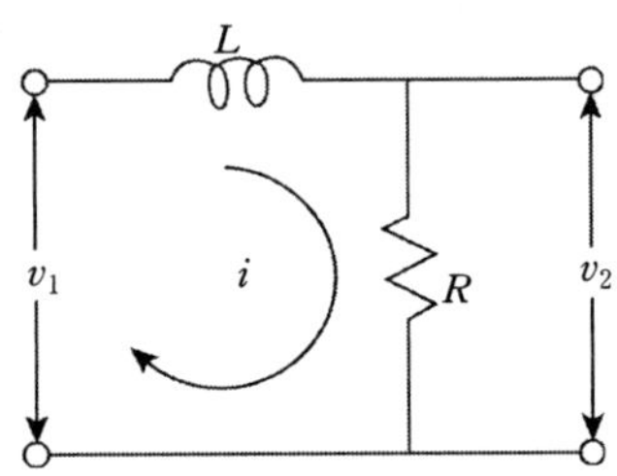

[그림 13-11]

(10) [그림 13-12]와 같은 계통의 전달함수는?

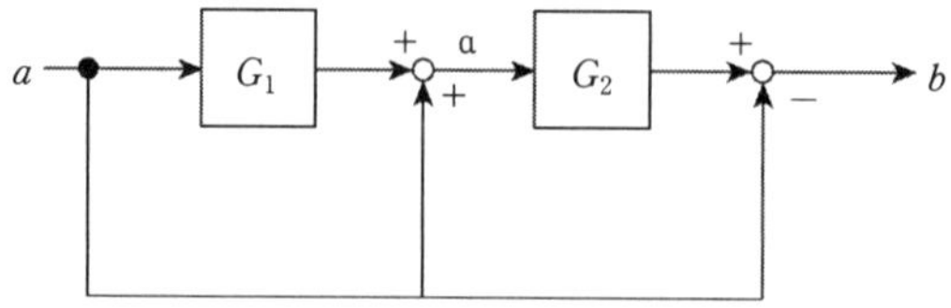

[그림 13-12]

(11) [그림 13-13]과 같이 주어진 제어회로의 전달함수 $\dfrac{V_2(s)}{V_1(s)}$를 구하면?

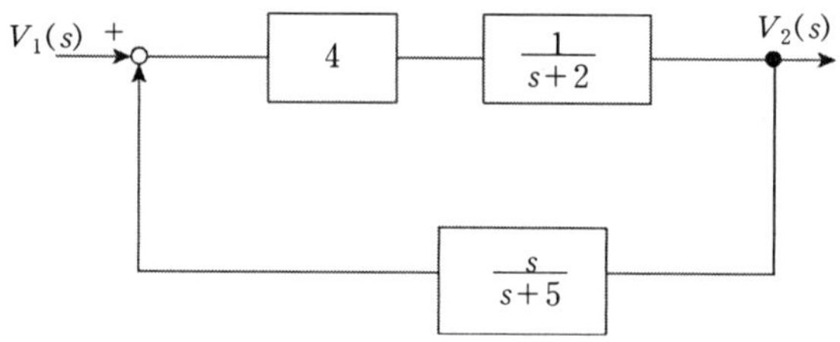

[그림 13-13]

(12) 그림과 같은 회로에서 e_i를 입력, e_o를 출력신호로 할 때의 전달함수는?

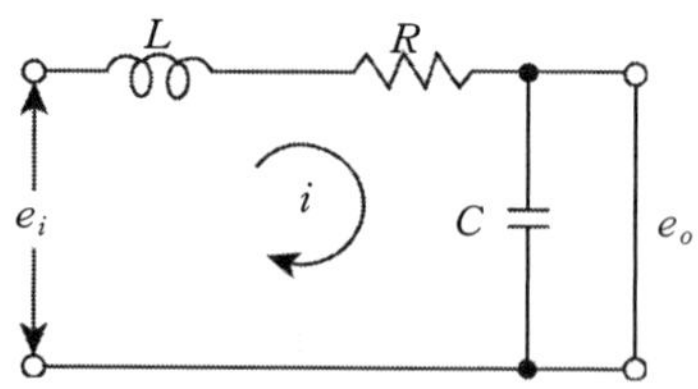

[그림 13-14]

(13) 전달함수 $G(s)=1/(s+1)$인 제어계의 인디셜 응답은?

부 록

1. 지수

$a^m \times a^n = a^{(m+n)}$, $(a^m)^n = a^{mn}$, $a^{-n} = \frac{1}{a^n}$, $a^0 = 1(a \neq 0)$

2. 대수

$y = \log_a x (x = a^y)$, $\log_a a = 1$, $\log_a 1 = 0 (a > 0, \ a \neq 1)$

$\log_a (xy) = \log_a x + \log_a y$, $\log_a \left(\frac{x}{y} \right) = \log_a x - \log_a y$

$\log_a x^n = \log_a x$, $\log_a x = \frac{1}{M} \log_{10} x$, $\frac{1}{M} = 2.3026$

3. 자연대수

e(또는 ε) = 2.7182818285를 밑수로 하는 대수

4. 상용대수

10을 밑수로 하는 대수

$\log_{10} 2 = 0.301$이라는 것을 안다면 $\log_{10} 20 = 1.301$, $\log_{10} 200 = 2.301$,

$\log_{10} 0.2 = -1 + 0.301 = -0.699$, $\log_{10} 0.02 = -2 + 0.301 = -1.699$

5. 2차방정식

$ax^2+bx+c=0$의 근 $x=\dfrac{-b\pm\sqrt{b^2-4ac}}{2a}$

$ax^2+2bx+c=0$의 근 $x=\dfrac{-b\pm\sqrt{b^2-ac}}{a}$

6. 삼각함수

$\sin^2\alpha+\cos^2\alpha=1$

$\sin(\alpha\pm\beta)=\sin\alpha\cos\beta\pm\cos\alpha\sin\beta$

$\cos(\alpha\pm\beta)=\cos\alpha\cos\beta\mp\sin\alpha\sin\beta$

$\tan(\alpha\pm\beta)=\dfrac{\tan\alpha\pm\tan\beta}{1\mp\tan\alpha\tan\beta}$ · $\cot(\alpha\pm\beta)=\dfrac{\cot\alpha\cot\beta\mp1}{\cot\beta\pm\cot\alpha}$

$\sin\alpha\pm\sin\beta=2\sin\beta\dfrac{\alpha\pm\beta}{2}\cos\dfrac{\alpha\mp\beta}{2}$

$\cos\alpha+\cos\beta=2\cos\dfrac{\alpha+\beta}{2}\cos\dfrac{\alpha-\beta}{2}$

$\cos\alpha-\cos\beta=-2\sin\dfrac{\alpha+\beta}{2}\sin\dfrac{\alpha-\beta}{2}$

$\sin2\alpha=2\sin\alpha\cos\alpha$, $\tan2\alpha=\dfrac{2\tan\alpha}{1-\tan^2\alpha}$

$\cos2\alpha=\cos^2\alpha-\sin^2\alpha=1-2\sin^2\alpha=2\cos^2\alpha-1$

$\sin\dfrac{\alpha}{2}=\pm\sqrt{\dfrac{1-\cos\alpha}{2}}$, $\cos\dfrac{\alpha}{2}=\pm\sqrt{\dfrac{1+\cos\alpha}{2}}$

$\sin\alpha\cos\beta=\dfrac{1}{2}\{\sin(\alpha+\beta)+\sin(\alpha-\beta)\}$

$\cos\alpha\sin\beta=\dfrac{1}{2}\{\sin(\alpha+\beta)-\sin(\alpha-\beta)\}$

$\sin\alpha\sin\beta=\dfrac{1}{2}\{\cos(\alpha-\beta)-\cos(\alpha+\beta)\}$

$\cos\alpha\cos\beta=\dfrac{1}{2}\{\cos(\alpha-\beta)+\cos(\alpha+\beta)\}$

$$A\cos\alpha + B\sin\alpha = \sqrt{A^2+B^2}\sin\left(\alpha + \tan^{-1}\frac{A}{B}\right)$$

7. 역삼각함수

$\sin^{-1}x = n\pi + (-1)^n \sin^{-1}x$, $\cos^{-1}x = 2n\pi \pm \cos x$

$\tan^{-1}x = n\pi + \tan^{-1}x$

단, $-\pi/2 \leq \sin^{-1}x \leq \pi/2$, $0 \leq \cos^{-1}x \leq \pi$, $-\pi/2 \leq \tan^{-1}x \leq \pi/2$

8. 급수의 근사계산

(1) Maclaurin의 급수

$$f(x) = f(0) + \frac{f'(0)}{1!}x + \frac{f''(0)}{2!}x^2 + \cdots$$

$$(1+x)^a = 1 + \frac{a}{1!}x + \frac{a(a-1)}{2!}x^2 + \frac{a(a-1)(a-2)}{3!}x^3 + \cdots$$

$$e^x = 1 + \frac{x}{1!} + \frac{x^2}{2!} + \cdots$$

$$\sin x = x - \frac{x^3}{3!} + \frac{x^5}{5!} - \cdots,\quad \sin hx = x + \frac{x^3}{3!} + \frac{x^5}{5!} + \cdots$$

$$\cos x = 1 - \frac{x^2}{2!} + \frac{x^4}{4!} - \cdots,\quad \cos hx = 1 + \frac{x^2}{2!} + \frac{x^4}{4!} + \cdots$$

$$\tan x = x + \frac{x^3}{3} + \frac{2}{15}x^5 + \cdots,\quad \tan hx = x - \frac{x^3}{3} + \frac{2x^5}{15} - \cdots$$

$$\log(1+x) = x - \frac{x^2}{2} + \frac{x^3}{3} - \cdots$$

(2) 근사식 $(|x|<1)$

$(1+x)^n \fallingdotseq 1 + nx$

$e^x \fallingdotseq 1 + x$

$\sin hx \fallingdotseq x$, $\cos hx \fallingdotseq 1 - x$

$$\sin x \fallingdotseq x - \frac{x^3}{6}, \quad \cos x \fallingdotseq 1 - \frac{x^2}{2}$$

9. 복소수

$$a + jb = \sqrt{a^2 + b^2} \underline{/\tan^{-1}\frac{b}{a}} \ (j = \sqrt{-1})$$

$$r\underline{/\alpha} = r(\cos\alpha + j\sin\alpha)$$

$$e^{j\alpha} = \cos\alpha + j\sin\alpha \ (\text{Euler의 정리})$$

$$\cos Z = \frac{1}{2}(\varepsilon^{jz} + \varepsilon^{-jz}), \quad \sin Z = \frac{1}{2j}(\varepsilon^{jz} - \varepsilon^{-jz})$$

$$\alpha = \varepsilon^{j2\pi/3} = \cos\frac{2\pi}{3} + j\sin\frac{2\pi}{3} = -\frac{1}{2} + j\frac{\sqrt{3}}{2}$$

$$(\cos\alpha + j\sin\alpha)^n = \cos n\alpha + j\sin n\alpha$$

10. 지수함수

$$\cos hx = \frac{1}{2}(\varepsilon^{x} + \varepsilon^{-x}) \qquad \cos x = \frac{1}{2}(\varepsilon^{jx} + \varepsilon^{-jx})$$

$$\sin hx = \frac{1}{2}(\varepsilon^{x} - \varepsilon^{-x}) \qquad \sin x = \frac{1}{2j}(\varepsilon^{jx} - \varepsilon^{-jx})$$

$$\varepsilon^{x} = \cos hx + \sin hx \qquad \varepsilon^{jx} = \cos x + j\sin x$$

$$\varepsilon^{-x} = \cos hx - \sin hx \qquad \varepsilon^{-jx} = \cos x - j\sin x$$

11. 쌍곡선 함수

$$\sin h(-x) = -\sin hx \qquad \sin h(0) = 0 \qquad \sin h(\pm\infty) = \pm\infty$$

$$\cos h(-x) = \cos hx \qquad \cos h(0) = 1 \qquad \cos h(\pm\infty) = +\infty$$

$$\tan h(-x) = -\tan hx \qquad \tan h(0) = 0 \qquad \tan h(\pm\infty) = \pm 1$$

$$\cos h^2 x - \sin h^2 x = 1 \qquad \sin h2x = 2\sin hx \cos hx$$

$$1 - \tan h^2 x = \sec h^2 x \qquad \cos h2x = \cos h^2 x + \sin h^2 x$$

$1-\cot h^2 x = -\operatorname{cosec} h^2 x$ $\qquad$ $\tan h2x = \dfrac{2\tan hx}{1+\tan h^2 x}$

$\sin h(x \pm y) = \sin hx \cos hy \pm \cos hx \sin hy$

$\cos h(x \pm y) = \cos hx \cos hy \pm \sin hx \sin hy$

$\tan h(x \pm y) = \dfrac{\tan hx \pm \tan hy}{1 \pm \tan hx \tan hy}$

$\sin hx + \sin hy = 2\sin h\dfrac{x+y}{2} \cos h\dfrac{x-y}{2}$

$\sin hx - \sin hy = 2\cos h\dfrac{x+y}{2} \sin h\dfrac{x-y}{2}$

$\cos hx + \cos hy = 2\cos h\dfrac{x+y}{2} \cos h\dfrac{x-y}{2}$

$\cos hx - \cos hy = 2\sin h\dfrac{x+y}{2} \sin h\dfrac{x-y}{2}$

$\sin hx \sin hy = \dfrac{1}{2}[\cos h(x+y) - \cos h(x-y)]$

$\cos hx \sin hy = \dfrac{1}{2}[\cos h(x+y) + \cos h(x-y)]$

$\sin hx \cos hy = \dfrac{1}{2}[\sin h(x+y) + \sin h(x-y)]$

$\sin h\dfrac{x}{2} = \sqrt{\dfrac{1}{2}(\cos hx - 1)}$, $\cos h\dfrac{x}{2} = \sqrt{\dfrac{1}{2}(\cos hx + 1)}$

$\tan h\dfrac{x}{2} = \dfrac{\cos hx - 1}{\sin hx} = \dfrac{\sin hx}{\cos hx + 1}$

12. 삼각함수와 쌍곡선 함수

$\sin hjx = j\sin x$, $\sin hx = -j\sin jx$

$\cos hjx = \cos x$, $\cos hx = \cos jx$

$\tan hjx = j\tan x$, $\tan hx = -j\tan jx$

$\sin h(x \pm jy) = \sin hx \cos y \pm j\cos hx \sin y = \pm j\sin(y \mp jx)$

$\cos h(x \pm jy) = \cos hx \cos y \pm j\sin hx \sin y = \cos(y \mp jx)$

$\sin(x \pm jy) = \sin x \cos hx \pm j\cos x \sin hy = \pm j\sin h(y \mp jx)$

$\cos(x \pm jy) = \cos x \cos hy \pm j\sin x \sin hy = \cos h(y \mp jx)$

13. 역쌍곡선 함수공식

$$\sin h^{-1}x = \cos h^{-1}\sqrt{x^2+1} = \log(x+\sqrt{x^2+1}) = \int\frac{dx}{\sqrt{x^2+1}}$$

$$\cos h^{-1}x = \sin h^{-1}\sqrt{x^2-1} = \log(x+\sqrt{x^2-1}) = \int\frac{dx}{\sqrt{x^2-1}}$$

$$\tan h^{-1}x = \frac{1}{2}\log\frac{1+x}{1-x} = \int\frac{dx}{1-x^2} \quad (x^2<1)$$

$$\cot h^{-1}x = \frac{1}{2}\log\frac{x+1}{x-1} = \int\frac{dx}{1-x^2} \quad (x^2>1)$$

14. 미분

(1) 기본공식

$$\frac{d(u\pm v)}{dx} = \frac{du}{dx}\pm\frac{dv}{dx}, \quad \frac{d(u\cdot v)}{dx} = \frac{du}{dx}v+\frac{dv}{dx}u$$

$$\frac{d\left(\frac{u}{v}\right)}{dx} = \frac{\frac{du}{dx}v-\frac{dv}{dx}u}{v^2}, \quad \frac{dy}{dx} = \frac{1}{\frac{dx}{dy}}$$

(2) 기초함수

$$\frac{d}{dx}x^n = nx^{n-1}, \quad \frac{d}{dx}e^x = e^x$$

$$\frac{d}{dx}\left(\frac{1}{x}\right) = -\frac{1}{x^2}, \quad \frac{d}{dx}\log x = \frac{1}{x}$$

$$\frac{d}{dx}\sin x = \cos x, \quad \frac{d}{dx}\cos x = -\sin x$$

$$\frac{d}{dx}\tan x = \sec^2 x, \quad \frac{d}{dx}\cot x = -\operatorname{cosec}^2 x$$

$$\frac{d}{dx}\sin ax = a\cos ax, \quad \frac{d}{dx}\cos ax = -a\sin ax$$

$$\frac{d}{dx}\sin^{-1}x = \pm\frac{1}{\sqrt{1-x^2}} \quad \left(\begin{array}{l} +\text{ 부호는 } 2n\pi-\frac{\pi}{2}<\sin^{-1}x<2n\pi+\frac{\pi}{2} \\ -\text{ 부호는 } 2n\pi+\frac{\pi}{2}<\sin^{-1}x<2n\pi+\frac{3\pi}{2} \end{array}\right)$$

$$\frac{d}{dx}\cos^{-1}x = \mp\frac{1}{\sqrt{1-x^2}}\quad\left(\begin{array}{l}-\text{ 부호는 } 2n\pi < \cos^{-1}x < (2n+1)\pi \\ +\text{ 부호는 } (2n+1)\pi < \cos^{-1}x < (2n+2)\pi\end{array}\right)$$

$$\frac{d}{dx}\tan^{-1}x = \frac{1}{1+x^2}$$

$$\frac{d}{dx}\sin hx = \cos hx \qquad \frac{d}{dx}\cos hx = \sin hx$$

$$\frac{d}{dx}\tan hx = \sec h^2 x \qquad \frac{d}{dx}\cos h^{-1}x = -\ \mathrm{cosec}\, h^2 x$$

$$\frac{d}{dx}\sin^{-1}x = \frac{1}{\sqrt{1+x^2}} \qquad \frac{d}{dx}\cos h^{-1}x = \pm\frac{1}{\sqrt{x^2-1}}\ (x^2>1)$$

$$\frac{d}{dx}\tan h^{-1}x = \frac{1}{1-x^2}\ (1>x^2) \qquad \frac{d}{dx}\cot h^{-1}x = -\frac{1}{x^2-1}\ (x^2>1)$$

15. 적분

(1) 기본공식

$\frac{dF(x)}{dx} = f(x)$라 하면 $\int f(x)dx = F(x)+C$ (C는 적분정수)

$\int (u\pm v)dx = \int u dx \pm \int v dx$, $\int af(x)dx = a\int f(x)dx$ (a는 정수)

$$\int u dv = uv - \int v du$$

(2) 기초함수

$$\int x^n dx = \frac{x^{n+1}}{n+1} + C \qquad \int dx = x + C$$

$$\int \frac{dx}{x} = \log x + C \qquad \int e^x dx = e^x + C$$

$$\int e^{ax} dx = \frac{1}{a}e^{ax} + C \qquad \int e^{-x} dx = -e^{-x} + C$$

$$\int a^x dx = \frac{a^x}{\log a} + C \qquad \int \log x\, dx = x(\log x - 1) + C$$

$$\int \sin x\, dx = -\cos x + C \qquad \int \cos x\, dx = \sin x + C$$

$$\int \sin ax\,dx = -\frac{1}{a}\cos ax + C \qquad \int \cos ax\,dx = \frac{1}{a}\sin ax + C$$

$$\int \tan x\,dx = -\log\cos x + C \qquad \int \cos x\,dx = \log\sin x + C$$

$$\int \frac{dx}{\sin x} = \log\tan\frac{x}{2} + C \qquad \int \frac{dx}{\cos x} = \log\tan\left(\frac{\pi}{4} + \frac{x}{2}\right) + C$$

$$\int \frac{dx}{1+x^2} = \tan^{-1}x + C \qquad \int \frac{dx}{\sqrt{1-x^2}} = \sin^{-1}x + C = -\cos^{-1}x + C$$

$$\int \sin^2 x\,dx = \frac{x}{2} - \frac{1}{2}\cos x\sin x + C$$

$$\int \cos^2 x\,dx = \frac{x}{2} + \frac{1}{2}\sin x\cos x + C$$

$$\int \sin^{-1}x\,dx = x\sin^{-1}x + \sqrt{1-x^2} + C$$

$$\int \cos^{-1}x\,dx = x\cos^{-1}x - \sqrt{1-x^2} + C$$

$$\int \sin hx\,dx = \cos hx + C \qquad \int \cos hx\,dx = \sin hx + C$$

$$\int \tan hx\,dx = \log\cos hx + C \qquad \int \cot hx\,dx = \log\sin hx + C$$

16. 정적분

$$\int_a^b f(x)dx = F(b) - F(a), \quad \int_a^c f(x)dx = \int_a^b f(x)dx + \int_b^c f(x)dx$$

$$\int_0^x \sin^2 ax\,dx = \int_0^x \cos^2 ax\,dx = \frac{\pi}{2}$$

17. 미분방정식

$$\frac{dy}{dx} + Py = Q, \quad y = e^{-\int pdx}\left[\int Qe^{\int pdx}dx + C\right]$$

$$\frac{d^2y}{dx^2} + n^2y = Q, \quad y = A\sin nx + B\cos nx \;(A,\ B\text{는 정수})$$

$$\frac{d^2y}{dx^2} - n^2y = 0, \quad y = Ae^{nx} + Be^{-nx}$$

$$a\frac{d^2y}{dx^2}+b\frac{dy}{dx}+c=0$$

$am^2+bm+c=0$의 근을 m_1, m_2라 하면

$b^2-4ac>0$: $y=C_1e^{m1x}+C_2e^{m2x}$

$b^2-4ac=0$: $y=e^{mx}(A+Bx)$

단, $m=m_1=m_2=\frac{-b}{2a}$

$b^2-4ac<0$: $y=e^{px}(A\cos qx+B\sin qx)$

단, $m_1=p+jq$, $m_2=p-jq$

18. 매트릭스

(1) 매트릭스 ; 다음 식으로 나타나는 매트릭스(matrix)

$$[A]=\begin{bmatrix} a_{11} & a_{12} & \cdots & a_{1n} \\ a_{21} & a_{22} & \cdots & a_{2n} \\ & \vdots & & \\ a_{m1} & a_{m2} & \cdots & a_{mn} \end{bmatrix} \qquad (1)$$

에 있어서 a_{jk}를 매트릭스의 요소(element)라 한다. a_{jk}의 첨자 jk는 처음의 문자 j가 줄을 나타내고 다음의 문자 k가 열을 나타낸다. 즉, a_{jk}는 j째 줄, k째 열의 요소이다.

$m=n$ 인 매트릭스를 정방 매트릭스(square matrix)라 하고, n을 매트릭스의 차수라 한다. 또 $j=k$ 인 요소를 대각요소(diagonal element)라 한다.

모든 요소가 0인 매트릭스

$$[0]=\begin{bmatrix} 0 & 0 & \cdots & 0 \\ 0 & 0 & \cdots & 0 \\ & & \vdots & \\ 0 & 0 & \cdots & 0 \end{bmatrix} \qquad (2)$$

을 영매트릭스라 한다. 또, 대각요소 이외의 모든 요소가 0인 매트릭스

$$\begin{bmatrix} a_{11} & 0 & 0 & \cdots & 0 \\ 0 & a_{22} & 0 & \cdots & 0 \\ & & \vdots & & \\ 0 & 0 & 0 & \cdots & a_{nn} \end{bmatrix}$$

을 대각 매트릭스(diagonal matrix)라 한다. 특히

$a_{11}=a_{22}=\cdots=a_{nn}=1$인 매트릭스

$$[U]=\begin{bmatrix} 1 & 0 & 0 & \cdots & 0 \\ 0 & 1 & 0 & \cdots & 0 \\ & & \vdots & & \\ 0 & 0 & 0 & \cdots & 1 \end{bmatrix} \quad (3)$$

을 단위 매트릭스(unit matrix)라 한다. 단위 매트릭스의 요소는 Kronecker의 기호

$$\delta_{jk}=\begin{cases} 0 & j\neq k\text{일 때} \\ 1 & j=k\text{일 때} \end{cases} \quad (4)$$

로 표시된다. 2개의 매트릭스

$$[A]=\begin{bmatrix} a_{11} & a_{12} & \cdots & a_{1n} \\ a_{21} & a_{22} & \cdots & a_{2n} \\ & \vdots & & \\ a_{n1} & a_{n2} & \cdots & a_{nn} \end{bmatrix} \qquad [B]=\begin{bmatrix} b_{11} & b_{12} & \cdots & b_{1n} \\ b_{21} & b_{22} & \cdots & b_{2n} \\ & \vdots & & \\ b_{n1} & b_{n2} & \cdots & b_{nn} \end{bmatrix} \quad (5)$$

에 있어서

$$a_{jk}=b_{jk}, \quad j,\ k=1,\ 2,\ \cdots,\ n \quad (6)$$

이면

$$[A]=[B] \quad (7)$$

(2) 매트릭스의 셈 ; 3개의 매트릭스를

$$[A]=\begin{bmatrix} a_{11} & a_{12} & \cdots & a_{1n} \\ a_{21} & a_{22} & \cdots & a_{2n} \\ & \vdots & & \\ a_{n1} & a_{n2} & \cdots & a_{nn} \end{bmatrix}$$

$$[B]=\begin{bmatrix} b_{11} & b_{12} & \cdots & b_{1n} \\ b_{21} & b_{22} & \cdots & b_{2n} \\ & & \vdots & \\ b_{n1} & b_{n2} & \cdots & b_{nn} \end{bmatrix} \tag{8}$$

$$[C]=\begin{bmatrix} c_{11} & c_{12} & \cdots & c_{1n} \\ c_{21} & c_{22} & \cdots & c_{2n} \\ & & \vdots & \\ c_{n1} & c_{n2} & \cdots & c_{nn} \end{bmatrix}$$

로 표시할 때

(i) $a_{jk} \pm b_{jk}$이면

$$[A] \pm [B]=[C] \tag{9}$$

또

$$[A]+[B]=[B]+[A] \tag{10}$$

$$[A]+([B]+[C])=([A]+[B])+[C] \tag{11}$$

(ii) $\alpha[A]=[A]\alpha=\alpha\begin{bmatrix} a_{11} & a_{12} & \cdots & a_{1n} \\ a_{21} & a_{22} & \cdots & a_{2n} \\ & & \vdots & \\ a_{n1} & a_{n2} & \cdots & a_{nn} \end{bmatrix}$

$$=\begin{bmatrix} \alpha a_{11} & \alpha a_{12} & \cdots & \alpha a_{1n} \\ \alpha a_{21} & \alpha a_{22} & \cdots & \alpha a_{2n} \\ & & \vdots & \\ \alpha a_{n1} & \alpha a_{n2} & \cdots & \alpha a_{nn} \end{bmatrix} \tag{12}$$

또

$$\alpha[A]+\alpha[B]=\alpha([A]+[B]) \tag{13}$$

$$\alpha[A]+\beta[A]=(\alpha+\beta)[A] \tag{14}$$

(iii) $[A][B]=[C]$라 하면

$$c_{jk}=\sum_{i=1}^{n} a_{jk} b_{jk}=a_{j1}b_{1k}+a_{j2}b_{2k}+\cdots+a_{jn}b_{nk} \tag{15}$$

일반적으로

$$[A][B] \neq [B][A] \tag{16}$$

또

$$[A]([B]+[C])=[A][B]+[A][C] \tag{17}$$

$$[A]([B][C])=([A][B])[C] \tag{18}$$

매트릭스 $[A]$가 대각 매트릭스

$$[A]=\begin{bmatrix} a_1 & 0 & \cdots & 0 \\ 0 & a_2 & \cdots & 0 \\ & & \vdots & \\ 0 & 0 & \cdots & a_n \end{bmatrix}$$

인 경우에는

$$[A][B]=\begin{bmatrix} a_1 & 0 & \cdots & 0 \\ 0 & a_2 & \cdots & 0 \\ & & \vdots & \\ 0 & 0 & \cdots & a_n \end{bmatrix}\begin{bmatrix} b_{11} & b_{12} & \cdots & b_{1n} \\ b_{21} & b_{22} & \cdots & b_{2n} \\ & & \vdots & \\ b_{n1} & b_{n2} & \cdots & b_{nn} \end{bmatrix}$$

$$=\begin{bmatrix} a_1 b_{11} & a_1 b_{12} & \cdots & a_1 b_{1n} \\ a_2 b_{21} & a_2 b_{22} & \cdots & a_2 b_{2n} \\ & & \vdots & \\ a_n b_{n1} & a_n b_{n2} & \cdots & a_n b_{nn} \end{bmatrix} \tag{19}$$

$$[B][A]=\begin{bmatrix} a_1 b_{11} & a_2 b_{12} & \cdots & a_n b_{1n} \\ a_1 b_{21} & a_2 b_{22} & \cdots & a_n b_{2n} \\ & & \vdots & \\ a_1 b_{n1} & a_2 b_{n2} & \cdots & a_n b_{nn} \end{bmatrix} \tag{20}$$

또, 단위 매트릭스와의 곱은

$$[A][U]=[A]=[U][A] \tag{21}$$

(3) 전치 매트릭스 ; 매트릭스 $[A]$의 줄과 열을 교환한 매트릭스를 전치 매트릭스(transport matrix)라 하며 $[A]'$로 표시한다.

$$[A]=\begin{bmatrix} a_{11} & a_{12} & \cdots & a_{1n} \\ a_{21} & a_{22} & \cdots & a_{2n} \\ & & \vdots & \\ a_{n1} & a_{n2} & \cdots & a_{nn} \end{bmatrix}$$

이면

$$[A]'=\begin{bmatrix} a_{11} & a_{21} & \cdots & a_{n1} \\ a_{12} & a_{22} & \cdots & a_{n2} \\ & & \vdots & \\ a_{1n} & a_{2n} & \cdots & a_{nn} \end{bmatrix} \qquad (22)$$

$[A]=[A]'$일 때 $[A]$를 대칭 매트릭스(symmetric matrix)라 하며 $a_{jk}=a_{kj}$ 이다. 또

$$([A][B])'=[B]'[A]' \qquad (23)$$

(4) 매트릭스의 행렬식

$\begin{bmatrix} a_{11} & a_{12} & \cdots & a_{1n} \\ a_{21} & a_{22} & \cdots & a_{2n} \\ & & \vdots & \\ a_{n1} & a_{n2} & \cdots & a_{nn} \end{bmatrix}$을 매트릭스 $[A]=\begin{bmatrix} a_{11} & a_{12} & \cdots & a_{1n} \\ a_{21} & a_{22} & \cdots & a_{2n} \\ \cdots & \cdots & \cdots & \cdots \\ a_{n1} & a_{n2} & \cdots & a_{nn} \end{bmatrix}$

행렬식(determinant)이라 하며 A절 또는 det$[A]$로 표시한다.

$|A|=0$일 때 $[A]$를 특이 매트릭스(singular matrix),

$|A|\neq 0$일 때 $[A]$를 통상 매트릭스(normal matrix)라 한다.

$[A][B]=[C]$이면 $|A||B|=|C|$이다.

(5) 역매트릭스 ; $[A][B]=[U]$일 때 매트릭스 $[B]$를 매트릭스 $[A]$의 역매트릭스(inverse matrix)라 하며 $[B]=[A]^{-1}$로 표시한다. 식 (14), (3)으로부터

$$\sum_{i=1}^{n} a_{ik} b_{ij} = \delta_{jk} = \begin{cases} 0 & j \neq k\text{일 때} \\ 1 & j = k\text{일 때} \end{cases} \tag{24}$$

로 될 것이므로 $|A| \neq 0$이면

$$b_{jk} = \frac{A_{ki}}{|A|} \tag{25}$$

단, A_{kj}는 $|A|$에 있어서의 a_{kj}의 여인자(cofactor)이며

$$A_{kj} = \frac{\partial |A|}{\partial a_{kj}} \tag{26}$$

또

$$([A][B])^{-1} = [B]^{-1}[A]^{-1} \tag{27}$$

19. 그리스문자

그리스문자		호 칭		그리스문자		호 칭	
Α	α	alpha	알파	Ν	ν	nu	뉴어
Β	β	beta	베타	Ξ	ξ	xi	크사이
Γ	γ	gamma	감마	Ο	ο	omicron	오미크론
Δ	δ	delta	델타	Π	π	pi	파이
Ε	ε	epsilon	입실론	Ρ	ρ	rho	로우
Ζ	ζ	zeta	제타	Σ	σ	sigma	시그마
Η	η	eta	이타	Τ	τ	tau	타우
Θ	θ	theta	시타	Υ	υ	upsilon	웁실론
Ι	ι	iota	이오타	Φ	φ	phi	화이
Κ	κ	kappa	갑파	Χ	χ	chi	카이
Λ	λ	lambda	람다	Ψ	ψ	psi	프사이
Μ	μ	mu	뮤우	Ω	ω	omega	오메가

연습문제 해답

제 1 장

(1) 30 [A] (2)

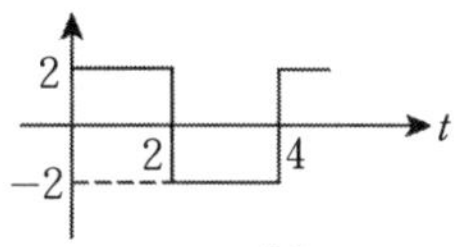

(3) $r_1 = 24[\Omega]$, $r = 12[\Omega]$ (4) $30[\Omega]$ (5) $\frac{1}{8}$ [A]

(6) 2 [V] (7) $R_1 = 4[\Omega]$, $R_2 = 6[\Omega]$ (8) $24[\Omega]$ (9) 5 [H]

제 2 장

(1) 40° (2) 3.3 [V] (3) $\frac{2A}{3}$ (4) $\frac{V_m}{\pi}$ (5) 60° (6) 20 (7) 283 [V]

(8) $\frac{C_2 E}{C_1 + C_2}$

제 3 장

(1) $50 + j50\sqrt{3}$ (2) $5\sqrt{3} + j5$ (3) $\left(\sqrt{3} - \frac{1}{2}\right)\sin\omega t + \left(1 + \frac{\sqrt{3}}{2}\right)\cos\omega t$ (4) $j20$

(5) $y = 1$, $|V| = 2$ (6) $14 + j14$ (7) $4 + j10$ (8) $\dot{A}_3 = 4\left(\cos\frac{\pi}{6} + j\sin\frac{\pi}{6}\right)$

(9) 34.64 (10) $\frac{V_m}{\pi}$ (11) $\sqrt{3900}$ (12) 265 (13) $\sqrt{\left(V_1 + \frac{\sqrt{3}}{2}V_2\right)^2 + \left(\frac{1}{2}V_2\right)^2}$

제 4 장

(1) ω_1, $\omega + \omega_1$, $\omega - \omega_1$ (2) $0.02\sin(100t - 140^\circ)$ [A] (3) SL

(4) $6.87\sin(377t - 46.5^\circ)$ [A] (5) $\frac{50}{\sqrt{2}}$ (6) $\frac{\sqrt{2}}{\omega}$ (7) 13 [A] (8) $20\sqrt{2}$

(9) $R_1=\frac{1}{\omega C}$, $R_2=\omega L$ (10) $f<\frac{1}{2\pi\sqrt{LC}}$ (11) $\frac{R^2+(\omega L)^2}{\omega^2 LR^2}$

(12) $\omega_0=\sqrt{\frac{1}{LC}-\frac{R^2}{L^2}}$

제 5 장

(1) $100\sqrt{3}$ [W] (2) 160 [W] (3) $\frac{1}{2R}(V_3{}^2-V_2{}^2-V_1{}^2)$

(4) $\frac{R}{2\pi f}$ (5) 4.7[Ω] (6) 920 [W] (7) 125 [W]

(8) $2-j5$ (9) 1865 [VA] (10) 140 [W] (11) 405 [W]

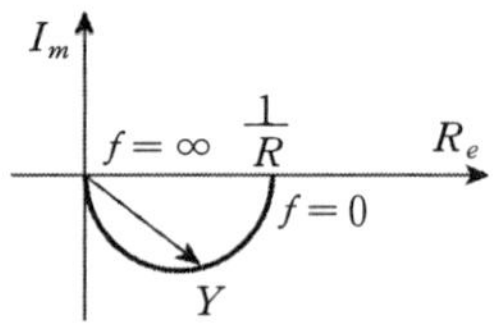

제 6 장

(1) 4 [H] (2) 13 [H] (3) $\frac{L_1L_2-M^2}{L_1+L_2-2M}$ (4) 4 [mH]

(5) $I=-j\frac{20}{3}$, $I_1=-j20$, $I_2=j\frac{40}{3}$ (6) $\omega MI_m\sin\omega t$ (7) 100[Ω]

(8) $R_2C_4=R_1C_3$, $R_2C_1=R_4C_3$ (9) 6 [mH] (10) 0.94

제 7 장

(1) 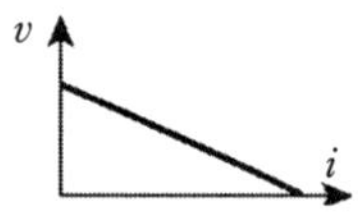

(2) (라) (3) $V_1=\frac{30}{11}$ [V], $V_2=\frac{10}{11}$ [V]

(4) $a_{11}=5$, $a_{12}=-2$, $a_{13}=-2$, $a_{23}=-1$, $a_{33}=4$ (5) 5 [A] (6) 6 [V]

(7) 6.96 [V] (8) -2 [A] (9) $V_s=8$ [V], $R_s=9$[Ω] (10) 0.2 [A]

(11) 2 [A] (12) 4.3 [A] (13) 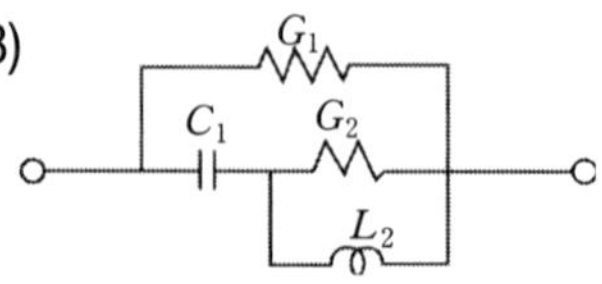

(14) ④ (15) $-j160$ (16) 8 [V]

제 8 장

(1) 54° (2) 12.7 [A] (3) 3[Ω] (4) 4 [A] (5) 48.1 [A] (6) 8.5 [A]

(7) $\frac{10}{\sqrt{3}}$ [kV], $3\sqrt{3}$ [A] (8) 1742 [W] (9) 5410 [W] (10) $6.66-j250$

(11) 39.6[%] (12) $V_0=0$, $V_1=V_a$, $V_2=0$ (13) 8[Ω]

제 9 장

(1) $f(t)=-f(-t)$ (2) $f(t)=\frac{20}{\pi}\left(\sin\omega t-\frac{1}{2}\sin 2\omega t+\frac{1}{3}\sin 3\omega t+\cdots\right)$

(3) 반파 · 여현대칭 (4) 11.5 [A] (5) 5 [A] (6) 0.36 (7) $\frac{\omega C}{\sqrt{2}}\sqrt{V_1{}^2+9V_3{}^2}$

(8) 0.3 (9) 750 [W] (10) 10 [A]

제 10 장

(1) 영점 : −1, −2 극점 : −3, −4 (2) 900 [V] (3) 0.01 [H] (4) 0.4[Ω]

(5) 1.6 [mH] (6) $\frac{20s^2+52s+10}{4s^2+10s+1}$

(7)

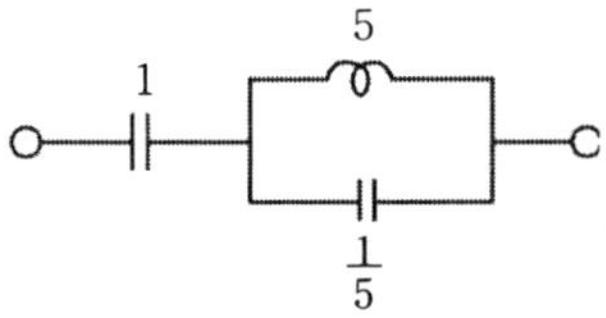

(8)

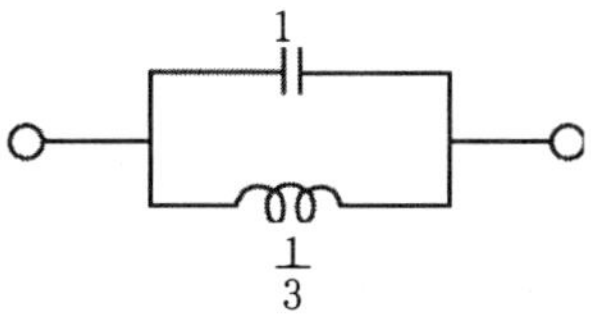

(9)

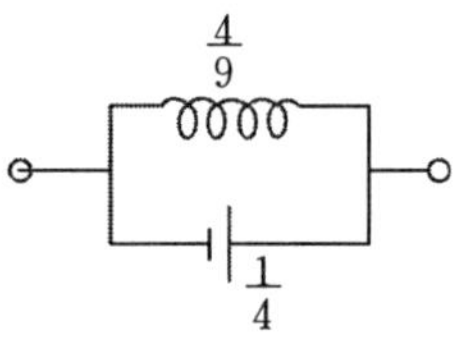

(10) $\frac{2s+2}{s^2+4s+2}$

제 11 장

(1) $Z_{11}=8$[Ω], $Z_{12}=Z_{21}=Z_{22}=3$[Ω] (2) $Y_{11}=Y_{22}=\frac{1}{10}$, $Y_{21}=Y_{12}=\frac{1}{10}$

(3) $[Z]=\begin{bmatrix} sL_1 & sM \\ sM & sL_2 \end{bmatrix}$ (4) $\begin{bmatrix} A & B \\ C & D \end{bmatrix}=\begin{bmatrix} 1-\frac{1}{\omega^2 LC} & \frac{1}{j\omega C} \\ \frac{1}{j\omega L} & 1 \end{bmatrix}$

(5) $\begin{bmatrix} A & B \\ C & D \end{bmatrix} = \begin{bmatrix} 1+\frac{Z_1}{Z_2} & \frac{Z_1Z_2+Z_2Z_3+Z_3Z_1}{Z_2} \\ \frac{1}{Z_2} & 1+\frac{Z_3}{Z_2} \end{bmatrix}$ (6) $\begin{bmatrix} A & B \\ C & D \end{bmatrix} = \begin{bmatrix} a & 0 \\ 0 & \frac{1}{a} \end{bmatrix}$

(7) $\begin{bmatrix} A & B \\ C & D \end{bmatrix} = \begin{bmatrix} \frac{5}{3} & 800 \\ \frac{1}{450} & \frac{5}{3} \end{bmatrix}$ (8) $\begin{bmatrix} A & B \\ C & D \end{bmatrix} = \begin{bmatrix} 0 & a \\ \frac{1}{a} & 0 \end{bmatrix}$ (9) $\frac{1}{4}[\Omega]$

(10) $Z_{01}=2\sqrt{6}$, $Z_{02}=\sqrt{\frac{8}{3}}$ (11) $\log_e 3$ (12) $c=0.0033\,[\mu F]$, $L=1.19\,[mH]$

(13) 0

제 12 장

(1) $7\,[A]$ (2) $10^{-3}\,[s]$ (3) $6.32\,[A]$ (4) $2\,[H]$ (5) $7e^{-5t}$ (6) $26\,[H]$

(7) $-\frac{RE}{R}+re^{-\frac{R}{L}t}$ (8) $\frac{E}{R_1}e^{-\frac{R_2}{L}t}$ (9) $2+3e^{-5t}$ (10) $\frac{EM}{L_1}e^{-\frac{R}{L_1}t}$ (11) $2e^{-t}$

(12) $-\frac{Q}{RC}e^{-\frac{1}{RC}t}$ (13) $\frac{V}{2R}e^{-\frac{1}{RC}t}$ (14) $R=2\sqrt{\frac{L}{C}}$ (15) $\frac{E}{R_1}$, 0 (16) $\frac{E}{L}$

(17) $2e^{-t}$ (18) $\frac{Q^2}{RC^2}e^{-\frac{2}{RC}t}$

제 13 장

(1) ① $\frac{6}{s^3}$ ② $\frac{1}{(s+a)^2}$ ③ $\frac{2}{(s-a)^3}$ ④ $\frac{a}{s(s+a)}$ ⑤ $\frac{5s+3}{s(s+1)}$ ⑥ $\frac{1}{s^2+4}$

⑦ $\frac{\omega}{s(s^2+\omega^2)^2}$ ⑧ $\frac{\omega\cos\theta+s\sin\theta}{s^2+\omega^2}$ ⑨ $\frac{s^2-\omega^2}{(s^2+\omega^2)^2}$ ⑩ $\frac{s+a}{(s+a)^2+\omega^2}$

(2) ① $3-u(t)-u(t-2)$ ② $u(t)-2u(t-T)+2u(t-2T)-u(t-3T)$

③ $\frac{1}{s^2}(1-2e^{-s}+e^{-2s})$ ④ $\frac{F}{T^2s}[1-(Ts+1)e^{-Ts}]$

⑤ $\frac{E\omega}{s^2+\omega^2}\left(1+e^{-\frac{1}{2}Ts}\right)$

(3) 3, 0 (4) 2, 5

(5) ① $e^{-3t}\sin t$ ② $\frac{t^n}{ni}$ ③ $5e^{-2t}$ ④ $\frac{1}{2}e^{-t}\sin 2t$ ⑤ $e^{-t}+e^{-2t}$ ⑥ $1-e^{-t}$

⑦ $te^{-t}+e^{-t}$ ⑧ $2\delta(t)+(2e^{-3t}+3e^{-t})u(t)$ ⑨ $\frac{1}{2}e^{t}(\sin h2t-2\cos h2t)$

⑩ $-e^{-t}+te^{-t}+e^{-2t}$ (6) ① $-\frac{4}{3}+\frac{1}{3}e^{-3t}+e^{t}$ ② $1-te^{-t}-e^{-t}$

③ $2-2e^{-t}+e^{-2t}$

(7) $\frac{1}{RCs+1}=\frac{1}{Ts+1}$ (8) $\frac{1-LCs^2}{1+LCs^2}$ (9) $\frac{1}{Ts+1}$ (10) $G_1G_2+G_2+1$

(11) $\frac{4s+20}{s^2+7s+18}$ (12) $\frac{1}{LCs^2+RCs+1}$ (13) $1-e^{-t}$

참·고·문·헌

1. 한인승 외, 「회로(망)이론」, 상학당
2. 서영수 외, 「교류회로이론」, 학헌사
3. 전기공학업서편찬회편, 「회로(망)이론」, 조원사
4. 박송배, 「교류회로이론」, 문운당
5. 신종석, 「응용자동제어」, 상학당
6. 정타관 외, 「교류회로이론」, 형설출판사
7. 안두수 외, 「회로이론」, 문운당
8. 서영석, 「회로이론」, 조원사
9. 문상일 외, 「전기회로이론」, 연학사
10. 김용각 외, 「회로(망)이론」, 상학당
11. 양홍석 외, 「회로이론」, 동일출판사
12. 차균현 외, 「회로이론」, 청문각

찾·아·보·기

▶ㄱ
가역정리 156
가지 134
결합 임피던스 121
결합계수 113
고역여파기 263
공진 86
공진상태 87
공칭 임피던스 260
과도상태 271
과도전류 35
과도현상 271
교류회로 282
극좌표 54
기본 컷셋 134
기본폐로 134

▶ㄴ
나무 134
노튼의 정리 153
능동소자 24

▶ㄷ
단위 램프 함수 296
단위계단함수 294
대역여파기 264
대칭 3상 교류 167
디리클레 조건 192

▶ㄹ
라플라스 변환 293

▶ㅁ
맥류 35
미분정리 303
밀만의 정리 155

▶ㅂ
반공진 89
반사 임피던스 121
반파대칭 196
벡터량 49
병렬공진 88, 89
병렬접속 22
보목 134
복소 임피던스 72
복소수 52
복소이동정리 302
부분분수 306
불평형 3상 회로 178
불평형 Y결선회로 178
불평형 Δ 결선회로 179
비정현파 191

▶ㅅ
사다리형 회로 223
삼각함수 298
상이정리 301

상호 인덕턴스 111
상호유도회로 111
선형시불변 311
선형정리 300
수동소자 24
순시값 39
순시전력 95
시간이동정리 301
실수 단근 307
실효값 42
쌍대회로 147

▶ ㅇ
어드미턴스 파라미터 238
여파기 259
여현대칭 198
역률개선 102
역회로 228
영상 파라미터 252, 257
오일러의 정리 54
옴의 법칙 16
용량 리액턴스 68
웨버 25
위상 40
위상차 40
유도결합회로 119
이상변압기 122
인덕턴스 25
일반 선형 회로망 133
임피던스 $\dot{Z}$ 71
임피던스 파라미터 235
입력신호 311

▶ ㅈ
자기유도회로 64
자속 25
자장 25
저역여파기 261
저항 15
저항감쇠기 259
저항회로 204, 63
적분정리 304
전 하 12
전달함수 311
전력 14
전류 12
전류법칙 17
전압 12
전압법칙 18
절점 133
절점해석법 144
정K형 여파기 260
정상상태 271
정저항회로 229
정전류원 31
정전압원 30
정전용량회로 67
정현대칭 197
정현파교류 35, 36
주기 38
주파수 38
줄의 법칙 17
중근 308
중첩의 정리 149
지로전류법 140
지수함수 298
직각좌표 53
직렬공진 86
직렬접속 20
진폭 39

▶ ㅊ
초기값정리 305
최대값 39
출력신호 311

▶ ㅋ
커패시턴스 28
컷셋 134
크래머의 법칙 139

키르히호프의 법칙 17
키르히호프의 전압법칙 69

▸ㅌ
테브난의 정리 152
테일러 급수 54

▸ㅍ
파고율 44
파형률 44
평균값 41
평균전력 95
평형 3상 회로 169
폐로 134
폐로해석법 143
푸리에 급수 191

▸ㅎ
하이브리드 파라미터 241
행렬 134
행렬식 134, 138
회로망 133
회로소자 24

▸기타
2단자 회로망 211
3상 V결선 182
3상 전력 180
3상 회로 167
4단자 회로망 235
4단자정수 245
R·*C* 직렬회로 73
R·*L* 병렬회로 80, 82
R·*L*·*C* 병렬회로 83
R·*L*·*C* 직렬회로 76
R·*L* 직렬회로 69
Y결선 175
Δ결선 175

회로이론의 이해

2018년 2월 25일 2판 5쇄 발행

저 자 백승철 · 오진훈
발행인 남 승 우

발행처 도서출판 상尚 학學 당堂
서울시 동작구 사당로9가길 6(사당동)
TEL : 02) 595-1692~4
FAX : 02) 595-1394
E-mail : namdoo6@unitel.co.kr
신고 : 2-155호 (1968. 11. 29)

정가 23,000원

ISBN 978-89-85437-35-6 93560

〈디자인〉 편집 엄해숙 / 표지 토틀컴